普通高等教育"十二五"系列教材

能源动力类专业

燃烧污染物控制技术

主　编　李建新
副主编　徐美娟
编　写　李海广　张克凡　王　斌
主　审　袁镇福

中国电力出版社
CHINA ELECTRIC POWER PRESS

内 容 提 要

全书共分七章，分别从能源与环境，污染物的大气扩散，除尘、烟气脱硫脱硝、二氧化碳的控制、煤中微量污染物的控制理论及技术等方面阐述燃烧过程中污染物的生成机理及其控制技术的基本原理、基本方法和有关设计计算。

本书理论联系实际，结合现场设备及工艺流程对国内外燃烧污染物的控制技术进行了详尽的阐述。

本书可作为普通高等院校本科能源与动力工程（能源与环境系统工程）、环境工程、环境科学等相关专业教材，也可供有关专业技术人员参考。

图书在版编目（CIP）数据

燃烧污染物控制技术/李建新主编．—北京：中国电力出版社，2012.12（2022.1 重印）

普通高等教育“十二五”规划教材

ISBN 978-7-5123-3816-6

Ⅰ.①燃…　Ⅱ.①李…　Ⅲ.①燃烧产物—空气污染控制—高等学校—教材　Ⅳ.①X51

中国版本图书馆 CIP 数据核字（2012）第 288172 号

出版发行：中国电力出版社
地　　址：北京市东城区北京站西街 19 号（邮政编码 100005）
网　　址：http://www.cepp.sgcc.com.cn
责任编辑：吴玉贤（010－63412540）
责任校对：黄　蓓
装帧设计：郝晓燕
责任印制：钱兴根

印　　刷：北京雁林吉兆印刷有限公司
版　　次：2012 年 12 月第一版
印　　次：2022 年 1 月北京第八次印刷
开　　本：787 毫米×1092 毫米　16 开本
印　　张：10
字　　数：238 千字
定　　价：30.00 元

前　言

如今，大气污染问题已经引起世界各国的重视，它主要因物质燃烧引起，特别是化石燃料在燃烧过程中将会有大量的污染物质排入大气。而我国由于燃烧设备陈旧，燃烧效率低下，大气污染问题更为突出，如何有效控制燃烧污染物排放已是当务之急。

本书阐述了燃烧过程中污染物的生成机理及其控制技术的基本原理、基本方法和有关设计计算。第一章主要讲述世界和我国能源的现状、大气污染概括和化石燃料燃烧过程中污染物排放及危害。第二章主要讲述大气圈的基本情况、气象条件对污染物扩散的影响、污染物的扩散模式和相关计算。第三～六章主要讲述物质燃烧过程中烟尘、SO_2、NO_x 等污染物的生成机理、控制技术和研究进展。第七章讲述了煤中氯、氟、汞和砷四种微量污染物的理化性质、在煤中的含量分布、赋存形态、热解迁移和脱除技术。

本书由浙江大学宁波理工学院李建新教授主编，浙江大学宁波理工学院徐美娟副教授副主编，参加编写的还有内蒙古科技大学李海广、内蒙古呼和浩特金桥发电厂张克凡和宁波枫林绿色能源有限公司的王斌。李建新编写第一、五章并负责全书统稿，徐美娟编写第二、三章，张克凡和王斌编写第四章，李海广编写第六、七章。

在编写过程中得到了浙江大学能源与环境系统工程系、浙江大学宁波理工学院能源与环境系统工程专业教师大力支持和关心。书稿承浙江大学袁镇福教授主审，主审老师仔细审阅并提出了许多宝贵意见使本书增色不少，在此表示衷心感谢。

编　者

2012 年 11 月

目　录

第一章 能源与环境

第一节 能源的现状与发展

一、世界能源的现状

世界能源需求随着世界经济的发展、人口的剧增和人民生活水平的提高持续增加。从英国石油集团 British Petroleum 公司公布的数据（见表 1-1）可以看出，2009 年世界一次能源消费已达 111.64 亿吨油当量，其中石油为 38.82 亿吨油当量，煤炭消费量为 32.78 亿吨油当量，天然气消费量为 26.53 亿吨油当量。美国是第一大能源消费国，中国仅次于美国排名第二。

表 1-1　　2009 年世界部分国家和地区一次能源消费情况　　（Mtoe，百万吨油当量）

国家	石油	天然气	煤炭	核能	水力等	合计
美国	842.9	588.7	498.0	190.2	62.0	2182.0
	38.60%	27.00%	22.80%	8.70%	2.80%	100.00%
加拿大	97.0	85.2	26.5	20.3	90.2	319.2
	30.40%	26.70%	8.30%	6.40%	28.30%	100.00%
法国	87.5	38.4	10.1	92.9	13.1	241.9
	36.20%	15.90%	4.20%	38.40%	5.40%	100.00%
德国	113.9	70.2	71	30.5	4.2	289.8
	39.30%	24.20%	24.50%	10.50%	1.40%	100.00%
意大利	75.1	64.5	13.4	—	10.5	163.4
	16.00%	39.50%	8.20%	—	6.40%	100.00%
英国	74.4	77.9	29.7	15.7	1.2	198.9
	37.40%	39.20%	14.90%	7.90%	0.60%	100.00%
俄罗斯	124.9	350.7	82.9	37	39.8	635.3
	19.70%	55.20%	13.00%	5.80%	6.30%	100.00%
日本	197.6	78.7	108.8	62.1	16.7	463.9
	42.60%	17.00%	23.40%	13.40%	3.60%	100.00%
韩国	104.3	30.4	68.6	33.4	0.7	237.5
	43.90%	12.80%	28.90%	14.10%	0.30%	100.00%
印度	148.5	46.7	245.8	3.8	24.0	468.9
	31.70%	10.00%	52.40%	0.80%	5.10%	100.00%
中国	404.6	79.8	1537.4	15.9	139.3	2177.0
	18.60%	3.70%	70.60%	0.70%	6.40%	100.00%
世界合计	3882.1	2653.1	3278.3	610.5	740.3	11164.3
	34.80%	23.80%	29.40%	5.50%	6.60%	100.00%

资料来源：statistical review of world energy full report 2010。

不仅如此，世界能源需求还将继续增长。据国际能源署（IEA）的预测，2005～2030年世界一次能源需求年均增长率为1.7%，2020年后增速会稍有放慢。世界能源消费在25年内（2005～2030年）将增加50%。全球能源消费总量将从2005年的4.62×10^{17}kJ增加到2030年的6.95×10^{17}kJ，年平均增长率为1.6%。

能源需求在日益增长，而一次能源资源却在快速枯竭。以石油为例，截至2008年底，全世界剩余石油探明可采储量为1708亿t。至2009年，已探明的世界石油储藏量为5102.1亿t，其中包括加拿大正在积极开发的油砂和委内瑞拉新发现的石油储量。全球石油储藏量按2009年生产量只可开采45.7年，其中包括不可开采的石油，天然气只可开采62.8年，煤炭为119年。

随着能源需求的不断增加和化石能源的不断枯竭，世界一次能源消费结构被逐步优化。近几十年来，石油、煤炭在一次能源利用中所占比例缓慢下降，天然气的比例逐渐上升，而核能、风能、水力、地热等其他形式的新能源也逐渐被开发和利用，形成了目前以化石燃料为主和可再生能源、新能源并存的能源结构格局（见图1-1）。为了发展可再生能源，世界许多国家都制订了未来可再生能源开发目标（见表1-2）。但不管如何，面对持续增长的能源需求，任何一种新能源在短期内都无法满足需求，化石能源仍将是21世纪中叶之前能源生产和消费的主体。

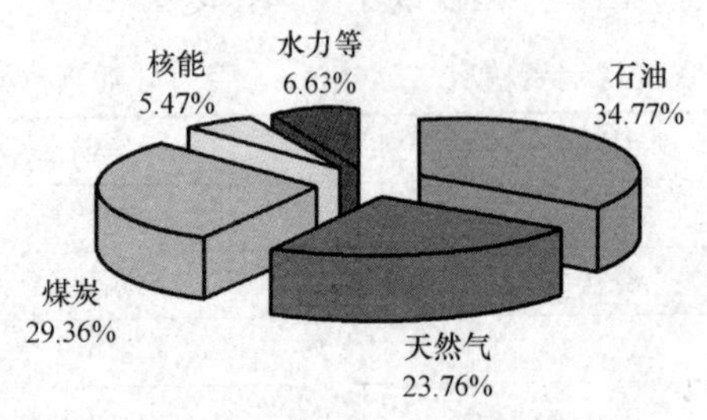

图1-1 2009年世界一次能源消费结构

表1-2 部分国家制订的未来可再生能源开发目标

国家	2020年	2050年
美国	风电比例将达5%；可再生能源发电比例20%	—
加拿大	水电比例将达76%	—
德国	可再生能源发电比例将达20%	可再生能源发电比例将达50%
英国	可再生能源发电比例将达20%	—
法国	—	可再生能源发电比例将达50%
日本	到2030年，可再生能源利用率将达20%	—
韩国	—	—
中国	风电比例将达2%；可再生能源发电比例将达12%	可再生能源利用率将达30%；2100年将达50%

二、我国能源的现状

我国地大物博，能源资源总量比较丰富，能源蕴藏量位居世界前列，是世界第二大能源生产国与消费国。由于我国煤炭资源极其丰富，我国也是世界上最大的煤炭生产国和消费国。煤炭生产量和消费量占世界总产量的三分之一左右。已探明的煤炭储量已超过3万亿t，仅次于美国和俄罗斯，位居世界第三位。然而，我国优质能源资源相对不足，开发难度较大，制约了供应能力的提高；能源资源分布不均，增加了持续稳定供应的难度。

我国能源资源人均占有量远低于世界平均水平，但经济快速发展的我国能源需求量较大，供需存在较大差距。据国际能源署对2005~2030年的能源需求进行预测，以中国和印度为首的新兴经济体将在2005～2030年驱动全球能源需求，中国的能源需求量在2008～2035年间会上升75%，到2035年，中国占世界能源需求的比例将从2005年的17%上升至22%。国家发改委能源研究所也指出，若按2005年的趋势发展，到2020年，我国一次能源需求量将达3500Mtce（百万吨煤当量）。可见，我国工业已进入重化阶段，按世界各国发展的历史规律来看，能耗迅速增长阶段不可逾越。从2000～2020年，国家规划全国GDP增长四倍，而能源消耗增长一倍，这意味着能源弹性系数应为0.5，但是2002～2004年，这个系数为1.3以上，即能源需求远远大于规划。这是因为，长期以来，粗放型的经济增长方式、相对落后的能源技术装备水平和管理水平，导致我国单位国民生产总值能耗和主要耗能产品能耗高于主要能源消费国家平均水平，加剧了能源供需矛盾。

中国能源部门面临巨大的国际竞争压力。在石油方面，中国陆地上原油平均生产成本和原油加工成本比国外大公司高30%以上，成品油质量低2、3个档次；在煤炭方面，由于煤矿劳动生产率十分低下，每吨煤劳动成本比美国还高；在电力方面，现在东南沿海地区工业用户电价水平为美国平均值的2倍以上；在能源效率方面，国内外的差距也很大。随着社会经济的发展，我国的石油需求量将会越来越大。据有关部门预测，到2020年，我国石油消费量最少也要4.5亿t，届时石油的对外依赖度将有可能接近60%。国际能源署公布的数据甚至称，到2030年，中国进口石油占石油总需求的百分比将激增至80%以上。因此，保障能源安全，尤其是石油安全是中国面临的巨大挑战。

能源消费结构不合理，环境污染严重。我国是一个富煤、贫油、少气的国家（见图1-2），以煤为主的能源结构在未来相当长时期内难以改变。不论是火力发电还是工业用煤，相对落后的煤炭生产方式和消费方式，加大了环境保护的压力。煤炭消费是造成煤烟型大气污染的主要原因，也是温室气体排放的主要来源。随着中国机动车保有量的迅速增加，部分城市大气污染已经变成煤烟与机动车尾气混合型。这种状况持续下去，将给生态环境带来更大的压力。目前我国 SO_2 和 CO_2 排放总量都居世界第一位，直接导致了我国有30%～40%的地区（尤其是西南地区）出现酸雨现象，呼吸系统疾病不断增加。因此，必须在发展的同时，下大力气控制排放，开发新能源。

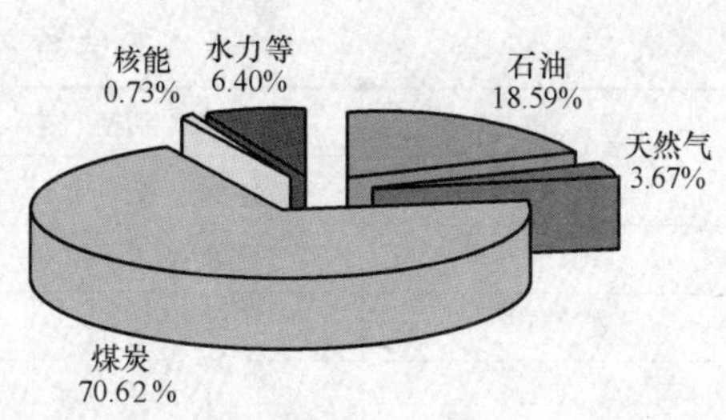

图1-2 2009年中国一次能源消费结构

三、能源利用对环境的影响

能源利用引起的环境问题是指能源在使用过程中对环境造成的污染与破坏，即次生环境问题。在能源开发过程中，煤炭开采可能造成岩层地表塌陷、地层表面破坏、水土流失严重、粉尘飞扬等；水能开发利用可能造成地面沉降、地震、上下游生态系统显著变化、地区性疾病（如血吸虫病）蔓延、土壤盐碱化、野生动植物灭绝、水质发生变化等；地热能的开发利用可能引起地面下沉，使地下水或地表水受到氯化物、硫酸盐、碳酸盐、二氧化硅的污染，水质发生变化等。

在能源消费过程中，需要将能源从初级形式转换为可以消费应用的高级形式，这种转换过程对环境产生了多种负面影响。根据热力学定律，任何能量转换装置的效率都不能达到

100%。如使用常规能源，火力发电厂将煤的化学能转化为电能的效率约为40%；汽车发动机将石油化学能转化为机械能的效率约为25%；核电厂的效率约为33%。可见，大部分能源在消费过程中以热能的形式散失于环境，造成热污染，同时还向环境排放有害污染物，产生不良的环境效应。特别是化石能源在利用过程中会产生大量的粉尘、硫氧化物、氮氧化物、二氧化碳等污染物，这些一次污染不仅自身具有毒性，还会通过一系列反应产生酸雨、光化学烟雾、气溶胶、温室效应等二次污染物，严重污染环境。因此，由于化石能源利用产生的大气污染问题已经上升到国际重视的高度。

第二节 大气污染概况

一、大气的组成及基本定义

国际标准化组织（ISO）对大气和空气的定义：大气是指环绕地球的全部空气的总和。它由多种气体混合组成的气体和悬浮其中的水分及杂质组成。大气中除去水汽和各种杂质以外的所有混合气体统称干洁空气。干洁空气的主要成分是氮、氧、氢和二氧化碳。这四种气体占空气总容积的99.98%，而氖、氦、氪、氩、氙、臭氧等稀有气体的总含量不足0.02%（见表1-3）。环境空气是指人类、植物、动物和建筑物暴露于其中的室外空气。它和大气的区别仅在于大气所指的范围更大些，空气所指的范围则相对较小，而我们所讨论的大气与大气污染都主要指环境空气。

表1-3 干洁空气的成分（85km以下）

气体成分	在干洁空气中的含量（%）		分子量	临界温度（℃）
	体积分数	质量分数		
氮（N_2）	78.09	75.52	28.02	−147.2
氧（O_2）	20.95	23.15	30.00	−118.9
氩（Ar）	0.93	1.28	39.88	−122.0
二氧化碳（CO_2）	0.03	0.05	44.00	31.0
氖（Ne）	1.8×10^{-3}	—	20.18	−228.0
氦（He）	5.24×10^{-4}	—	4.00	−257.9
氪（Hr）	1.0×10^{-4}	—	83.75	−63.0
氢（H_2）	5.0×10^{-5}	—	2.02	−240.0
氙（Xe）	8.0×10^{-6}	—	131.10	16.6
臭氧（O_3）	1.0×10^{-6}	—	48.00	−5.0
氡（Rn）	6.0×10^{-18}	—	222.00	—
甲烷（沼气）（CH_4）	—	—	16.04	—

二、大气污染及基本定义

按照国际标准化组织的定义，大气污染通常是指由于人类活动或自然过程引起某些物质进入大气中，呈现出足够的浓度，达到足够的时间，并因此危害了人体的舒适、健康和福利或产生环境污染的现象。目前已知的大气污染物约有100多种。有自然因素（如森林火灾、火山爆发等）和人为因素（如工业废气、生活燃煤、汽车尾气、核爆炸等）两种，且以后者为主，尤其以工业生产和交通运输造成占多数。大气污染对大气物理状态的影响，主要是引起气候的异常变化。这种变化有时很明显，有时则以渐渐变化的形式发生，为一般人所难以觉察，但若任其发展，后果可能非常严重。

大气污染会随着主要使用能源种类不同而有所不同。从20世纪50年代煤炭燃烧时排放煤尘开始，由于20世纪五六十年代工业化迅速进展，各地的大气污染问题不断激化。进入20世纪60年代，石油在能源消费结构中所占比重逐渐增大，大气污染问题也从煤尘变为粉尘和硫氧化物问题。20世纪70年代，随着除尘和脱硫技术的进步以及飞速的机械化，大气污染问题转移到悬浮颗粒物、氮氧化物和光化学烟雾的问题。进入20世纪80年代，矿物燃料燃烧时排放的二氧化碳等气体造成的地球温室效应、硫氧化物、氮氧化物等气体引起的酸雨，氟利昂排放带来的臭氧层破坏等环境问题越加严重。

按污染的范围，大气污染可分为四类：

（1）局部地区大气污染，如某个工厂烟囱排气所造成的直接影响。

（2）区域性大气污染，如工矿区或其附近地区的污染，或整个城市的大气污染。

（3）广域性大气污染，该类污杂是指更广泛地区，更广大地域的大气污染，在大城市及大工业带可以出现这种污染，最主要的污染是酸雨。

（4）全球性大气污染，该类污染是指跨国界乃至涉及整个地球大气层的污染，如温室效应、臭氧层破坏等。

三、大气污染物及其来源

排入大气的污染物种类很多，依照污染物存在的形态，可将其分为颗粒污染物与气态污染物。而污染物主要来源于自然过程和人类活动。

1. 颗粒污染物

大气颗粒物指除气体之外的所有包含在大气中的物质，包括各种各样的固体或液体气溶胶。气溶胶指沉降速度可以忽略的小固体粒子、液体粒子或它们在气体介质中的悬浮体系，一般粒径分布在100～10 000nm之间。气溶胶根据其产生原理和状态的差异，主要有自然形成的气溶胶和人类活动产生的气溶胶，如烟尘、灰尘、雾等。具体划分如下：

（1）尘粒。一般是指粒径大于75μm的颗粒物。这类颗粒物由于粒径较大，在气体分散介质中具有一定的沉降速度，因而易于沉降到地面。

（2）粉尘。在固体物料的输送、粉碎、分级、研磨、装卸等机械过程中产生的颗粒物，或由于岩石、土壤的风化等自然过程中产生的颗粒物，悬浮于大气中称为粉尘，其粒径一般小于75μm。在这类颗粒物中，粒径大于10μm，靠重力作用能在短时间内沉降到地面者，称为降尘；粒径小于10μm，不易沉降，能长期在大气中飘浮者，称为飘尘。

（3）烟尘。在燃料的燃烧、高温熔融和化学反应等过程中所形成的颗粒物，飘浮于大气中称为烟尘。烟尘的粒子粒径很小，一般小于1μm。它包括了因升华、焙烧、氧化等过程所形成的烟气，也包括了燃料不完全燃烧所造成的黑烟和飞灰，以及由于蒸汽的凝结所形成的烟雾。

（4）雾尘。雾尘是小液体粒子悬浮于大气中的悬浮体的总称。这种小液体粒子一般由蒸汽的凝结、液体的喷雾、雾化以及化学反应过程所形成，粒子粒径小于100μm。水雾、酸雾、碱雾、油雾等都属于雾尘。

（5）煤尘。燃烧过程中未被燃烧的煤粉尘，大、中型煤码头的煤扬尘以及露天煤矿的煤扬尘等。

2．气态污染物

以气体形态进入大气的污染物称为气态污染物。气态污染物种类极多，有五种类型的气态污染物是主要污染物。

（1）含硫化合物。该类污染物主要指 SO_2、SO_3 和 H_2S 等，其中以 SO_2 的数量最多，危害也最大，是影响大气质量的最主要的气态污染物。

（2）含氮化合物。含氮化合物种类很多，其中最主要的是 NO、NO_2、NH_3 等。

（3）碳氧化合物。污染大气的碳氧化合物主要是 CO 和 CO_2。

（4）碳氢化合物。该类污染物主要是指有机废气。有机废气中的许多组分构成了对大气的污染，如烃、醇、酮、酯、胺等。

（5）卤素化合物。对大气构成污染的卤素化合物主要是含氯化合物及含氟化合物，如 HCl、HF、SiF_4 等。

气态污染物从污染源排入大气，可以直接对大气造成污染，同时还可以经过反应形成二次污染物。主要气态污染物和由其所生成的二次污染物种类见表 1-4。

表 1-4　　气体状态大气污染物的种类

污染物	一次污染物	二次污染物
含硫化合物	SO_2、H_2S	SO_3、H_2SO_4、MSO_4
碳的氧化物	CO、CO_2	—
含氮化合物	NO、NH_3	NO_2、HNO_3、MNO_3、O_3
碳氢化合物	C_mH_n	醛、酮、过氧乙酰基硝酸酯
卤素化合物	HF、HCl	—

注　M代表金属离子。

3．人为污染物

不管是气态污染物还是颗粒污染物均主要来源于自然过程和人类活动，其排放源及排放量的情况见表 1-5。

表 1-5　　地球上自然过程及人类活动的排放源及排放量

污染物名称	自然排放		人类活动排放		大气中背景浓度
	排放源	排放量（t/a）	排放源	排放量（t/a）	
SO_2	火山活动	—	煤、石油等化石燃料燃烧	146×10^6	0.2×10^{-9}
H_2S	火山活动、沼泽中生物作用	100×10^6	化学过程、污水处理	3×10^6	0.2×10^{-9}
CO	森林火灾、萜烯反应	33×10^6	机动车和其他燃烧过程排气	304×10^6	0.1×10^{-6}
NO、NO_2	土壤中的细菌作用	NO：430×10^6 NO_2：658×10^6	燃烧过程	53×10^6	NO：$0.2\sim4\times10^{-9}$ NO_2：$0.5\sim4\times10^{-9}$
NH_3	生物腐烂	1160×10^6	废物处理	4×10^6	$6\sim20\times10^{-9}$

续表

污染物名称	自然排放		人类活动排放		大气中背景浓度
	排放源	排放量（t/a）	排放源	排放量（t/a）	
N_2O	土壤中生物作用	590×10^6	—	—	0.25×10^{-6}
C_mH_n	生物作用	CH_4：1.6×10^9 萜烯：200×10^6	燃烧和化学过程	88×10^6	CH_4：$1.5 10^{-6}$ 非 CH_4：$\leqslant1\times10^{-9}$
CO_2	生物腐烂、海洋释放	10^{12}	燃烧过程	1.4×10^{19}	320×10^{-9}

由于自然过程排放污染物所造成的大气污染多为暂时的和局部的，人类活动产生的污染物通常在人类的活动区域，所以人类活动产生的污染物对人类的影响更显著，也是造成大气污染的主要根源。

人为污染源有多种分类方法。

(1) 按污染源存在形式分：①固定污染源，即排放污染物的装置、处所位置固定，如火力发电厂、烟囱、炉灶等；②移动污染源，即排放污染物的装置、处所位置是移动的，如汽车、火车、轮船等。

(2) 按污染物的排放形式分：①点源，即集中在一点或在可当作一点的小范围内排放污染物，如烟囱；②线源，即沿着一条线排放污染物；③面源，即在一个大范围内排放污染物。

(3) 按污染物发生类型分：①工业污染源，主要包括工业用燃料燃烧排放的废气及工业生产过程的排气等；②农业污染源，包括农用燃料燃烧的废气、某些有机氯农药对大气的污染，施用的氮肥分解产生的 NO_x 等；③生活污染源，包括民用炉灶及取暖锅炉燃煤排放污染物，焚烧城市垃圾的废气、城市垃圾在堆放过程中由于厌氧分解排出二次污染物；④交通污染源，即交通运输工具燃烧燃料排放污染物。

四、大气污染的危害

大气污染对人体健康、工农业生产、器物及大气能见度和气候都有重要影响。

大气污染对人体的影响，首先是感觉上不舒服，随后生理上出现可逆性反应，再进一步就出现急性危害症状。大气污染对人的危害大致可分为急性中毒、慢性中毒、致癌三种。急性中毒是指人体受到污染的空气侵袭后，在短时间内表现出不适或中毒症状的现象。历史上曾经发生过数起急性中毒事件，如伦敦烟雾事件，造成空气中二氧化硫高达 3.5mg/m³，总悬浮颗粒物达 4.5mg/m³，一周雾期内伦敦地区死亡 4703 人。慢性中毒是指人体在低污染物浓度的空气长期作用下产生的慢性危害。这种危害往往不易引人注意，而且难以鉴别，其危害途径是污染物与呼吸道粘膜接触。主要症状是眼、鼻粘膜刺激、慢性支气管炎、哮喘、肺癌及因生理机能障碍而加重高血压、心脏病的病情。近年来我国城市居民肺癌发病率很高，其中最高的是上海市，城市居民呼吸系统疾病明显高于郊区。致癌作用是长期影响的结果，这是由于污染物长时间作用于肌体，使体内遗传物质变化，引起了突变。

大气污染对工农业的危害也十分严重，可影响经济发展，造成大量人力物力和财力的损失。大气中的酸性污染物和 SO_2、NO_2，会使工业材料、设备和建筑设施腐蚀；而大气中的飘尘的增多则会给精密仪器、设备的生产、安装调试和使用带来不利影响。

大气污染还会影响天气和气候，颗粒物使大气能见度降低，减少到达地面的太阳光辐射量。尤其是在大工业城市中，在烟雾不散的情况下，日光比正常情况少40%。大气能见度降低，不仅会使人感觉不舒服，而且会造成心理影响，还会产生交通安全方面的危害。高层大气中的氮氧化物、碳氢化合物和氟氯烃类等污染物使臭氧大量分解，引发“臭氧洞”。相对而言，大气污染对气候的影响更为严重。如大气中CO_2等温室气体引起的温室效应是对全球气候的最主要影响。除此之外，在较低大气层中的悬浮颗粒物会形成水蒸气的“凝结核”，这种“凝结核”有可能潜在地导致降水的增加或减少。

第三节 化石燃料燃烧过程中污染物排放及危害

化石燃料在燃烧过程中会排放大量的粉尘、硫氧化物、氮氧化物、二氧化碳、重金属、氟、氯无机污染物和一些有机污染物，这些一次污染物会产生一系列的二次污染物，如气溶胶、酸雨、光化学烟雾、温室效应等。化石燃料燃烧产生的一次污染物和二次污染物已经对我们赖以生存的环境造成了极大威胁。

一、粉尘与气溶胶

大气粉尘主要是指悬浮在空气中的固体微粒，按大小可分为不可吸入颗粒物和可吸入颗粒物，可吸入颗粒物是指可以通过鼻和嘴进入人体呼吸道的颗粒物总称，粒径小于或等于10μm，用PM10表示。其中粒径小于或等于2.5μm的颗粒物又称为可入肺颗粒，用PM2.5表示，它能够进入人体肺泡甚至血液系统中，直接导致心血管病等疾病。

煤、石油等化石燃料的燃烧会产生大量的粉尘，造成大气污染。目前，可吸入颗粒物是我国城市大气环境的首要污染物，尤其是PM2.5的污染问题已经十分严重。粉尘的危害具体可表现在危害人体、影响生产和污染环境三个方面，如图1-3所示。

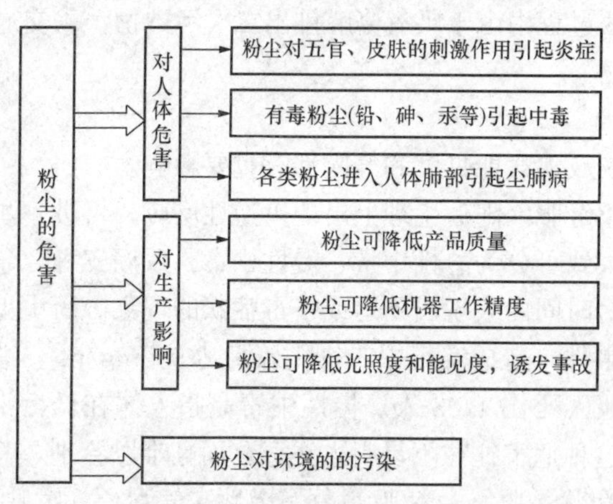

图1-3 粉尘危害的主要表现

粉尘的化学性质是危害人体的主要因素。飘在大气中的粉尘往往含有许多有毒成分，如铬、锰、镉、铅、汞、砷等。当人体吸入粉尘后，小于5μm的微粒，极易深入肺部，引起中毒性肺炎或矽肺，有时还会引起肺癌。沉积在肺部的污染物一旦被溶解，就会直接侵入血液，引起血液中毒，未被溶解的污染物，也可能被细胞所吸收，导致细胞结构的破坏。

当大气处于逆温[1]（temperature inversion）状态时，污染物便不易扩散，悬浮颗粒物浓度会迅速上升。历史上曾发生多起与粉尘污染引发的人类死亡事件（见表1-6），如1952年12月英国伦敦发生烟雾事件时，大气中悬浮颗粒物的含量比平时高5倍，引起居民死亡率激增，4天内较同期死亡人数增加

[1] 大气对流层中出现的气温随高度增加而升高的现象，称为逆温。

4000余人。美国自然资源保护委员会对239个城市的研究表明，因吸入空气中的粉尘而死亡的人数在洛杉矶地区每年达5000多人，在纽约达4000多人。如果不加以限制，那么每年可能引起约6万美国人的死亡。美国环境保护组织说，如果联邦法律限制每立方米的微粒重不超过20mg，那么，每年可能挽救4700人的生命，如果限定10mg，每年就可挽救大约6万人。

表1-6　　历史上因大气污染引发的事件

时　间	地点	污染程度（24h平均值）	过度死亡
1930年12月	马斯河谷（比利时）	SO_2、氟化物、微粒	60～80
1948年10月27日～31日	多偌拉（美）	SO_2	20
1948年11月26日～12月1日	伦敦（英）	微粒：2800$\mu g/m^3$； SO_2：0.75×10^{-6}容积浓度	700～800
1952年12月5～9日	伦敦（英）	微粒：4500$\mu g/m^3$	4000
1954年	洛杉矶（美）	SO_2：1.34×10^{-6}容积浓度，CO、NO_x、O_3、醛类	75%居民患眼病
1956年1月3～6日	伦敦（英）	微粒：2400$\mu g/m^3$； SO_2：0.55×10^{-6}容积浓度	1000
1961年	四日市（日）	烟尘和SO_2，著名的"四日市哮喘病"	患者800多人， 死亡10人
1962年12月5～10日	伦敦（英）	SO_2：1.98×10^{-6}容积浓度	700
1962年12月7～10日	大阪（日）		60
1963年1月29日～2月12日	纽约（美）	SO_2：0.5×10^{-6}容积浓度	200～400

粉尘对生产的影响主要表现为降低产品质量和机器工作精度。如感光胶片，集成电路、化学试剂、精密仪表和微型电机等产品，要是被粉尘沾污或其转动部件被磨损、卡住，就会降低质量甚至报废。粉尘还使光照度和能见度降低，影响室内作业的视野。爆炸性粉尘如煤尘、铝尘和谷物粉尘在一定条件下会发生爆炸，造成经济损失和人员伤亡。粉尘还会沾污建筑物，使有价值的古代建筑遭受腐蚀。降落在植物叶面的粉尘会阻碍光合作用，抑制其生长。

粉尘也是气溶胶的主要组成物质。当气溶胶的浓度达到足够高时，将对人类健康造成威胁，尤其是对哮喘病人和其他有呼吸疾病的人群。空气中的气溶胶还能传播真菌和病毒，这可能会导致一些地区疾病的流行和爆发。另外，由于气溶胶具有丁达尔效应❶（Tyndall effect），气溶胶粒子还能够从两方面影响天气和气候。一方面会使大气的能见度变坏；另一方面却能通过微粒散射、漫射和吸收一部分太阳辐射，减少地面长波辐射的外逸，使大气升温。

我国粉尘污染非常严重，在2009年对全国612个城市进行的环境空气质量监测中，其中达到一级标准的城市只有26个（占4.2%），达到二级标准的城市479个（占78.3%），

❶ 当一束光线透过胶体，从入射光的垂直方向可以观察到胶体里出现的一条光亮的"通路"，这种现象称为丁达尔现象，也称为丁达尔效应。

达到三级标准的城市 99 个（占 16.2%），劣于三级标准的城市 8 个（占 1.3%），如图 1-4 所示。可吸入颗粒物年均浓度达到或优于二级标准的城市占 84.3%，劣于三级标准的占 0.3%（见图 1-5）。

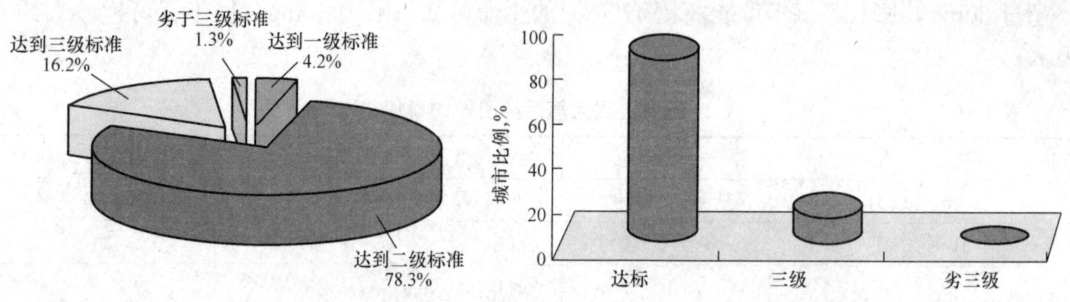

图 1-4 2009 年城市空气质量达标情况

图 1-5 2009 年可吸入颗粒物浓度分级城市比例

二、二氧化硫与酸雨

煤中通常含有 1%左右的硫，每燃烧 1t 煤，就会产生 20kg 左右的硫氧化物（以 SO_2 计），其中大部分为 SO_2。SO_2 是当今人类面临的主要大气污染物之一，它对人体的危害很大。当 SO_2 日平均浓度达到 3.5mg/m^3 时，会使人们的呼吸系统、心血管系统的发病率和死亡率显著增加。敏感的人在浓度为 2.5mg/m^3 的短时间作用下，就会引起呼吸道阻力增加。历史上曾发生多起与 SO_2 污染有关的污染事件，如 1948 年美国多诺拉镇由于工厂排放到大气中的 SO_2 等有害气体大量累积致使 6000 余人受害。而我国重庆市是 SO_2 污染严重区，肺癌死亡率逐年上升；长沙市个别街区的肺癌死亡率居高不下也与 SO_2 污染有关。

天然降水的 pH 值为 5.65，一般将 pH 值小于 5.6 的降水称为酸雨。氧化硫和氮氧化物在大气中可被氧化成不易挥发的硫酸和硝酸，并溶于雨水，形成了酸雨降落到地面。煤和石油的燃烧通常会排放大量的 SO_2 和 NO_x，SO_2 和 NO_x 的 90%都是燃烧矿物燃料造成的，是造成酸雨的主要原因。中国酸雨以硫酸为主，硝酸的含量不到硫酸的 1/10，带有大气 SO_2 污染的明显特征。排入大气的 SO_2 可通过三种途径氧化成硫酸，如图 1-6 所示。SO_2 可以通过气相、液相和固相三种途径，最终氧化成液态的硫酸。

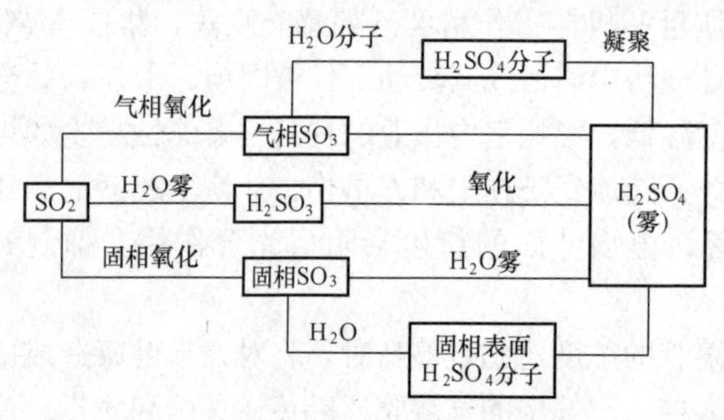

图 1-6 SO_2 氧化成硫酸的途径

酸雨给地球生态环境和人类社会经济都带来严重的影响和破坏。研究表明，酸雨对土壤、水体、森林、建筑、名胜古迹等人文景观均带来严重危害，不仅造成重大经济损失，更危及人类的生存和发展。酸雨使土壤酸化，肥力降低，有毒物质更毒害作物根系，杀死根毛，导致发育不良或死亡。酸雨还杀死水中的浮游生物，减少鱼类食物来源，破坏水生生态系统；酸雨污染河流、湖泊和地下水，直接或间接危害人体健康；酸雨对森林的危害更不容忽视，酸雨淋洗植物表面，直接伤害或通过土壤间接伤害植物。促使森林衰亡。酸雨对金属、石料、水泥、木材等建筑材料均有很强的腐蚀作用，因而对电线、铁轨、桥梁、房屋等均会造成严重损害。在酸雨区，酸雨造成的破坏比比皆是，触目惊心，如在瑞典的 9 万多个湖泊中，已有 2 万多个遭到酸雨危害，4 千多个成为无鱼湖。美国和加拿大许多湖泊成为死水，鱼类、浮游生物、水草和藻类均一扫而光。北美酸雨区已发现大片森林死于酸雨。德、法、瑞典、丹麦等国家已有700多万公顷森林正在死亡，我国四川、广西等省、自治区有10多万公顷森林也正在衰亡。世界上许多古建筑和石雕艺术品遭酸雨腐蚀而严重损坏，如我国的乐山大佛、加拿大的议会大厦等。最近发现，北京卢沟桥的石狮和附近的石碑、五塔寺的金刚宝塔等均遭酸雨浸水而严重损坏。

由燃烧化石燃料引起的 SO_2 大量排放已导致我国城市空气污染十分严重。2008年，SO_2 年均浓度达到二级标准及以上的城市占85.2%，劣于三级标准的占0.6%。贵州、山东、河北、山西、内蒙古、四川、湖南等7省区参加统计的地级城市中 SO_2 未达到二级标准的比例超过20%。SO_2 的大量排放同时也使得我国酸雨污染发展扩展。20世纪70年代以前，酸雨现象只是在一些工业发达国家出现，但随着世界经济的快速增长，酸雨现象越来越严重，并且正在向全球扩展。现在我国是继欧洲、北美之后在世界上出现的第三大酸雨片区，酸雨区的覆盖面积占我国国土面积的40%左右。2009年监测的488个城市（县）中，出现酸雨的城市258个，占52.9%；酸雨发生频率在25%以上的城市164个，占33.6%；酸雨发生频率在75%以上的城市53个，占10.9%（见表1-7）。

表1-7　　2009年全国酸雨发生频率分段统计

酸雨发生频率	0	0～25%	25%～50%	50%～75%	≥75%
城市数（个）	230	94	62	49	53
所占比例（%）	47.1	19.3	12.7	10	10.9

数据来源：《2009年中国环境公报》。

全国酸雨分布区域主要集中在长江以南—青藏高原以东地区，主要包括浙江、江西、湖南、福建、重庆的大部分地区以及长江、珠江三角洲地区。酸雨发生面积约120万 km^2，重酸雨发生面积约6万 km^2。

三、氮氧化物与光化学烟雾

氮氧化物包括多种化合物（见表1-8），其中被认为最主要的两个空气污染物是NO和 NO_2，一般可用 NO_x 表示。

表1-8　　氮氧化物种类

分子式	名称	分子式	名称
N_2O	氧化二氮、氧化亚氮（笑气）	NO_2	二氧化氮、四氧化二氮
NO	一氧化氮	N_2O_5	五氧化二氮
N_2O_3	三氧化二氮		

氮氧化物最常见的来源是高温燃烧过程，如汽车发动机中和工业生产中的高温燃烧过程，还有燃气炉和家用火炉等居民生活用火燃烧过程等。其中又以汽车尾气排放的氮氧化物居多。氮氧化物对环境及人类的影响都很大。氮氧化合物对人的呼吸器官有较大的刺激作用，引起气管炎，能同肺部湿润的表面接触，形成损伤肺组织的硝酸和亚硝酸，造成肺水肿和复杂的反应失调。亚硝酸进入人体可生成强致癌物亚硝酸氨，也可与人体血液中的血红蛋白结合，形成正铁血红蛋白，使人产生缺氧症状。而且 NO_2 的毒性是NO的4～5倍，当空气中 NO_2 的浓度达到 50×10^{-6} mg/L时，1min内人就会感到呼吸困难；当其浓度达到

$100\sim150\times10^{-6}$mg/L 时，人就会在 30～60min 内死亡（见表 1-9）。

表 1-9 不同浓度的 NO_2 对人体的危害

NO_2（10^{-6}mg/L）	对人体健康的影响	NO_2（10^{-6}mg/L）	对人体健康的影响
1	闻到臭味	80	3min 感到胸痛、恶心
5	闻到强臭味	100～150	在 30～60min 内死亡
10～15	10min 眼、鼻受到刺激	250	很快死亡
50	1min 内人呼吸困难		

此外，氮氧化物还是形成酸雨的重要成分，但氮氧化物造成的最主要危害还是光化学烟雾。光化学烟雾是氮氧化物和碳氢化合物（HC）在大气环境中受强烈的太阳紫外线照射后发生光化学反应而产生臭氧（O_3）、醛、酮、酸、过氧乙酰硝酸酯（PAN）等二次污染物，是由一次污染物和二次污染物的混合物所形成的烟雾，其形成过程可用图 1-7 表示，具体可以分为三步。

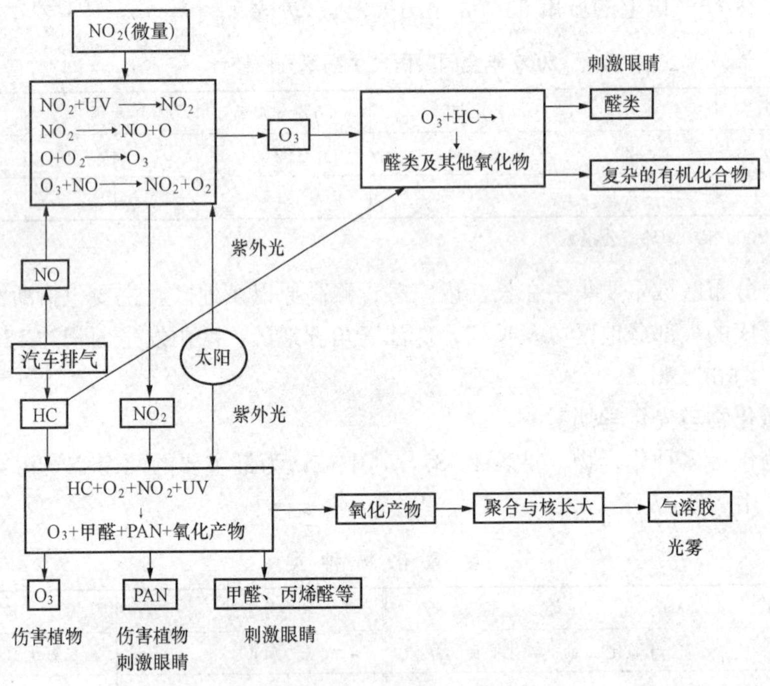

图 1-7 光化学烟雾的形成过程

第一步：NO_2 光解出原子 O，再生成 O_3，即

$$NO_2+紫外线\longrightarrow NO+O，O+O_2\longrightarrow O_3$$

第二步：碳氢化合物氧化成活性自由基，即

$$O+RH\longrightarrow RO+H\cdot，O_3+RH\longrightarrow RO_2$$

第三步：醛、酮进一步氧化生成过氧酰基硝酸酯系列，即

$$RO_2+NO\longrightarrow NO_2+RO\longrightarrow RONO_2$$

$$RCHO+NO_2\longrightarrow PAN$$

光化学烟雾对人类危害极大，会造成人眼、鼻、气管、肺粘膜受到反复刺激，出现流

泪、红眼病、气喘咳嗽等，严重时呼吸困难、头晕、发烧、恶心、呕吐、手足抽搐，以致血压下降、昏迷不醒。植物受到光化学烟雾损害后，叶片会产生病变，影响植物的生命，降低植物对病虫害的抵抗力，使植物机能衰退，造成不正常的落叶、落花、落果。光化学烟雾还能造成橡胶制品的老化、脆裂，使染料褪色，并损害油漆涂料、纺织纤维和塑料制品等。

四、二氧化碳与温室效应

二氧化碳是分布最广的一种污染物，主要来自化石燃料（煤、石油）的燃烧。全世界以化石燃料为动力的工厂、发电厂以及机动车辆数不胜数，它们排放的废气是大气中二氧化碳的主要来源。世界部分国家与地区二氧化碳排放量见表 1-10。

表 1-10　二氧化碳排放量

国家和地区	CO_2 排放总量（百万 t）		CO_2 人均排放量（t）	
	1990 年	2004 年	1990 年	2004 年
世界	22 695.9	28 974.3	4.3	4.5
中国	2398.2	5005.7	2.1	3.9
孟加拉国	15.4	37.1	0.1	0.2
柬埔寨	0.5	0.5	—	—
印度	681.5	1341.8	0.8	1.2
印度尼西亚	213.8	377.9	1.2	1.7
伊朗	48.5	81.6	2.6	—
以色列	33.1	71.2	7.1	10.5
日本	1070.4	1256.8	8.7	9.8
哈萨克斯坦	288.1	200.1	17.6	13.3
朝鲜	244.6	79	12.1	3.4
韩国	241.1	465.2	5.6	9.7
老挝	0.2	1.3	0.1	0.2
马来西亚	55.3	177.4	3.1	7
蒙古	10	8.5	4.7	3.4
缅甸	4.3	9.8	0.1	0.2
巴基斯坦	68	125.6	0.6	0.8
菲律宾	43.9	80.4	0.7	1
新加坡	45.1	52.2	14.8	12.3
斯里兰卡	3.8	11.5	0.2	0.6
泰国	95.7	267.8	1.8	4.3
越南	21.4	98.6	0.3	1.2
埃及	75.4	158.1	1.4	2.2
尼日利亚	45.3	113.9	0.5	0.8
南非	331.7	436.6	9.4	9.4
加拿大	415.7	638.8	15	20
墨西哥	413.1	437.6	5	4.3
美国	4816.9	6044	19.3	20.6

续表

国家和地区	CO_2 排放总量（百万 t）		CO_2 人均排放量（t）	
	1990 年	2004 年	1990 年	2004 年
阿根廷	109.7	141.7	3.4	3.7
巴西	209.5	331.5	1.4	1.8
委内瑞拉	117.3	172.5	5.9	6.6
白俄罗斯	107.8	64.8	10.6	6.6
捷克	161.7	116.9	15.6	11.5
法国	363.7	373.4	6.4	6.2
德国	980.3	808	12.3	9.8
意大利	389.6	449.5	6.9	7.7
荷兰	141	141.9	9.4	8.7
波兰	347.5	307	9.1	8
俄罗斯联邦	2261.7	1523.6	15.3	10.6
西班牙	212.1	330.2	5.5	7.7
土耳其	146.1	225.9	2.6	3.2
乌克兰	684	329.7	13.2	6.9
英国	579.2	586.7	10.1	9.8
澳大利亚	278.4	326.5	16.3	16.2
新西兰	22.6	31.5	6.6	7.7

资料来源：World Bank World Development Indicators 2008。

大量二氧化碳排放带来的是温室效应。温室效应是指透射阳光的密闭空间由于与外界缺乏热交换而形成的保温效应，就是太阳短波辐射可以透过大气射入地面，而地面反射出的长波辐射却被大气中的二氧化碳、甲烷等物质所吸收，从而产生大气变暖的效应。因此，CO_2 是主要的温室气体之一。

温室效应引起的全球变暖是人类所面临的巨大挑战。据测算，目前全球每年向大气排放的 CO_2 约为 290 亿 t。目前全球平均温度比 1000 年前上升了 0.3～0.6℃。而在此前一万年间，地球的平均温度变化不超过 2℃。联合国机构还预测，由于能源消费不断增加，到 2050 年，全球 CO_2 排放量将增至 700 亿 t，全球平均气温将上升 1.5～4.5℃。全球气候变暖将严重威胁生物多样性。由于气温持续升高，北温带和南温带气候区将向两极扩展；热带降雨量及降雨时间发生变化；高山冰川融化，南极冰层收缩，导致海平面升高；森林大火、飓风也将会变得频繁，这些变化都对生活在其中的物种有很大的影响。此外，温室效应还会引起气候反常，海洋风暴增多；土地干旱，沙漠化面积增大等问题。

五、重金属污染

重金属污染指由重金属或其化合物造成的环境污染。化石燃料中存在的一些微量元素，如汞、砷、铅等重金属在高温下一部分以气态形式存在，一部分被氧化后吸附在烟气中的颗粒物上，排入大气中。重金属污染与其他有机化合物的污染不同。不少有机化合物可以通过自然界本身物理的、化学的或生物的净化，使有害性降低或解除。而重金属具有富集性，不能被生物分解且能在生物体内富集或形成毒性更强的化合物，通过食物链最终对人体造成危害。重金属的危害程度取决于其在环境、食品和生物体中存在的浓度和化学形态。

重金属在人体内能和蛋白质及各种酶发生强烈的相互作用，使它们失去活性，也可能在人体的某些器官中富集，如果超过人体所能耐受的限度，会造成人体急性中毒、亚急性中毒、慢性中毒等，对人体会造成很大的危害。例如，日本发生的水俣病（汞污染）和骨痛病（镉污染）等公害病，都是由重金属污染引起的。

六、氟、氯等无机污染物

由于煤中存在着几乎元素周期表中所示的所有元素，有很多元素虽然数量很微小，但由于其毒性大，而对生态环境和人类健康产生巨大的影响。

煤的燃烧会排放出大量含氟废气。燃煤污染型氟中毒就是有些地方（特别是产煤的山区）长期敞灶燃烧含氟较高的煤来烘烤食物和取暖，煤燃烧释放的氟便污染了食物和室内空气，人们吃了被污染的食物、水和吸入这样的空气，就摄入了过量的氟，长期如此即发生氟中毒。燃煤污染型氟中毒主要分布于云南、贵州、四川、湖南、湖北、广西等南方各省区。低浓度氟污染对人畜的危害主要为牙齿和骨骼的氟中毒。高浓度氟（如氟化氢）污染则会刺激皮肤和粘膜，引起皮肤灼伤、皮炎、呼吸道炎症。此外，氟还会抑制脂肪酶、骨质磷酸酶和尿素酶等酶的活性，引起物质代谢紊乱。

氯是煤中常见的有害元素。在燃烧过程中绝大部分以 HCl 形式释放，当煤中氯含量超过 0.25%时就会腐蚀设备，并在设备中产生结皮和堵塞现象。燃烧过程中产生的 HCl 不仅直接影响燃烧部件的寿命及蒸汽参数的提高，引起热交换器表面的腐蚀，而且还会促进 NO_x 的生成。HCl 对人体的危害也很严重，能腐蚀皮肤和粘膜，致使声音嘶哑、鼻粘膜溃疡、眼角膜浑浊、咳嗽直至咯血，严重者出现肺水肿以至死亡。慢性中毒者能引起呼吸道发炎、牙齿酸腐蚀，甚至鼻中膈穿孔和肠胃炎等疾病。

七、有机污染物

有机污染物是指以碳水化合物、蛋白质、氨基酸以及脂肪等形式存在的天然有机物质及某些其他可生物降解的人工合成有机污染物。可分为天然有机污染物和人工合成有机污染物两类。

化石燃料燃烧除了排放大量烟尘颗粒及 SO_x、NO_x 以外，还排放相当浓度的有机污染物，如多环芳烃（PAHs）、苯系物、脂环烃及直链烃、二噁英类物质等。有机污染物的排放量虽然比 SO_x、NO_x 少，但由于毒性大，已越来越受到人们的重视。

有机污染物种类繁多，其毒性远比无机化合物复杂。如高浓度的萘蒸气会使人呕吐、不适、头痛，特别是损害眼角膜，引起小水泡及点状浑浊，还能使皮肤发炎，有时还能引起肺的病理改变和尿血；更严重的如多环芳烃（PAHs）还有强烈的致癌、致畸特性。此外，有机化合物进入大气后，有些烃类参与大气光化学烟雾的形成过程；有些作为 O_3 前体物，破坏臭氧层，引起紫外辐射增多和地球升温。

不管从世界的角度还是从我国的角度看，大气污染已经非常严重，大气污染又是跨国界的全球性问题，其危害也是世界各国的灾害，需要世界各国齐心协力，共同防治。有效控制大气污染，特别是对化石燃料燃烧产生的污染物进行有效控制势在必行。在后面章节中将对大气中的粉尘、二氧化硫、氮氧化物等污染物的控制技术进行详细介绍。

第四节 环境空气质量国家标准

1. GB 3095—1996

GB 3095—1996《环境空气质量标准》对不同环境条件下的各种空气污染物浓度进行了限值，具体见表 1-11，本标准自 1996 年 10 月 1 日开始实施。

表 1-11 各种污染物的浓度限值

<table>
<tr><th rowspan="2">污染物名称</th><th rowspan="2">取值时间</th><th colspan="3">浓度限值</th><th rowspan="2">浓度单位</th></tr>
<tr><th>一级标准</th><th>二级标准</th><th>三级标准</th></tr>
<tr><td rowspan="3">二氧化硫（SO_2）</td><td>年平均</td><td>0.02</td><td>0.06</td><td>0.10</td><td rowspan="16">mg/m^3
（标准状态）</td></tr>
<tr><td>日平均</td><td>0.05</td><td>0.15</td><td>0.25</td></tr>
<tr><td>1h 平均</td><td>0.15</td><td>0.50</td><td>0.70</td></tr>
<tr><td rowspan="2">总悬浮颗粒物（TSP）</td><td>年平均</td><td>0.08</td><td>0.20</td><td>0.30</td></tr>
<tr><td>日平均</td><td>0.12</td><td>0.30</td><td>0.50</td></tr>
<tr><td rowspan="2">可吸入颗粒物（PM_{10}）</td><td>年平均</td><td>0.04</td><td>0.10</td><td>0.15</td></tr>
<tr><td>日平均</td><td>0.05</td><td>0.15</td><td>0.25</td></tr>
<tr><td rowspan="3">氮氧化物（NO_x）</td><td>年平均</td><td>0.05</td><td>0.05</td><td>0.10</td></tr>
<tr><td>日平均</td><td>0.10</td><td>0.10</td><td>0.15</td></tr>
<tr><td>1h 平均</td><td>0.15</td><td>0.15</td><td>0.30</td></tr>
<tr><td rowspan="3">二氧化氮（NO_2）</td><td>年平均</td><td>0.04</td><td>0.04</td><td>0.08</td></tr>
<tr><td>日平均</td><td>0.08</td><td>0.08</td><td>0.12</td></tr>
<tr><td>1h 平均</td><td>0.12</td><td>0.12</td><td>0.24</td></tr>
<tr><td rowspan="2">一氧化碳（CO）</td><td>日平均</td><td>4.00</td><td>4.00</td><td>6.00</td></tr>
<tr><td>1h 平均</td><td>10.00</td><td>10.00</td><td>20.00</td></tr>
<tr><td>臭氧（O_3）</td><td>1h 平均</td><td>0.12</td><td>0.16</td><td>0.20</td></tr>
<tr><td rowspan="2">铅（Pb）</td><td>季平均</td><td colspan="3">1.50</td><td rowspan="5">$\mu g/m^3$
（标准状态）</td></tr>
<tr><td>年平均</td><td colspan="3">1.00</td></tr>
<tr><td>苯并［a］芘（B［a］P）</td><td>日平均</td><td colspan="3">0.01</td></tr>
<tr><td rowspan="4">氟化物（F）</td><td>日平均</td><td colspan="3">7*</td></tr>
<tr><td>1h 平均</td><td colspan="3">20*</td></tr>
<tr><td>月平均</td><td colspan="3">1.8** 3.0***</td><td rowspan="2">$\mu g/(dm^2 \cdot d)$</td></tr>
<tr><td>植物生长季平均</td><td colspan="3">1.2** 2.0***</td></tr>
</table>

* 适用于城市地区。

** 适用于牧业区和以牧业为主的半农半牧区、蚕桑区。

*** 适用于农业和林业区。

2. GB 3095—2012

2012 年 2 月 29 日，环境保护部和国家质量监督检验检疫总局联合发布了新的标准 GB 3095—2012《环境空气质量标准》，并指明该标准将于 2016 年 1 月 1 日起在全国开始实施。

该标准的环境空气污染物基本项目浓度限值见表 1 - 12。

表 1 - 12　　各种污染物的浓度限值

序号	污染物项目	平均时间	浓度限值		单位
			一级	二级	
1	二氧化硫（SO_2）	年平均	20	60	μg/m³
		24h 平均	50	150	
		1h 平均	150	500	
2	二氧化氮（NO_2）	年平均	40	40	
		24h 平均	80	80	
		1h 平均	200	200	
3	一氧化碳（CO）	24h 平均	4	4	mg/m³
		1h 平均	10	10	
4	臭氧（O_3）	日最大 8h 平均	100	160	μg/m³
		1h 平均	160	200	
5	颗粒物（粒径小于等于 10μm）	年平均	40	70	
		24h 平均	50	150	
6	颗粒物（粒径小于等于 2.5μm）	年平均	15	35	
		24h 平均	35	75	
7	总悬浮颗粒物（TSP）	年平均	80	200	
		24h 平均	120	300	
8	氮氧化物（NO_x）	年平均	50	50	
		24h 平均	100	100	
		1h 平均	250	250	
9	铅（Pb）	年平均	0.5	0.5	
		季平均	1	1	
10	苯并［a］芘（BaP）	年平均	0.001	0.001	
		24h 平均	0.0025	0.0025	

在 GB 3095—1996 的基础上，新标准主要修订了以下内容：

（1）调整了环境空气功能区分类，将三类区并入二类区；

（2）调整了数据统计的有效性规定；

（3）增设了颗粒物（粒径小于等于 2.5μm）浓度限值和臭氧 8h 平均浓度限值；

（4）调整了颗粒物（粒径小于等于 10μm）、二氧化氮、氮氧化物、臭氧、铅和苯并［a］芘等的浓度限值。

相比之下，新标准比老标准对环境空气质量的要求更高了。

第二章 污染物的大气扩散

从污染源排放出污染物在大气中的传输和扩散过程，与污染源本身特性、气象条件、地面特征和周围地区建筑物分布等因素皆有密切关系，特别是与气象条件的关系更为密切。随着风向、风速、大气湍流运动、气温垂直分布及大气稳定度等气象因素的变化，污染物在大气中的扩散稀释情况千差万别，所造成的污染程度有很大不同。因此，为了有效地控制大气污染，除应采取各种综合防治措施外，还应充分利用大气对污染物的扩散和稀释能力。本章主要对污染物大气扩散的基本知识作一扼要介绍。

第一节 大气圈垂直结构及气象要素

地球表面环绕着一层很厚的气体，称为环境大气或地球大气，简称大气。大气是自然环境的重要组成部分，是人类及生物赖以生存必不可少的物质。

自然地理学将受地心引力而随地球旋转的大气层称为大气圈。大气圈与宇宙空间之间很难确切划分，在大气物理学和污染气象学研究中，常把大气圈的上界定为1200～1400km。1400km以外，气体非常稀薄，就是宇宙空间了。

大气圈的垂直结构是指气象要素的垂直分布情况，如气温、气压、大气密度和大气成分的垂直分布等。这里主要对气温的垂直分布情况作一简介。根据气温在垂直于下垫面（即地球表面情况）方向上的分布，可将大气圈分为五层：对流层、平流层、中间层、暖层和散逸层（见图2-1）。

1. 对流层

对流层是大气圈最低的一层。由于对流程度在热带要比寒带强烈，故自下垫面算起的对流层的厚度随纬度增加而降低；赤道处为16～17km，中纬度地区为10～12km，两极附近只有8～9km。对流层的主要特征如下：

(1) 对流层虽然较薄，但却集中了整个大气质量的四分之三和几乎全部水蒸气，主要的大气现象都发生在这一层中，它是天气变化最复杂、对人类活动影响最大的一层。

(2) 大气温度随高度增加而降低，每升高100m平均降温约0.65℃。

(3) 空气具有强烈的对流运动，主要是由于下垫面受热不均及其本身特性不同造成的。

(4) 温度和湿度的水平分布不均匀，在热带海洋上空，空气比较温暖潮湿，在高纬度内陆上空，空气比较寒冷干燥，因此也经常发生大规模空气的水平运动。

对流层的下层，厚度为1～2km，其中气流受地面阻滞和摩擦的影响很大，称为大气边界层（或摩擦层）。其中从地面到50～100m的一层又称为近地层。在近地层中，垂直方向上热量和动量的交换甚微，所以上下气温之差很大，可达1～2℃。在近地层以上，气流受地面摩擦的影响越来越小。在大气边界层以上的气流，几乎不受地面摩擦的影响，称为自由大气。

在大气边界层中，由于受地面冷热的直接影响，所以气温的日变化很明显，特别是近地

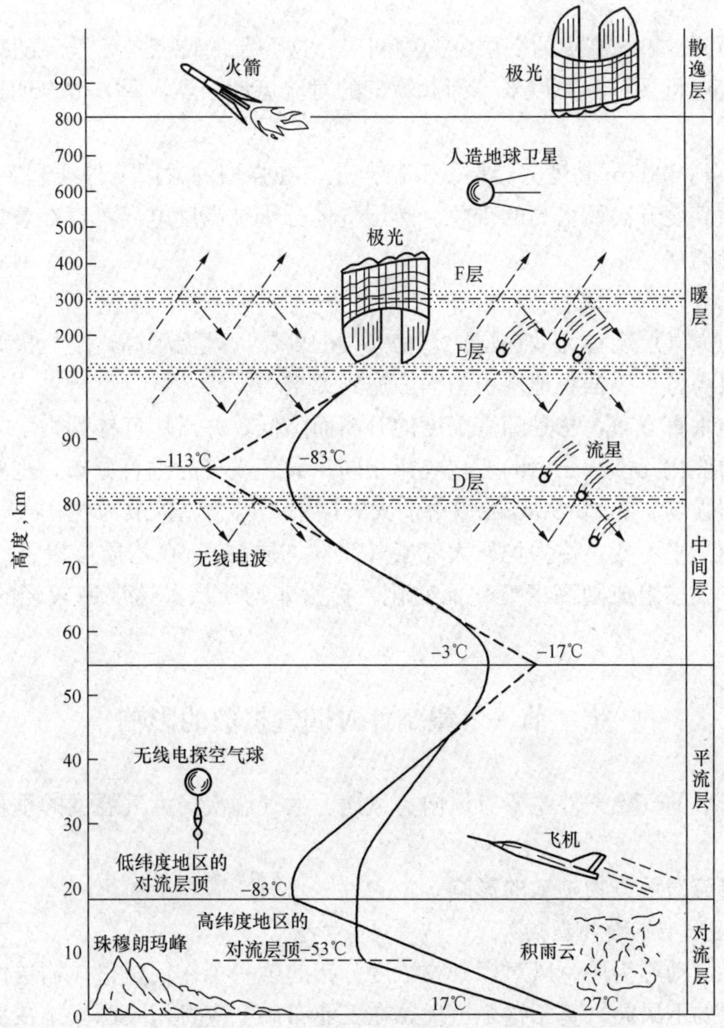

图 2-1　大气垂直方向的分层

层，昼夜可相差十几乃至几十度。由于气流运动受地面摩擦的影响，风速随高度的增高而增大。在这一层中，大气上下有规则的对流和无规则的湍流运动都比较盛行，加上水汽充足，直接影响着大气污染物的传输、扩散和转化。

2. 平流层

从对流层顶到 50～55km 高度的一层称为平流层。从对流层顶到 35～40km 的一层，气温几乎不随高度变化，为－55℃左右，称为同温层。从同温层以上到平流层顶，气温随高度增高而增高，至平流层顶达－3℃左右，也称逆温层。平流层集中了大气中大部分臭氧，并在 20～25km 高度上达到最大值，形成臭氧层。臭氧层能强烈吸收波长为 200～300nm 的太阳紫外线，保护了地球上的生命免受紫外线伤害。

在平流层中，几乎没有大气对流运动，大气垂直混合微弱，极少出现雨雪天气，所以进入平流层中的大气污染物的停留时间很长。特别是进入平流层的氟氯碳（CFCs）等大气污染物，能与臭氧发生光化学反应，致使臭氧层的臭氧逐渐减少。

3. 中间层

从平流层顶到85km高度的一层称为中间层。这一层的特点是，气温随高度升高而迅速降低，其顶部气温可达-83℃以下。因此大气的对流运动强烈，垂直混合明显。

4. 暖层

从中间层顶到800km高度为暖层。其特点是，在强烈的太阳紫外线和宇宙射线作用下，再度出现气温随高度升高而增高的现象。暖层气体分子被高度电离，存在着大量的离子和电子，故又称为电离层。

5. 散逸层

暖层以上的大气层统称为散逸层。它是大气的外层，气温很高，空气极为稀薄，空气粒子的运动速度很高，可以摆脱地球引力而散逸到太空中。

大气压力的垂直分布，总是随着高度的升高而降低，并可用气体静力学方程来描述。大气密度随高度的变化几乎和压力的变化规律相同。大气成分的垂直分布，主要取决于分子扩散和湍流扩散的强弱。在80～85km以下的大气层中，以湍流扩散为主，大气的主要成分氮和氧的组成比例几乎不变，称为均质大气层（简称均质层）。在均质层以上的大气层中，以分子扩散为主，气体组成随高度变化而变化，称为非均质层。这层中较轻的气体成分明显增加。

第二节　气象条件对烟气扩散的影响

影响烟气扩散的气象条件主要有风向、风速、大气湍流、大气温度的垂直分布和大气稳定度等。

一、风和湍流对污染物扩散的影响

1. 风对大气污染扩散的影响

空气的水平运动称为风。风对污染物浓度分布的第一个作用是整体输送作用，因而污染区总是在污染源的下风向。基于这个道理，在工业布局上应将污染源安排在易于扩散的城市下风向。风的第二个作用是对污染物的冲淡稀释作用。风速越大，单位时间风与污染烟气混合的清洁空气量就越多。一般来说，污染物在大气中的浓度与污染物的排放总量成正比，与平均风速成反比，若风速提高一倍，则在下风向的污染物浓度减少一半。

风速的大小对烟流扩散有很大的影响，在无风或风速很小时，烟流几乎是垂直的，当风速较大时，烟流则是弯曲的（见图2-2）。对于地面污染源来说，风速大，地面污染物浓度就小；风速小，地面污染物浓度就大；无风时，近污染源处地面污染更为严重。对于高架污染源，风速的影响则具有双重性。一方面，风速大会降低抬升高度，使烟气的着地浓度增大；另一方面，风速增大，能增加湍流，加快污染物的扩散，使烟气的着地浓度降低。对于某一高架源，存在危险

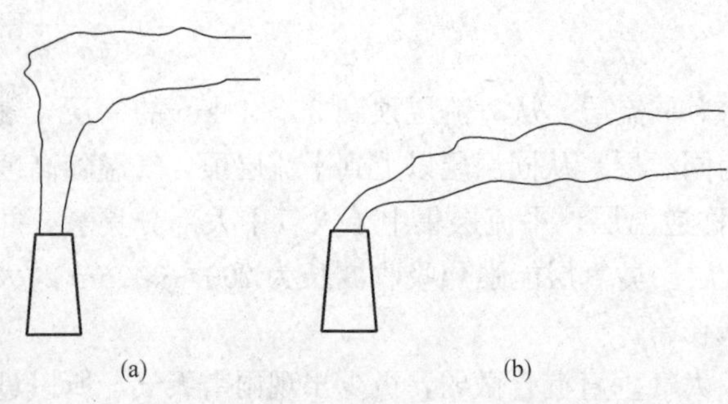

图2-2　风的大小对烟气扩散的影响
（a）垂直烟流；（b）弯曲烟流

风速，在该风速下地面可能出现最高污染物浓度。但对下风向所有点的平均浓度面言，风速大对减轻污染是比较有利的。

2. 湍流对大气污染扩散的影响

大气湍流是指大气因受动力湍流影响所形成的不规则运动气流。这种运动普遍存在，树叶的摆动、纸片的飞舞及炊烟的缭绕等现象均因湍流引起。

大气的运动除了风以外，还存在着不同于主流方向（平均风向）的各种尺度的次生运动或旋涡运动，即湍流运动。如果大气中只有层流而无湍流运动，则污染物除了在烟囱口被直接冲淡稀释外，在向下风向飘逸时，就只能靠分子扩散缓慢地向四周扩散，污染物的扩散速率就很慢。实际上，低层大气的运动总是具有湍流的性质，大气湍流运动造成流场各部分之间的强烈混合，将大大加快烟气的扩散速率。实践证明，湍流扩散速率比分子扩散速率快 $10^5 \sim 10^6$ 倍。

总之，风速越大，湍流就越强，污染物的稀释扩散速率就越快，大气污染物的浓度就越低。因此，风和湍流是决定污染物在大气中稀释扩散的最直接因子，也是最有效的因子。

二、大气稳定度对污染物扩散的影响

（一）气温直减率

气温直减率指单位（通常取 100m）高差气温变化率的负值，用 γ 表示，计算公式如下：

$$\gamma = -\frac{dT}{dZ} \tag{2-1}$$

若气温随高度增加是递减的，γ 为正值；反之，γ 为负值。

干空气在绝热上升或下降过程中，每升高或下降单位高差（通常取 100m）的温度变化率的负值，称为干空气温度绝热垂直递减率，简称干绝热直减率，用 γ_d 表示，其定义式为

$$\gamma_d = -\frac{dT_i}{dZ} \approx \frac{g}{c_p} = 0.98(K/100m) \tag{2-2}$$

式中 T_i——干空气块的温度，它不同于周围空气的温度；

c_p——干空气比定压热容，其值为 1004J/(kg·K)；

g——重力加速度，取 9.81m/s^2。

式（2-2）表明，干空气在绝热上升（或下降）运动时，每升高（或下降）100m，温度约降低（或上升）1K。对于作绝热升降运动的湿空气块，在其未达到饱和状态前，也是每升降 100m，温度变化约为 1K。

（二）气温的垂直分布

气温沿垂直高度的分布，可用坐标图上的曲线表示，如图 2-3 所示。这种曲线称为气温沿高度分布曲线或温度层结曲线，简称温度层结。

大气中的温度层结有四种类型：①图中曲线 1，气温随高度增加而递减，即 $\gamma>0$，称为正常分布层结或递减层结；②曲线 2，气温直减率等于或近似等于干绝热直减率，即 $\gamma=\gamma_d$，称为中性层结；③曲线 3，气温不随高度变化，即 $\gamma=0$，称为等温层结；④曲线 4，气温随高度增加而增加，即 $\gamma<0$，称为气温逆转，简称逆温。

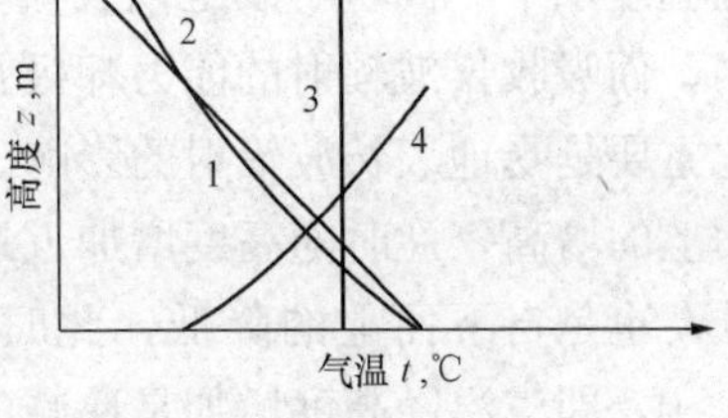

图 2-3 温度层结曲线

（三）大气稳定度对烟流形状的影响

大气稳定度直接影响着烟流扩散的形状，图 2-4 所示为不同大气稳定度情况下，五种典型的烟流形状。

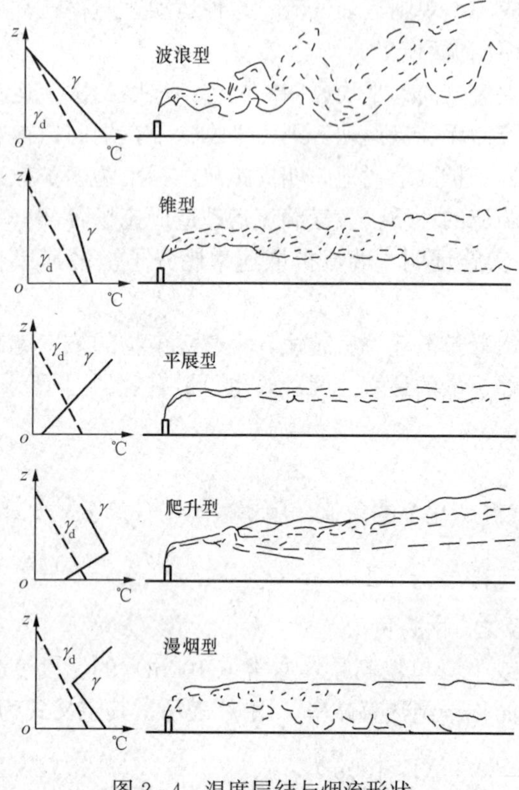

图 2-4 温度层结与烟流形状

（1）波浪型。这种烟流呈波浪状，污染物扩散良好，发生在全层不稳定大气中，即 $\gamma-\gamma_d>0$ 时。多发生在晴朗的白天，地面最大浓度落地点距烟囱较近，浓度较大。

（2）锥型。这种烟流呈圆锥形，发生在中性条件下，即 $\gamma-\gamma_d\approx0$。垂直扩散比平展型好，比波浪型差。

（3）平展型。这种烟流垂直方向扩散很小，像一条带子飘向远方。俯视烟流呈扇形展开。它发生在烟囱出口处于逆温层中，即该层大气 $\gamma-\gamma_d<-1$。污染情况随烟囱高度不同而异。当烟囱很高时，近处地面上不会造成污染，在远方会造成污染；当烟囱很低时，会造成近处地面上严重污染。

（4）爬升型（屋脊型）。这种烟流的下部是稳定的大气，上部是不稳定的大气。一般在日落前后出现，地面由于有效辐射的放热，低层形成逆温，而高空仍保持递减层结。它持续时间较短，对近处地面污染较小。

（5）漫烟型（熏蒸型）。对于辐射逆温，日出后由于地面增温，低层空气被加热，使逆温从地面向上逐渐消失，即不稳定大气从地面向上逐渐发展，当发展到烟流的下边缘或更高一点时，烟流便发生了向下的强烈扩散，而上边缘仍处于逆温层中，漫烟型便发生了。这时烟流下部 $\gamma-\gamma_d>0$，上部 $\gamma-\gamma_d<-1$。这种烟流多发生在上午 8～10 点，持续时间很短。

对上述五种典型的烟流，这里只从温度层结和大气静力稳定度的角度作了粗略分析。实际的烟流要复杂得多，影响因素也复杂得多。例如，还应考虑动力因素的影响，在近地层主要考虑风和地面粗糙度的影响。这五种烟型可以作为判断大气稳定度的一种依据。

（四）逆温

辐射到地球表面的太阳辐射主要是短波辐射。地面吸收太阳辐射后温度升高，由于地面的温度水平不高，所以是以长波辐射的形式向空中辐射能量。大气吸收短波辐射的能力很弱，而吸收长波辐射的能力却极强。因此，在大气边界层内特别是近地层内，空气温度的变化主要是受地表长波辐射的影响。近地层空气温度随着地面温度的增高而增高，而且是自下而上的增高，此时随高度增加近地层气温是递减的；反之，空气温度随着地表温度降低而降低，也是自下而上的降低，此时随高度增加近地层气温是递增的。大气温度层结一般是 $\gamma>0$，即气温随高度增加是递减的。但在特定条件下也会发生 $\gamma=0$ 或 $\gamma<0$ 的现象，即气温随高度增加而不变或增加。一般将气温随高度增加而增加的气层称为逆温层。根据前面对大

气稳定度的分析，当发生等温或逆温时，大气是稳定的，所以逆温层（等温层可视为逆温层的一个特例）的存在，大大阻碍了气流的垂直运动，所以也将逆温层称为阻挡层。若逆温层存在于空中某高度，由于上升的污染气流不能穿过逆温层而积聚在它的下面，则会造成严重的大气污染现象。事实表明，有许多大气污染事件多发生在有逆温及静风的气象条件下，所以在研究污染物的大气扩散时必须对逆温给予足够的重视。

逆温可发生在近地层中，也可能发生在较高气层（自由大气）中。根据逆温生成的过程，可将逆温分为辐射逆温、下沉逆温、平流逆温、锋面逆温及湍流逆温五种。

1. 辐射逆温

在晴朗无云（或少云）的夜间，当风速较小（小于 3m/s）时，地面因强烈的有效辐射而很快冷却，近地面气层冷却最为强烈，较高的气层冷却较慢，因而形成了自地面开始逐渐向上发展的逆温层，称为辐射逆温。图 2-5 所示为辐射逆温在一昼夜间从生成到消失的过程。图（a）是下午时递减温度层结；图（b）是日落前 1h 逆温开始生成的情况，随着地面辐射的增强，地面迅速冷却，逆温逐渐向上发展，黎明时达到最强，即图（c）；日出后太阳辐射逐渐增强，地面逐渐增温，空气也随之自下而上的增温，逆温便自下而上逐渐消失，即图（d）；大约在上午 10 点左右逆温层完全消失，即图（e）。

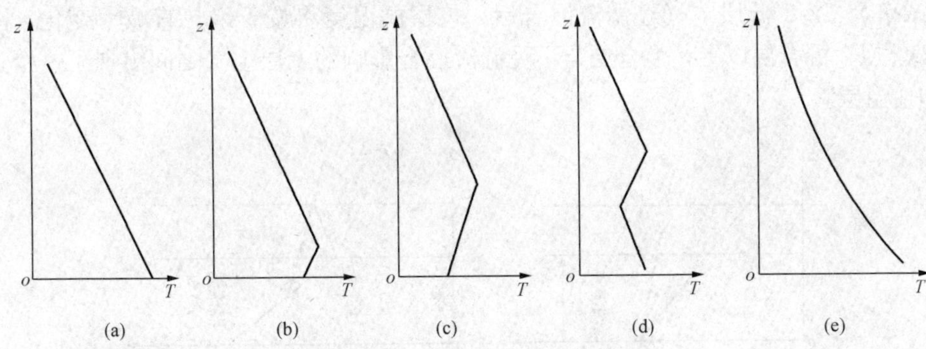

图 2-5　辐射逆温的生消过程

辐射逆温在陆地上常年可见，但冬季最强。在中纬度地区的冬季，辐射逆温层厚度可达 200～300m，有时可达 400m 左右。冬季晴朗无云和微风的白天，由于地面辐射超过太阳辐射，也会形成逆温层。辐射逆温与大气污染的关系最为密切。

2. 下沉逆温

由于空气下沉受到压缩增温而形成的逆温称为下沉逆温。下沉逆温的形成原因可用图 2-6说明。假定某高度有一气层 $ABCD$，其厚度为 h，当它下沉时，由于周围大气对它的压力逐渐增大，以及由于水平辐散，该气层被压缩成 $A'B'C'D'$，厚度减小为 h'（$<h$）。若气层下沉过程是绝热的，且气层内各部分空气仍保持原来的相对位置，则由于顶部 CD 下沉到 $C'D'$ 的距离比底部 AB 下沉到 $A'B'$ 的距离大，使气层顶部的绝热增温大于底部。若气层下沉距离很大，就可能使顶部增温后的气温高于底部增温后的气温，从而形成逆温。例如有一厚 500m 的气层，顶高 3500m，底高 3000m，气温分别为

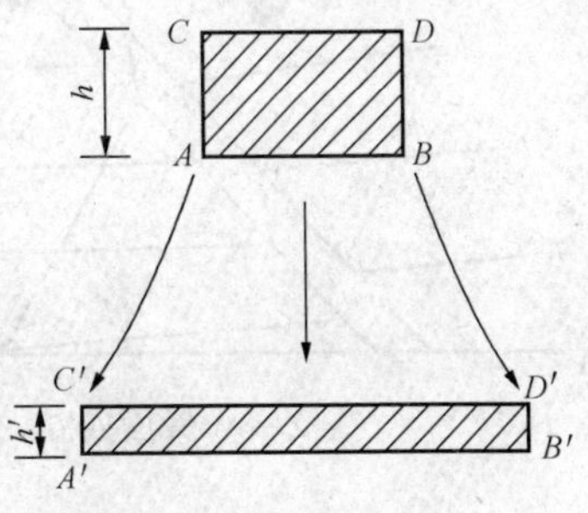

图 2-6　下沉逆温形成示意

−12℃和−10℃。下沉后厚度变薄成200m，顶高为1700m，底高为1500m。如果气温按干绝热直减率变化，则顶部增温18℃，成为6℃；底部增温15℃，成为5℃，结果顶部比底部气温高1℃，形成了逆温。这是下沉逆温形成的基本原因，而实际情况要复杂得多。

下沉逆温多出现在高压控制区内，范围很广，厚度也很大，一般可达数百米。下沉气流一般达到某一高度就停止了，所以下沉逆温多发生在高空大气中。

3. 平流逆温

由暖空气平流到冷地表面上而形成的逆温称为平流逆温。这是由于低层空气受地表面影响大、降温多，上层空气降温少所形成的。暖空气与地面之间温差越大，逆温就越强。当冬季中纬度沿海地区海上暖空气流到大陆上及暖空气平流到低地、盆地内积聚的冷空气上面时，皆可形成平流逆温。

4. 湍流逆温

低层空气湍流混合形成的逆温称为湍流逆温。实际空气的运动都是一种湍流运动，其结果将使大气中包含的热量、水分和动量以及污染物质得以充分的交换和混合，这种因湍流运动引起的属性混合称为湍流混合。

湍流逆温的形成过程如图2-7所示，图（a）中的AB是气层在湍流混合前的气温分布，气温直减率$\gamma<\gamma_d$；低层空气经湍流混合后，气层的温度将按干绝热直减率变化，图（b）中的CD。但在混合层以上，混合层与不受湍流混合影响的上层空气之间出现了一个过渡层DE，即逆温层。

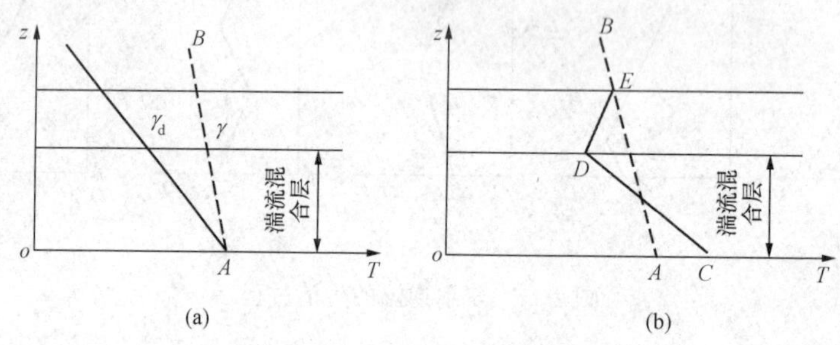

图2-7 湍流逆温的形成过程

5. 锋面逆温

在对流层中的冷空气团与暖空气团相遇时，暖空气因其密度小就会爬到冷空气上面去，形成一个倾斜的过渡区，称为锋面。在锋面上，如果冷暖空气的温差较大，也可以出现逆温，这种逆温称为锋面逆温（见图2-8）。锋面逆温仅在冷空气一边可以看到。

在实际大气中出现的逆温，有时是由几种原因共同形成的，比较复杂，所以必须作具体的分析。

图2-8 锋面逆温

三、特殊环境所具有的风力场对大气扩散的影响

1. 海陆风

在海陆交界地带具有海陆风，它是海风和陆风的总称，是以24h为周期的一种大气局地环流。海陆风是由于陆地和海洋的热力性质的差异而引起的。如图2-9所示，在白天，由于太阳辐射，陆地升温比海洋快，在海陆大气之间产生了温度差、气压差，使低空大气由海洋流向陆地，形成海风，高空大气从陆地流向海洋，形成反海风，它们同陆地上的上升气流和海洋上的下降气流一起形成了海陆风局地环流。在夜晚，由于有效辐射发生了变化，陆地比海洋降温快，在海陆之间产生了与白天相反的温度差、气压差，使低空大气从陆地流向海洋，形成陆风，高空大气从海洋流向陆地，形成反陆风。它们同陆地下降气流和海面上升气流一起构成了海陆风局地环流。

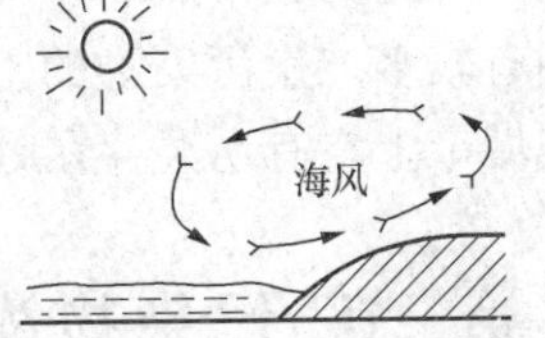

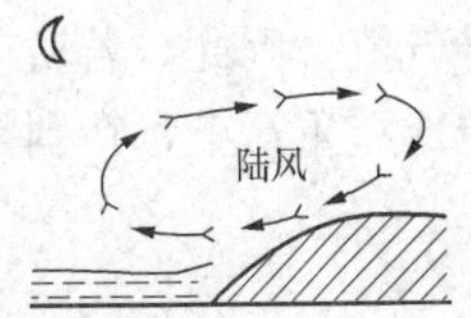

图2-9 海陆风环流

在大湖泊、江河的水陆交界地带也会产生水陆风局地环流，称为水陆风。但水陆风的活动范围和强度比海陆风要小。

由上可知，建在海边排出污染物的工厂，必须考虑海陆风的影响，因为有可能出现在夜间随陆风吹到海面上的污染物，在白天又随海风吹回来，或者进入海陆风局地环流中，使污染物不能充分的扩散稀释而造成严重的污染。

2. 山谷风

山谷风是山风和谷风的总称。它发生在山区，是以24h为周期的局地环流。山谷风在山区最为常见，它主要是由于山坡和谷地受热不均而产生的。如图2-10所示，在白天，太阳先照射到山坡上，使山坡上大气比谷地上同高度的大气温度高，形成了由谷地吹向山坡的风，称为谷风。在高空形成了由山坡吹向山谷的反谷风。它们同山坡上升气流和谷地下降气流一起形成了山谷风局地环流。在夜间，山坡和山顶比谷地冷却得快，使山坡和山顶的冷空气顺山坡下滑到谷底，形成了山风。在高空则形成了自山谷向山顶吹的反山风。它们同山坡下降气流和谷地上升气流一起构成了山谷风局地环流。

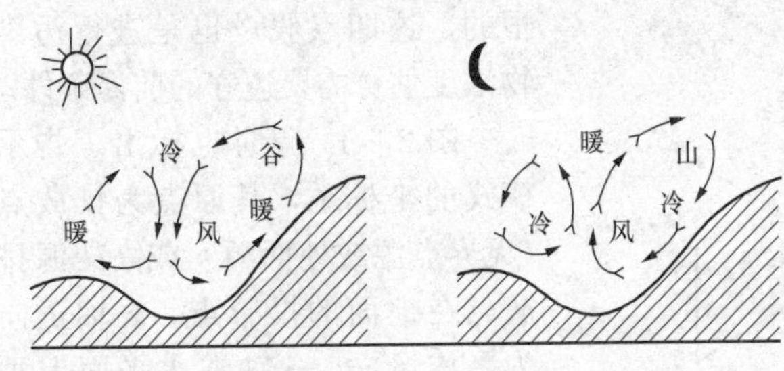

图2-10 山谷风环流

山风和谷风的方向是相反的，但比较稳定。在山风与谷风的转换期，风方向是不稳定的，山风和谷风均有机会出现，时而山风，时而谷风。这时若有大量污染物排入山谷中，由于风向的摆动，污染物不易扩散，在山谷中停留时间很长，有可能造成严重的大气污染。

3. 城市热岛环流

城市热岛环流是由城乡温度差引起的局地风。产生城乡温度差异的主要原因是：①城市人口密集、工业集中，使得能耗水平高；②城市的覆盖物（如建筑、水泥路面等）热容量大，白天吸收太阳辐射热，夜间放热缓慢，使低层空气冷却变缓；③城市上空笼罩着一层烟雾和CO_2，使地面有效辐射减弱。

由于上述原因，使城市净热量收入比周围乡村多，故平均气温比周围乡村高（特别是夜间），于是形成了所谓城市热岛。据统计，城乡年平均温差一般为0.4～1.5℃，有时可达6～8℃。其差值与城市的大小、性质、当地气候条件及纬度有关。

由于城市温度经常比乡村高（特别是夜间），气压比乡村低，所以可以形成一种从周围农村吹向城市的特殊的局地风，称为城市热岛环流或城市风。这种风在市区汇合就会产生上升气流。因此，若城市周围有较多产生污染物的工厂，就会使污染物在夜间向市中心输送，造成严重污染，特别是夜间城市上空有逆温存在时。

第三节 污染物浓度的估算

目前应用较广的大气污染物浓度估算模式是高斯模式，它是应用湍流统计理论得出的正态分布假设下的扩散模式。对于一拟建的火力发电厂，可以根据所设计的发电能力得知所需的燃料消耗量，再根据燃料消耗量推算有关污染物的排放量，最后根据高斯模式推算下风向居民区污染物的浓度或者是地面最大浓度，从而推测拟建的火力发电厂是否会对周围居民区造成污染，如果可能会造成污染，则对拟建方案进行修改。下面将对高斯模式作进一步的介绍。

一、高斯模式

图2-6所示为污染物从污染源排放后的扩算情况，污染物浓度沿下风向呈正态分布稀释扩散。在采用高斯模式进行估算前，需提出四点假设：①污染物浓度在 y、z 轴上的分布符合高斯分布（正态分布）；②在全部空间中风速是均匀的、稳定的；③源强是连续均匀的；④在扩散过程中污染物质量是守恒的。这四点假设也是进行污染物浓度估算需要遵守的前提条件。

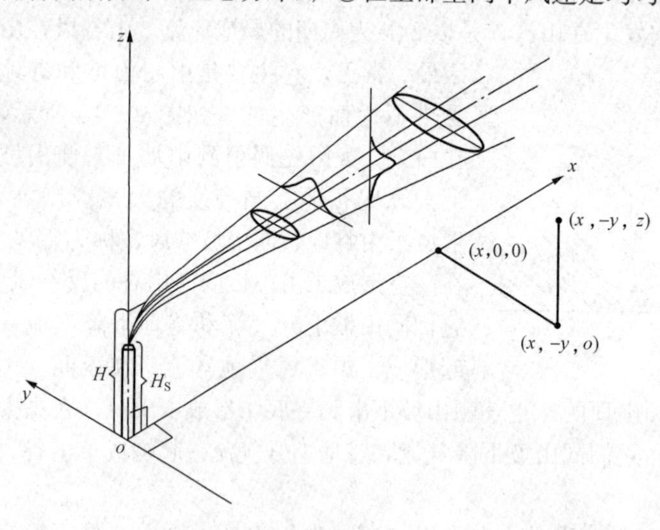

图2-11 高斯模式的坐标系

图2-11同时也标出了告示模式的坐标系，其原点为排放点（无界点源或地面源）或高架源排放点在地面的投影点，x 轴正向为平均风向，y 轴在水平面上垂直于 x 轴，正向在 x 轴的左侧，z 轴垂直于水平面 oxy，向上为正向，即为右手坐标系。在该坐标系中，烟流中心线或与 x 轴重合，或在 xoy 面的投影为 x 轴。

基于上述假设和坐标系推导出的无限空间连续点源扩散的高斯模式为

$$C(x,y,z)=\frac{Q}{2\pi\bar{u}\sigma_y\sigma_z}\exp\left[-\left(\frac{y^2}{2\sigma_y^2}+\frac{z^2}{2\sigma_z^2}\right)\right] \tag{2-3}$$

式中 C——任一点处污染物的浓度，g/m^3；

Q——源强，单位时间污染源排放的污染物，mg/s；

σ_y——污染物在 y 方向分布的标准偏差，即水平扩散系数，m；

σ_z——污染物在 z 方向分布的标准差，即垂直扩散系数，m；

$\bar{u}$——平均风速，m/s。

高架连续点源的高斯模式，必须考虑地面对扩散的影响。可以认为地面像镜面一样、对污染物起全反射作用。那么下风向某点污染物的浓度应该是由两部分组成，一部分是不存在地面反射作用时该点所具有的污染物浓度；另一部分是由于地面反射作用所增加的污染物浓度。高架连续点源的高斯模式为

$$C(x,y,z,H)=\frac{Q}{2\pi\bar{u}\sigma_y\sigma_z}\exp\left(-\frac{y^2}{2\sigma_y^2}\right)\left\{\exp\left[-\frac{(z-H)^2}{2\sigma_z^2}\right]+\exp\left[-\frac{(z+H)^2}{2\sigma_z^2}\right]\right\}\tag{2-4}$$

式中　H——烟囱的有效高度，m。

不管是无限空间连续点源，还是高架连续点源，高斯公式均表明：下风向某点污染物的浓度与源强 Q 成正比，与风速 $\bar{u}$ 和扩散参数 σ_y 和 σ_z 成反比。σ_y 和 σ_z 实质上是对不同稳定度时大气湍流扩散能力的量度。因此，高斯公式可以较正确地反映污染浓度与各种气象因子之间的关系，并根据式（2-3）和式（2-4）两个公式求取某点的污染物浓度。

当 $y=0$ 时，$C(x，0，z，H)$ 即为高架连续点源烟流中心线上污染物的浓度；

当 $z=0$ 时，$C(x，y，0，H)$ 即为高架连续点源的污染物在地面的浓度；

当 $y=0$、$z=0$ 时，$C(x，0，0，H)$ 即为高架连续点源烟流地面中心线上污染物的浓度；

当 $z=0$、$H=0$ 时，$C(x，y，0，0)$ 即为地面连续点源的污染物在地面的浓度；

当 $y=0$、$z=0$、$H=0$ 时，$C(x，0，0，0)$ 即为地面连续点源地面中心线上污染物的浓度。

二、扩算参数的确定

在采用高斯模式求取某点污染物的浓度时，需要先确定公式中未知的扩散参数 σ_y 和 σ_z，通常用 P-G 曲线法和中国国家标准规定的两种方法求取。

（一）P-G 扩散曲线法

帕斯奎尔（Pasquill）于 1961 年推荐了一种仅需常规气象观测资料就可估算 σ_y 和 σ_z 的方法，吉福德（Gifford）进一步将它作成应用更方便的图表，所以这种方法又简称 P-G 曲线法。

这一方法首先根据太阳辐射情况（云量、云状和日照）和距地面 10m 高处的风速 $\bar{u}_{10}$ 将大气的扩散稀释能力划分为 A～F 六个稳定度级别。然后根据大量扩散实验数据和理论上的考虑，用曲线来表示每一个稳定度级别的 σ_y 和 σ_z 随下风距离的变化。

下面分别介绍 P-G 扩散曲线法的具体应用。

1. 根据常规气象资料确定稳定度级别

P-G 法划分稳定度级别的标准见表 2-1。

表 2-1　稳定度级别划分表

地面风速 $\bar{u}_{10}$（m/s）	白天太阳辐射			阴天的白天或夜间	有云的夜间	
	强	中	弱		薄云遮天或低云云量≥5/10	云量≤4/10
<2	A	A～B	B	D		
2～3	A～B	B	C	D	E	F

续表

地面风速 $\bar{u}_{10}$ (m/s)	白天太阳辐射			阴天的白天或夜间	有云的夜间	
	强	中	弱		薄云遮天或低云云量≥5/10	云量≤4/10
3～5	B	B～C	C	D	D	E
5～6	C	C～D	D	D	D	D
>6	C	D	D	D	D	D

对该标准的几点说明如下：

(1) 稳定度级别中，A 为强不稳定，B 为不稳定，C 为弱不稳定，D 为中性，E 为较稳定，F 为稳定。

(2) 稳定度级别 A～B 表示按 A、B 级的数据内插。

(3) 夜间定义为日落前 1h 至日出后 1h。

(4) 不论何种天气状况，夜间前后各 1h 算作中性，即 D 级稳定度。

(5) 强太阳辐射对应于碧空下的太阳高度角大于 60°的条件；弱太阳辐射相当于碧空下太阳高度角为 15°～35°。在中纬度地区，仲夏晴天的中午为强太阳辐射，寒冬晴天中午为弱太阳辐射。云量将减少太阳辐射，云量应与太阳高度一起考虑。例如，在碧空下应是强太阳辐射，在有碎中云（云量为 6/10～9/10）时，要减到中等太阳辐射，在碎低云时减到弱太阳辐射。

(6) 这种方法对于开阔的乡村地区还能给出较可靠的稳定度，但对城市地区是不大可靠的。这是由于城市有较大的地面粗糙度及热岛效应所致。最大的差别出现在静风晴夜，在这样的夜间，乡村地区大气状况是稳定的，但在城市，在高度相当于建筑物的平均高度几倍之内是弱不稳定或近中性的，而它的上部则有一个稳定层。

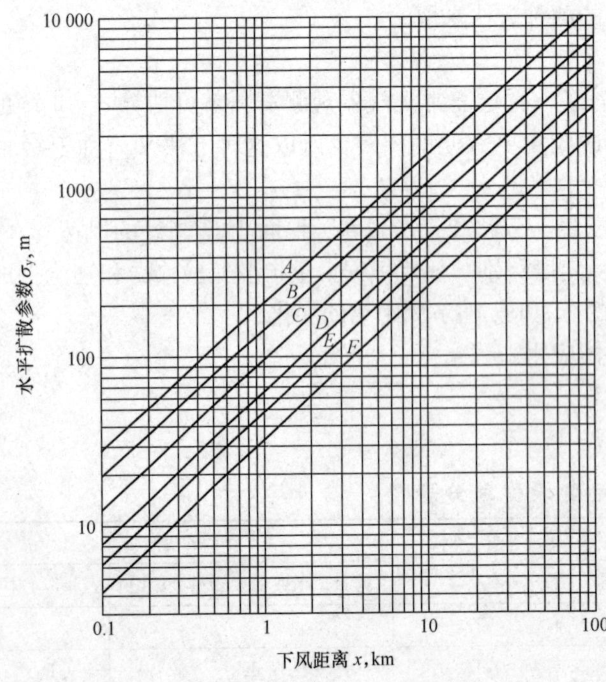

图 2-12 下风距离和水平扩散参数的关系

2. 利用扩散曲线确定 σ_y 和 σ_z

图 2-12 和图 2-13 所示为帕斯奎尔和吉福德给出的不同稳定度时 σ_y 和 σ_z 随下风距离 x 变化的经验曲线，简称 P-G 曲线图（两图对应的取样时间为 10min）。在按表 2-1 确定了某地某时属于何种稳定度级别后，便可用这两张图查出相应的 σ_y 和 σ_z 值。此外，英国伦敦气象局还给出了按帕斯奎尔曲线计算的 σ_y 和 σ_z 值（见表 2-2），用内插法可求出 20km 距离内的 σ_y 和 σ_z 值。

3. 浓度估算

当确定了 σ_y 和 σ_z 值之后，扩散方程中其他参数也相应确定下来，利用前述的一系列扩散模式，就可估算出各种情况下的浓度值。

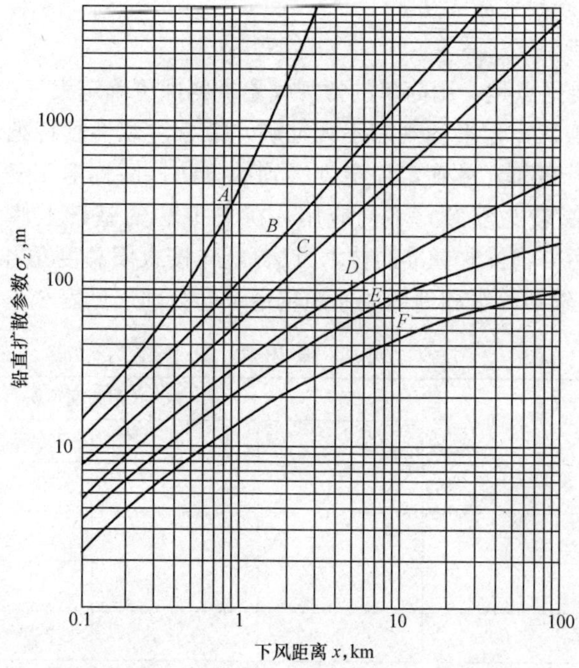

图 2-13　下风距离和铅直扩散参数的关系

注：P-G 曲线是帕斯奎尔根据地面源的实验结果等总结出来的，图中 1km 以外的曲线是外推的结果。此外，它也未考虑地面粗糙度对扩散的影响，因而不适用于城市和山区。

表 2-2　帕斯奎尔曲线的 σ_y 和 σ_z 值　(m)

稳定度	标准差	距离 x (km)																				
		0.1	0.2	0.3	0.4	0.5	0.6	0.8	1.0	1.2	1.4	1.6	1.8	2.0	3.0	4.0	6.0	8.0	10	12	16	20
A	σ_y	27.0	49.8	71.6	92.1	112	132	170	207	243	278	313										
	σ_z	14.0	29.3	47.4	72.1	105	153	279	456	674	930	1230										
B	σ_y	19.1	35.8	51.6	67.0	81.4	95.8	123	151	178	203	228	253	278	395	508	723					
	σ_z	10.7	20.5	30.2	40.5	51.2	62.8	84.6	109	133	157	181	207	233	363	493	777					
C	σ_y	12.6	23.3	33.5	43.3	53.5	62.8	80.9	99.1	116	133	149	166	182	269	335	474	603	735			
	σ_z	7.44	14.0	20.5	26.5	32.6	38.6	50.7	61.4	73.0	83.7	95.3	107	116	167	219	316	409	498			
D	σ_y	8.37	15.3	21.9	28.8	35.3	40.9	53.5	65.6	76.7	87.9	98.6	109	121	173	221	315	405	488	569	729	884
	σ_z	4.65	8.37	12.1	15.3	18.1	20.9	27.0	32.1	37.2	41.9	47.0	52.1	56.7	79.1	100	140	177	212	244	307	372
E	σ_y	6.05	11.6	16.7	21.4	26.5	31.2	40.0	48.8	57.7	65.6	73.5	82.3	85.6	129	166	237	306	366	427	544	659
	σ_z	3.72	6.05	8.84	10.7	13.0	14.9	18.6	21.4	24.7	27.0	29.3	31.6	33.5	41.9	48.6	60.9	70.7	79.1	87.4	100	111
F	σ_y	4.19	7.91	10.7	14.4	17.7	20.5	26.5	32.6	38.1	43.3	48.8	54.5	60.5	86.5	102	156	207	242	285	365	437
	σ_z	2.33	4.19	5.58	6.98	8.37	9.77	12.1	14.0	15.8	17.2	19.1	20.5	21.9	27.0	31.2	37.7	42.8	46.5	50.2	55.8	60.5

（二）中国国家标准规定的方法

1. 稳定度的分类方法

P-G 法的一个重要优点是，用简单的常规气象资料即可确定大气稳定度级别。但对太阳辐射强弱的划分不够确切，云量的观测不太准确，带有主观性。特纳尔（D. B. Turner）提出了按太阳高度角、云高和云量确定稳定度级别的方法，简称 P-T 法。但该法中确定太阳辐射等级的云量和云高较为复杂，不便应用。在 P-T 法的基础上修订成的 GB/T 3840—1991《制定地方大气污染物排放标准的技术方法》，先按太阳高度角和云量确定太阳辐射等级（见表 2-3），再由辐射等级和地面风速确定稳定度级别（见表 2-4）。

表 2-3　太阳辐射等级

总云量/低云量	夜间	太阳高度角 h_0			
		$h_0 \leqslant 15°$	$15° < h_0 \leqslant 35°$	$35° < h_0 \leqslant 65°$	$h_0 > 65°$
≤4/≤4	−2	−1	+1	+2	+3
5～7/≤4	−1	0	+1	+2	+3
≥8/≤4	−1	0	0	+1	+1
≥7/5～7	0	0	0	0	+1
≥8/≥8	0	0	0	0	0

表 2-4　大气稳定度的等级

地面风速 (m/s)	太阳辐射等级					
	+3	+2	+1	0	−1	−2
≤1.9	A	A～B	B	D	E	F
2～2.9	A～B	B	C	D	E	F
3～4.9	B	B～C	C	D	D	E
5～5.9	C	C～D	D	D	D	D
≥6	C	D	D	D	D	D

注　地面风速是指距地面 10m 高度处 10min 的平均风速。

表中太阳高度角 h_0 按下式计算：

$$h_0 = \arcsin[\sin\varphi\sin\delta + \cos\varphi\cos\delta\cos(15t + \lambda - 300)] \tag{2-5}$$

式中　h_0——太阳高度角，(°)；

φ——当地地理纬度，(°)；

λ——当地地理经度，(°)；

t——进行观测时的北京时间，h；

δ——太阳倾角，(°)。

太阳倾角 δ 可按当时月份和时间由表 2-5 查取，或按下式计算：

$$\delta = (0.006\,918 - 0.399\,12\cos\theta_0 + 0.070\,257\sin\theta_0 - 0.006\,758\cos2\theta_0 + 0.000\,907\sin2\theta_0 - 0.002\,697\cos3\theta_0 + 0.001\,480\sin3\theta_0)180/\pi \tag{2-6}$$

式中　$\theta_0 = 360d_n/365$；

d_n——一年中日期序数，0，1，2，…，365。

表 2-5 **太阳倾角（δ）的概略值**

月	旬	太阳倾角（°）	月	旬	太阳倾角（°）	月	旬	太阳倾角（°）
1	上	−22	5	上	+17	9	上	+7
	中	−21		中	+19		中	+3
	下	−19		下	+21		下	−1
2	上	−15	6	上	+22	10	上	−5
	中	−12		中	+23		中	−8
	下	−9		下	+23		下	−12
3	上	−5	7	上	+22	11	上	−15
	中	−2		中	+21		中	−18
	下	+2		下	+19		下	−21
4	上	+6	8	上	+17	12	上	−22
	中	+10		中	+14		中	−23
	下	+13		下	+11		下	−23

2. 扩散参数的选取

我国在标准 BG/T 3840—1991 中规定，取样时间为 0.5h，扩散参数按幂函数表达式 $\sigma_y=\gamma_1 x^{\alpha_1}$，$\sigma_z=\gamma_2 x^{\alpha_2}$ 查算（见表 2-6）。扩散参数选取方法如下：

(1) 平原地区农村和城市远郊区，A、B、C 级稳定度按表 2-6 直接查算，D、E、F 级稳定度则需向不稳定方向提半级后按表 2-6 查算。

(2) 工业区或城区中的点源，A、B 级不提级，C 级提到 B 级，D、E、F 级向不稳定方向提一级，再按表 2-6 查算。

(3) 丘陵山区的农村或城市，扩散参数选取方法同工业区。

(4) 当取样时间大于 0.5h 时，垂直方向扩散参数 σ_z 不变，横向扩散参数按下式计算：

$$\sigma_{y_2}=\sigma_{y_1}\left(\frac{\tau_2}{\tau_1}\right)^q \tag{2-7}$$

式中 σ_{y_2}——对应取样时间为 τ_2 时的横向扩散参数，m；

σ_{y1}——取样时间为 $\tau_1=0.5$h 时的横向扩散参数，按表 2-6 查取；

τ_1——0.5h；

q——时间稀释指数，当 $0.5\text{h}\leqslant\tau_2<1\text{h}$ 时，$q=0.2$，当 $1\text{h}\leqslant\tau_2<100\text{h}$ 时，$q=0.3$。

表 2-6 **P-G 扩散曲线幂函数数据（取样时间 0.5h）**

稳定度	$\sigma_y=\gamma_1 x^{\alpha_1}$ α_1	γ_1	下风距离 x（m）	稳定度	$\sigma_z=\gamma_2 x^{\alpha_2}$ α_2	γ_2	下风距离 x（m）
A	0.901 074 0.850 934	0.425 809 0.602 052	0～1000 >1000	A	1.121 54 1.513 60 2.108 81	0.079 990 4 0.008 547 71 0.000 211 545	0～300 300～500 >500
B	0.914 370 0.865 014	0.281 846 0.396 353	0～1000 >1000	B	0.964 435 1.093 56	0.127 190 0.057 025	0～500 >500

续表

$\sigma_y=\gamma_1 x^{\alpha_1}$				$\sigma_z=\gamma_2 x^{\alpha_2}$			
稳定度	α_1	γ_1	下风距离 x（m）	稳定度	α_2	γ_2	下风距离 x（m）
B~C	0.919 325 0.875 086	0.229 500 0.314 238	0~1000 >1000	B~C	0.941 015 1.007 70	0.114 682 0.075 718 2	0~500 >500
C	0.924 279 0.885 157	0.177 154 0.232 123	0~1000 >1000	C	0.917 595	0.106 803	>0
C~D	0.926 849 0.886 940	0.143 940 0.189 396	0~1000 >1000	C~D	0.838 628 0.756 410 0.815 575	0.126 152 0.235 667 0.136 659	0~2000 2000~10 000 >10 000
D	0.929 418 0.888 723	0.110 726 0.146 669	0~1000 >1000	D	0.826 212 0.632 023 0.555 360	0.104 634 0.400 167 0.810 763	1~1000 1000~10 000 >10 000
D~E	0.925 118 0.892 794	0.098 563 1 0.124 308	0~1000 >1000	D~E	0.776 864 0.572 347 0.499 149	0.111 771 0.528 992 1.038 10	0~2000 2000~10 000 >10 000
E	0.920 818 0.896 864	0.086 400 1 0.101 947	0~1000 >1000	E	0.788 370 0.565 188 0.414 743	0.092 752 9 0.433 384 1.732 41	0~1000 1000~10 000 >10 000
F	0.929 418 0.888 723	0.055 363 4 0.733 348	0~1000 >1000	F	0.784 400 0.525 969 0.322 659	0.062 076 5 0.370 015 2.406 91	0~1000 1000~10 000 >10 000

三、地面最大浓度

图 2-14 所示为地面源和高架源在下风方向造成的地面浓度分布曲线，可以看出，在下风向一定距离 x 处中心线的浓度高于边缘部分。图 2-15 所示为两种源的地面轴线浓度分布曲线。对于地面无限空间连续点源［见图 2-15（a）］，下风向地面轴线污染物浓度随距污染源距离的增加而降低。对于高架源［见图 2-15（b）］，下风向地面轴线浓度先随距离 x 的增加而急剧增大，在距源 1~3km 的不太远距离处（通常为 1~3km）地面轴线浓度达到最大值时，若 x 继续增加，地面轴线浓度则逐渐减小。

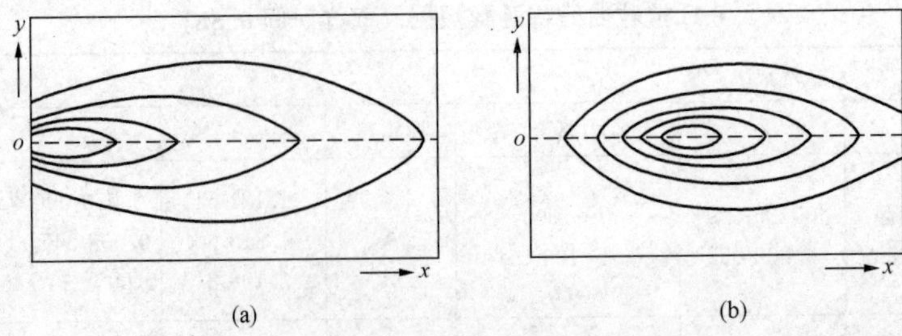

图 2-14　地面源和高架源的地面浓度分布

（a）地面源；（b）高架源

地面最大浓度及其出现的地点是关键的问题，如果地面最大浓度都没有超出国家标准，那么污染源就不会对周围环境造成污染；反之，如果地面最大浓度超出了国家标准，那么污染源就可能对周围环境造成污染，也就有必要知道被污染的区域。

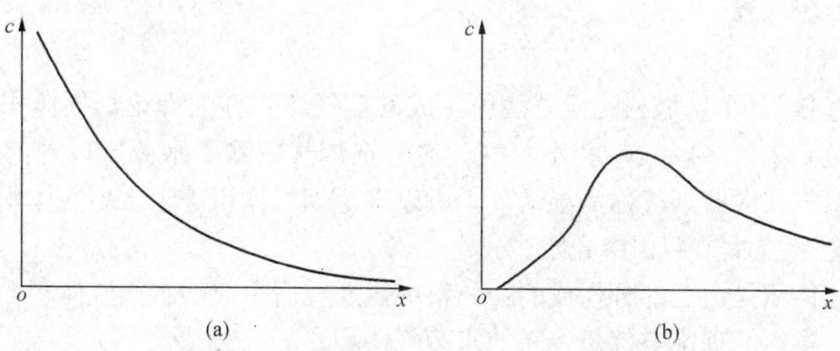

图 2-15 地面源和高架源地面轴线浓度分布

(a) 地面源；(b) 高架源

从图 2-14 可以看出，对于地面无限空间连续点源，污染物最大浓度出现在污染源所在处，因此，只需将 $x=0$，$y=0$ 代入式（2-3）即可求得污染物的最大浓度。然而对于高架源，从图 2-15 可以看出，地面污染物最大浓度出现在下风向的轴线上，因此可以先将 $x=0$，$y=0$ 代入式（2-4）得到污染物在地面的浓度分布曲线公式，即

$$C(x,0,0,H)=\frac{Q}{\pi\bar{u}\sigma_y\sigma_z}\exp\left(-\frac{H^2}{2\sigma_z^2}\right) \tag{2-8}$$

由于 σ_y、σ_z 是 x 的函数，而且随着 x 的增大而增大，则式（2-8）中 $\frac{Q}{\pi\bar{u}\sigma_y\sigma_z}$ 将随 x 的增大而减小，而 $\exp\left(-\frac{H^2}{2\sigma_z^2}\right)$ 则随着 x 的增大而增大，因此，必然存在某一距离 x 处出现污染物浓度的最大值。

假设 σ_y/σ_z 的比值不随距离 x 发生变化，将式（2-8）对 σ_z 进行求导，并令其等于零，即可得到污染物地面最大浓度的计算公式：

$$C_{\max}=\frac{2Q}{\pi e\bar{u}H^2}\frac{\sigma_z}{\sigma_y} \tag{2-9}$$

可见，当大气稳定度一定时，扩算参数的比值 σ_y/σ_z 一定，高架连续点源的地面最大浓度 $C_{\max}$ 与污染源的高度 H 的平方成反比。

污染物最大浓度出现点的 σ_z 值为

$$\sigma_z\big|_{x=x_{C\max}}=\frac{H}{\sqrt{2}} \tag{2-10}$$

根据最大浓度点的 $\sigma_z\big|_{x=x_{C\max}}$、大气稳定度类型反查图 2-13 就可得出最大浓度在下风向距污染源的距离 x。再根据稳定度类型和 x 值查图 2-12 就可以得出最大浓度点的 $\sigma_y\big|_{x=x_{C\max}}$，将 $\sigma_z\big|_{x=x_{C\max}}$ 和 $\sigma_y\big|_{x=x_{C\max}}$ 代入式（2-9）就可以算出污染物地面最大浓度。

第四节 污染控制的常用数据及计算

一、烟气体积计算

1. 理论烟气体积

在理论空气量V_0下，燃料完全燃烧所生成的烟气体积称为理论烟气体积，以V_{fg}^0表示。烟气成分主要是CO_2、SO_2、N_2和水蒸气。通常把烟气中除了水蒸气以外的部分称为干烟气，把包括水蒸气在内的烟气称为湿烟气。所以理论烟气体积等于干烟气体积和水蒸气体积之和。V_{fg}^0的算法将在本节例1中介绍。

理论水蒸气体积是由三部分构成的：燃料中氢燃烧后生成的水蒸气体积，燃料中所含的水蒸气体积和由供给的理论空气量带入的水蒸气体积。

2. 烟气体积和密度的校正

燃烧装置产生的烟气的温度和压力总是高于标准状态（273K、1atm），在烟气体积和密度计算中往往需要换算成为标准状态。

大多数烟气可以视为理想气体，所以在烟气体积和密度换算中可以应用理想气体状态方程。若设观测状态下（温度T_s、压力p_s）烟气的体积为V_s、密度为ρ_s，在标准状态下（温度T_N、压力p_N）烟气的体积为V_N，密度为ρ_N，则由理想气体状态方程式可以得到标准状态下的烟气体积V_N及标准状态下烟气的密度ρ_N。

$$V_N = V_s \frac{p_s}{p_N} \frac{T_N}{T_s} \tag{2-11}$$

$$\rho_N = \rho_s \frac{p_N}{p_s} \frac{T_s}{T_N} \tag{2-12}$$

应该指出，美国、日本和国际全球监测系统网的标准状态是指298K和1atm，在作数据比较或校对时需注意。

3. 过剩空气校正

因为实际燃烧过程是有过剩空气的，所以燃烧过程中的实际烟气体积应为理论烟气体积与过剩空气量之和。用奥萨特烟气分析仪测定烟气中CO_2、O_2和CO的含量，可以确定燃烧设备在运行中烟气成分和过量空气系数。

以碳在理论空气量中完全燃烧为例。由于理想气体的摩尔比与体积比相等，空气中N_2的体积是O_2的79/21=3.76倍，则其燃烧方程式为

$$C + O_2 + 3.76N_2 \longrightarrow CO_2 + 3.76N_2$$

若空气过量，烟气中不仅含有CO_2和N_2，还有O_2，则燃烧方程式变为

$$C + (1+m)O_2 + (1+m)3.76N_2 \longrightarrow CO_2 + mO_2 + (1+m)3.76N_2$$

式中m为过剩空气中O_2的过剩摩尔数。

根据定义，过量空气系数α为

$$\alpha = \frac{实际空气量}{理论空气量} = \frac{(1+a)(O_2 + 3.76N_2)}{O_2 + 3.76N_2} = 1 + m \tag{2-13}$$

要计算α，必须知道过剩氧的摩尔数m。

若燃烧是完全的，过剩空气中的氧仅能够以O_2的形式存在，假如燃烧产物以下标p表示，则燃烧方程式变为

$$C+(1+m)O_2+(1+m)3.76N_2 \longrightarrow CO_{2p}+O_{2p}+N_{2p}$$

其中，$O_{2p}=mO_2$，表示过剩氧量；N_{2p}为实际空气量中所含的总氮量。空气的体积组成为$21\% O_2$和$79\% N_2$，则实际空气量中所含的总氧量为

$$\frac{21}{79}N_{2p}=0.266N_{2p} \tag{2-14}$$

理论需氧量为$0.266N_{2p}-O_{2p}$，因此过量空气系数

$$\alpha=1+\frac{O_{2p}}{0.266N_{2p}-O_{2p}} \tag{2-15}$$

假如燃烧过程产生CO，过剩氧量必须加以校正，即从测得的过剩氧中减去氧化CO为CO_2所需要的氧，即

$$\alpha=1+\frac{O_{2p}-0.5CO_p}{0.266N_{2p}-(O_{2p}-0.5CO_p)} \tag{2-16}$$

式中各组分的量均为奥萨特分析仪所测得的各组分的百分数。

例如奥萨特分析仪分析结果为：$CO_2=10\%$，$O_2=4\%$，$CO=1\%$，那么$N_2=85\%$，则

$$\alpha=1+\frac{4-0.5\times 1}{0.266\times 85-(4-0.5\times 1)}=1.18 \tag{2-17}$$

考虑过剩空气校正后，实际烟气体积为

$$V_{fg}=V_{fg}^0+V_0(\alpha-1) \tag{2-18}$$

二、污染物排放量的计算

通过测定烟气中污染物的浓度，根据实际排烟量，很容易计算污染物的排放量，但在很多情况下，需要根据同类燃烧设备的排污系数、燃料组成和燃烧状况，预测烟气量和污染物浓度。各种污染物的排污系数由其形成机理和燃烧条件决定。

下面以例题来说明有关的计算。

【例1】 对于给定的重油，成分分析结果如下：$C=86\%$，$H=10\%$，$S=3\%$，$H_2O=0.7\%$，灰分$A=0.30\%$。若燃料中硫会转化为SO_x（其中SO_2占95%），试计算过量空气系数$\alpha=1.30$时烟气中SO_x及SO_2的浓度，以10^{-6}表示，并计算此时干烟气中CO_2的含量，以体积百分比表示（计算过程中体积均以标准状态下的体积计）。

解题步骤：

（1）理论空气量条件下的烟气量及其组成。

（2）实际烟气量。

（3）SO_2及SO_3的浓度。

（4）烟气中CO_2的含量。

解：（1）理论空气量条件下烟气量及组成（mol）。

以1kg重油燃烧为基础计算，则各组分所对应的参数见表2-7。

表2-7 燃油中各组分对应的参数

组分	质量（g）	摩尔数（mol）	需氧量（mol）
C	860	71.67	71.67
H	100	100	25
S	30	0.94	0.96

续表

组分	质量（g）	摩尔数（mol）	需氧量（mol）
H_2O	7	0.39	0
总计			97.63

表 2-7 中：

1）0.96=0.94×95%（SO_2 需氧量）+(0.94×5%×3)/2(SO_3 需氧量)。

2）理论空气量条件下烟气组成（mol）为 CO_2=71.67，H_2O=50+0.39，SO_x=0.94，N_2=97.63×3.76。

3）空气中 N_2 与 O_2 的摩尔比为 79/21=3.76（体积比）。

4）97.63 为理论需氧量。

理论烟气量　$V_{fg}^0=71.67+0.94+(50+0.39)+(97.63\times3.76)=490.10$（mol/kg 重油），即

$$V_{fg}^0=490.10\times(22.4/1000)=10.98\ (\text{m}^3/\text{kg 重油})$$

（2）实际烟气量的计算。

1）1kg 重油完全燃烧所需理论空气量 V_0 为

$$V_0=97.63\times(3.76+1)=464.72(\text{mol/kg 重油})$$

$$V_0=464.72\times22.4/1000=10.41(\text{m}^3/\text{kg 重油})$$

2）过量空气系数 α=1.3 时，实际烟气量为

$$V_{fg}=10.98+10.41\times(1.3-1)=14.10(\text{m}^3/\text{kg 重油})$$

式中　10.98 为理论烟气量，10.41 为理论空气量。

（3）求烟气中 SO_2、SO_x 的浓度。

烟气中 SO_2 的体积为

$$0.94\times0.95\times\frac{22.4}{1000}=0.020\,00(\text{m}^3/\text{kg 重油})$$

烟气中 SO_x 的体积为

$$0.94\times\frac{22.4}{1000}=0.021\,06(\text{m}^3/\text{kg 重油})$$

所以，烟气中 SO_2、SO_x 的浓度分别为

$$C_{SO_2}=\frac{0.020\,00}{14.10}\times10^6=0.14\%$$

$$C_{SO_x}=\frac{0.021\,06}{14.10}\times10^6=0.15\%$$

（4）求 CO_2 的体积含量。

当 α=1.2 时，干烟气量为

$$14.10-(50+0.39)\times\frac{22.4}{1000}=12.97(\text{m}^3/\text{kg 重油})$$

CO_2 体积为

$$71.67\times\frac{22.4}{1000}=1.6054(\text{m}^3/\text{kg 重油})$$

所以，干烟气中 CO_2 的体积含量为

$$\frac{1.6054}{12.96}\times 100=12.38\%$$

【例 2】 已知某电厂烟气温度为 473K，压力为 96.93kPa，湿烟气量 $Q=10\ 400\text{m}^3/\text{min}$，含水汽 6.25%（体积）奥萨特分析仪分析结果是：CO_2 占 10.7%，O_2 占 8.2%，不含 CO。污染物排放的质量流量是 22.7kg/min。

求：(1) 污染物排放的质量速率（以 t/d 表示）；

(2) 污染物在烟气中的浓度；

(3) 烟气中过量空气系数；

(4) 校正至过量空气系数 $\alpha=1.8$ 时污染物在烟气中的浓度。

解：(1) 污染物排放的质量流量为

$$22.7\frac{\text{kg}}{\text{min}}\times\frac{60\text{min}}{\text{h}}\times 24\frac{\text{h}}{\text{d}}\times\frac{\text{t}}{1000\text{kg}}=32.7(\text{t/d})$$

(2) 测定条件下的干烟气量为

$$Q_{\text{d}}=10\ 400\times(1-0.0625)=9750(\text{m}^3/\text{min})$$

测定条件下在干烟气中污染物的浓度为

$$C=\frac{22.7\times 10^6}{9750}=2328.2(\text{mg/m}^3)$$

修正为标准状态下的浓度

$$C_{\text{N}}=C\left(\frac{p_{\text{N}}}{p}\right)\left(\frac{T}{T_{\text{N}}}\right)=2328.2\times\frac{101.33}{96.93}\times\frac{473}{273}=4217.0(\text{mg/m}^3)$$

(3) 实测过量空气系数为

$$\alpha=1+\frac{O_{2p}}{0.266N_{2p}-O_{2p}}=1+\frac{8.2}{0.266\times 81.1-8.2}=1.613$$

(4) 校正至过量空气系数 $\alpha=1.8$ 条件下的污染物浓度根据近似推算校正为

$$C_{\text{zs}}=C_{\text{sc}}\frac{\alpha_{\text{sc}}}{1.8}$$

式中　C_{zs}——过量空气系数 1.8 时污染物的浓度；

C_{sc}——实测的污染物浓度；

α_{sc}——实测的过量空气系数。

所以

$$C_{\text{zs}}=C_{\text{sc}}\frac{\alpha_{\text{sc}}}{1.8}=4217.0\times\frac{1.613}{1.8}=3778.9(\text{mg/m}^3)$$

【例 3】 某污染源排出 SO_2 量为 80g/s，有效源高为 60m，烟囱出口处平均风速为 6m/s。在阴天的情况下，正下风方向 500m 处的 $\sigma_y=35.3\text{m}$，$\sigma_z=18.1\text{m}$，试求：

(1) 正下风方向 $x=500\text{m}$ 处 SO_2 的地面浓度。

(2) 正下风向 $x=500\text{m}$，$y=50\text{m}$ 处 SO_2 的地面浓度。

(3) SO_2 地面最大浓度及其 x。

解：(1) 正下风方向 $x=500\text{m}$ 处 SO_2 的地面浓度为

$$\rho=\frac{Q}{\pi\bar{u}\sigma_y\sigma_z}\exp\left(-\frac{H^2}{2\sigma_z^2}\right)=\frac{80}{\pi\times6\times35.3\times18.1}\exp\left(-\frac{60^2}{2\times18.1^2}\right)=0.027(\text{mg/m}^3)$$

（2）正下风方向 $x=500\text{m}$，$y=50\text{m}$ 处 SO_2 的地面浓度为

$$\rho(500,50,0,60)=\frac{80}{\pi\times6\times35.3\times18.1}\exp\left(-\frac{50^2}{2\times35.3^2}\right)\exp\left(-\frac{60^2}{2\times18.1^2}\right)$$
$$=0.010(\text{mg/m}^3)$$

（3）地面最大浓度及其 x

当时天气为阴天，确定大气稳定度级别为 D。

根据式（2-10）可得污染物最大浓度出现点的 σ_z 值为

$$\sigma_z\big|_{x=x_{C\max}}=\frac{H}{\sqrt{2}}=\frac{60}{\sqrt{2}}=42.4(\text{m})$$

查阅表 2-2，并结合内插法可以得出，污染物地面最大浓度处的 $x_{\max}$ 为

$$x_{\max}=1.4\text{m}$$

再次查阅表 2-2，可以得到

$$\sigma_y\big|_{x=x_{C\max}}=89.0\text{m}$$

将以上所得参数代入式（2-9），可得 SO_2 地面污染物最大浓度为

$$C_{\max}=\frac{2Q}{\pi e\bar{u}H^2}\frac{\sigma_z}{\sigma_y}=\frac{2\times80}{\pi e\times6\times60^2}\times\frac{42.4}{89.0}=0.413(\text{mg/m}^3)$$

对照第一章第四节中的环境空气质量国家标准，可以看出，正下风方向 $x=500\text{m}$ 处 SO_2 的地面浓度 0.027mg/m^3 已经超出了国家对一级标准中年平均的要求（$\leqslant0.02\text{mg/m}^3$）；$SO_2$ 地面污染物最大浓度 0.413mg/m^3 也超过了国家对一级标准中 1 小时平均的要求（$\leqslant0.50\text{mg/m}^3$）。

第三章　除尘理论及技术

化石燃料通常含有一定量的灰分，这些灰分在燃烧过程中会形成粉尘随烟气一起排出，如何有效去除烟气中的粉尘是热力发电厂、垃圾焚烧发电厂、钢铁厂等用能大户必须面对的问题。

粉尘按大小可以分为以下几种：

(1) 可见粉尘。可见粉尘是指肉眼可见、粒径大于 10μm 以上的粉尘。

(2) 显微粉尘。显微粉尘是指粒径为 0.25～10μm 可用一般光学显微镜观察的粉尘。

(3) 超显微粉尘。超显微粉尘是指粒径小于 0.25μm，只有在超显微或者电子显微镜下可以观察到的粉尘。

为了既经济又有效地去除烟气中的粉尘，不同粒径的粉尘通常采用不同的除尘技术。除尘技术就是利用两相流动的气固或液固分离原理（包括重力分离、惯性力分离、离心力分离、库仑力分离、水膜除尘和过滤）捕集气体中的固态或液态颗粒物来达到除尘的目的。本章主要介绍机械式除尘技术、静电除尘技术、过滤除尘技术、湿式除尘技术等几种常用的除尘技术，并对一些新型除尘技术进行简要介绍。

第一节　机械式除尘

机械除尘技术是指依靠机械力进行除尘的技术。它利用的作用力比较单一，如重力沉降利用的是重力，惯性除尘利用的是惯性力，旋风除尘利用的是离心力。这三种作用力分别对应重力沉降室、惯性除尘器和旋风除尘器三种除尘装置，它们的构造比较简单，没有运动部件，一般只适合分离粒径较大、密度较大的粉尘，常用作多级除尘的一级分离。

一、重力沉降室

重力沉降是利用含尘气体中的颗粒受重力作用而自然沉降的原理，将颗粒污染物与气体分离的过程。沉降室由室体、进气口、出气口和集灰斗组成（见图 3-1），含尘气体在室体内缓慢流动，尘粒借助自身的重力作用被分离而捕集下来。重力沉降室是所有空气污染控制装置中最简单的一种装置，它的结构简单，造价低，便于维护管理，压力损失小，而且可以处理高温气体。其主要缺点是，沉降小颗粒的效力低，一般只能去除 50μm 以上的大颗粒，因此，重力沉降室主要用于高效除尘装置的前级预除尘器。

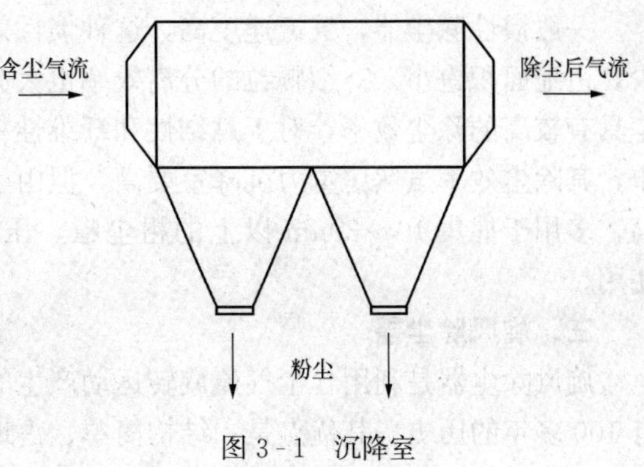

图 3-1　沉降室

从理论上讲，若粒径为 d_p 的任意一颗粒只要沉降距离达到 H（相当于沉降室室体高度）时就可以脱离气流，所需沉降时间必等于或小于水平运动距离 L（相当于

沉降室室体长度）所需的时间。对于能以100％脱除最小粒度的颗粒来说，这两个时间是相等的，即

$$t=\frac{H}{u_t}=t'=\frac{L}{u} \tag{3-1}$$

式中 u_t——颗粒沉降速度，m/s；

u——载有颗粒物的气流速度，m/s。

t、t'——沉降所需时间和滞留沉降室的时间，s。

根据式（3-1）的极限条件可得

$$u_t=\frac{uH}{L}=\frac{Q}{LW} \tag{3-2}$$

式中 Q——气体体积流量，m^3/s；

W——沉降室的宽度，m。

因此，根据已知的 u、Q 和沉降室尺寸 W、H 与 L 便可以推算出 u_t，然后可以推算有此终端速度的颗粒粒径 d_p。该 d_p 值是能达到100％捕集效率的最小颗粒的粗略估计。

二、惯性除尘器

惯性除尘器是使含尘气体与挡板撞击或者急剧改变气流方向利用惯性力分离并捕集粉尘的除尘设备。惯性除尘器的工作原理如图3-2所示。当含尘气流以 u_1 的速度进入装置后，在 T_1 点较大的粒子（粒径 d_1）由于惯性力作用离开曲率半径为 R_1 的气流撞在挡板 B_1 上，碰撞后的粒子由于重力的作用沉降下来而被捕集。粒径比 d_1 小的粒子（粒径为 d_2）则与气流以曲率半径 R_1 绕过挡板 B_1，然后再以曲率半径 R_2 随气流作回旋运动。当粒径为 d_2 的粒子运动到 T_2 点时，将脱离以 u_2 速度流动的气流撞击到挡板 B_2 上，同样也因重力沉降而被捕集下来。同时当气流绕过挡板 B_1 以曲率半径 R_2 作回旋运动时，部分颗粒会在离心力的作用下分离下沉。所以惯性除尘器的除尘是惯性力、离心力和重力共同作用的结果。

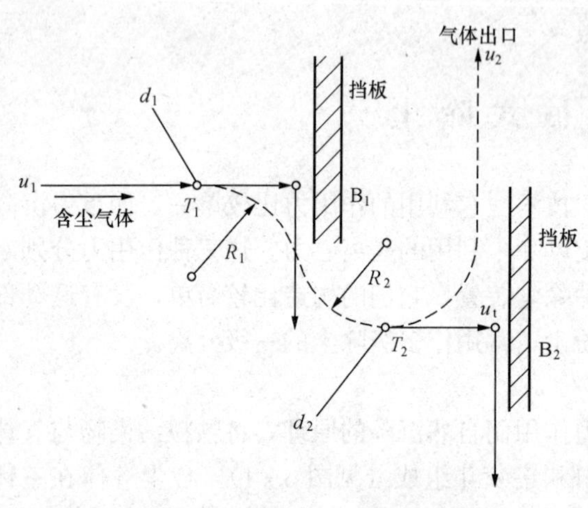

图3-2 惯性除尘器工作原理示意

一般惯性除尘器，气流速度高，这种惯性效应就大，所以这类除尘器的体积可以大大减少，占地面积也小，对细颗粒的分离效率也大为提高。对于密度和粒径较大的金属或矿物粉尘具有较高的除尘效率，对于黏结性和纤维性粉尘，易堵塞，不宜采用。惯性除尘器结构简单，其除尘效率虽然比重力沉降室要高，但由于气流方向转变次数有限，净化效率也不会很高，多用于捕集10～20μm以上的粗尘粒，压力损失为100～1000Pa，只能作为预除尘器使用。

三、旋风除尘器

旋风除尘器是利用含尘气流旋转运动产生的离心力从气体中分离尘粒的装置，工业上已有100多年的历史。其优点是：结构简单、占地面积小，投资低，操作维修方便，可用于各

种材料制造，能用于高温、高压及腐蚀性气体，并可回收干颗粒物。其缺点是：效率不高，仅80%左右，只能捕集大于5μm颗粒，压力损失较大，动力消耗也较大。常作为循环流化床形式的酸性气体去除装置后的预除尘器单独设立，也应用于垃圾焚烧尾气净化系统中。

旋风除尘器由带锥形底的外圆筒、进气管、排气管（内圆筒）、圆锥筒和储灰箱排灰阀五部分组成（见图3-3）。排气管插入外圆筒形成内圆筒，进气管与外外圆筒相切，外圆筒下部是圆锥筒，圆锥筒下部是储灰箱。当含尘气流由进气管进入旋风除尘器时，气流由直线运动变为圆周运动。旋转气流的绝大部分沿器壁和圆筒体呈螺旋形向下，朝锥体流动，通常称此为外旋流。含尘气体在旋转过程中产生离心力，将密度大于气体的颗粒甩向器壁，颗粒一旦与器壁接触，便失去惯性力而靠入口速度的动力和向下的重力沿壁面下落，进入集尘室。旋转下降的外旋气流在到达锥体时，因圆锥体形的收缩而向除尘器中心靠拢，其切向速度不断提高。当气流到达锥体下端某一位置时，便以同样的旋转方向在旋风除尘器中由下回转而上，继续作螺旋流动。最后，净化气体经排气管排出器外，通常称此为内旋流。一部分未被捕集的颗粒也随之带出。

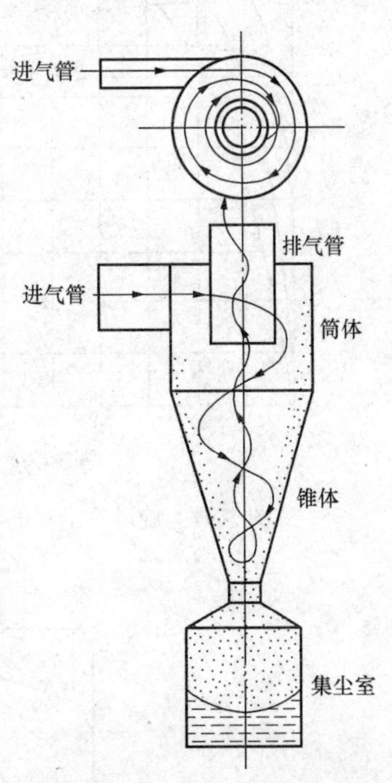

图3-3　普通旋风除尘器

影响旋风除尘器效率的因素有以下几个：

（1）入口风速（或流量）。入口气流速度增加，切向速度也相应增加，可分离的粉尘粒径减小，除尘效率提高。但流速过高使得筒体内的气流运动过强，会把有些已分离下来的粉尘重新卷吸带走，除尘效率反而下降，同时除尘器的阻力会急剧上升。进口气速一般控制在12～20m/s。

（2）除尘器的几何尺寸。除尘器的几何尺寸对其性能的影响情况见表3-1。在其他条件相同的情况下，筒体直径越小，尘粒所受的离心力就越大，捕集效率也就越高。筒体高度变化对捕集效率影响不明显，但适当增加锥体长度，有利于提高捕集效率。减小排气管直径，对提高效率有利。

表3-1　旋风除尘器比例尺寸对性能的影响

比例变化	性能趋向	
	压力损失	效率
增大旋风除尘器直径	降低	降低
加长筒体	稍有降低	略有提高
增大入口面积（流量不变）	降低	降低
增大入口面积（速度不变）	增加	降低
加长锥体	稍有降低	提高
增大锥体的排出孔	稍有降低	提高或降低
减小锥体的排出孔	稍有增加	提高或降低
加长排出管伸入器内的长度	增加	提高或降低
增大排气管管径	降低	降低

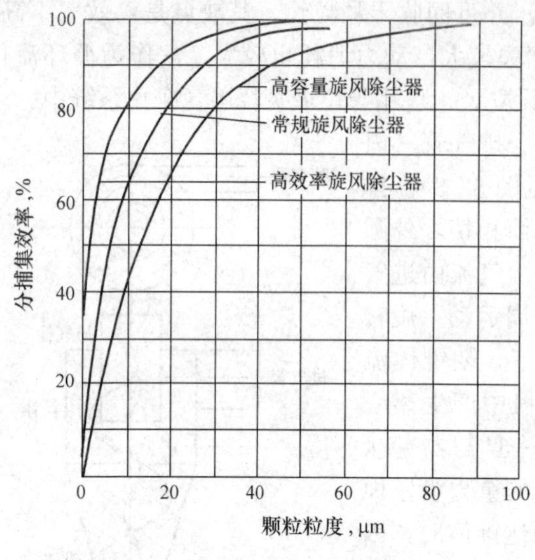

图 3-4 旋风除尘器的特性曲线

(3) 含尘气流性质。如图 3-4 所示，粉尘粒径增大，除尘效率明显提高，但粉尘的密度越小，就越难分离，除尘效率就越低。

(4) 灰斗的气密性。除尘器内旋转气流形成的涡流场使静压由筒体壁向中心逐渐下降，锥体底部也会处于负压状态。当除尘器下部气密性差而有空气漏入时，将把灰斗内的粉尘再次扬起带走，除尘效率显著下降。因此，在不漏风的情况下进行正常排尘是保证旋风除尘器正常运行的重要条件。收尘量不大的除尘器，可在排尘口下设置固定灰斗，定期排放。对收尘量大并且连续工作的除尘器可设置双翻板式或回转式锁气器，图 3-5 所示为两种不同锁气器示意。

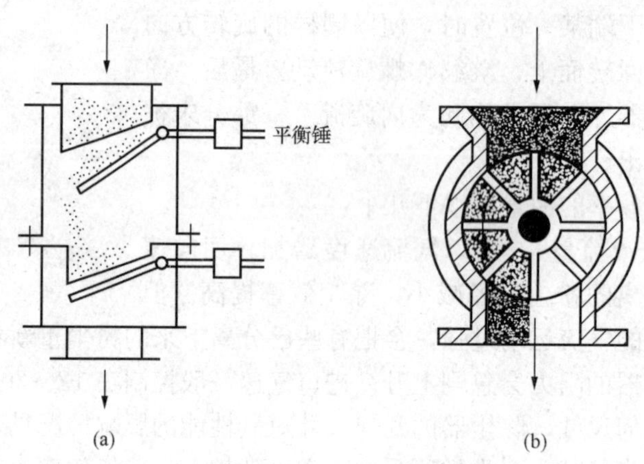

图 3-5 锁气器
(a) 双翻板式；(b) 回转式

(5) 由温度引起气体密度变化对捕集效率的影响可以忽略不计。但气体温度升高，气体黏度增大，除尘效率降低。

第二节 静 电 除 尘

静电除尘技术始于 20 世纪 20 年代，由科持雷尔（F. G. Cottrell）发明。现在，这项技术已成为一种重要的工业净化方式被广泛应用。它是利用静电力从气流中分离悬浮粒子（尘粒或液滴）的一种方法。它和前面所述的重力除尘、旋风除尘的根本区别在于其分离的作用力通过静电力直接作用于尘粒上，而不是作用在整个气流上，因此分离尘粒所消耗的能量很低。一般处理 $1000m^3/h$ 的含尘气体只耗电 0.1～1.8kW·h，气压损失只有 100～1000Pa。由于相对大的静电力作用在粒子上，即使对极微小的细小粒子也能有效捕集，故除尘效率很高，一般可达 99%。此外，由于静电除尘还具有处理气量大，能连续操作，可用于高温、高压的场合等优点，故被广泛应用于发电厂、冶金、化工、材料、纺织等工业。但静电除尘的设备庞大，占地面积大，一次性投资费用高，也不易实现对高比电阻粉尘的捕集。

一、静电除尘的原理

静电除尘的原理包括电晕放电、尘粒的荷电、荷电尘粒的迁移和捕集、尘粒清除等基本过程。

1. 电晕放电

静电除尘器主要由放电电极和集尘电极组成，如图 3-6 所示。放电电极（电晕极）是一根曲率半径很小的纤细裸露电线，上端与直流电源的负极相连，下端由吊锤（铅坠）固定其位置；集尘极是具有一定面积的管或板，它与电源的另一正极相连。当在两极间加上一较高电压，则在放电电极附近的电场强度很大，而在集尘极附近的电场强度相对很小，因此两级之间的电场是不均强电场。电极间的空气离子在电场的作用下，向电极移动，形成电流。当电压升高到一定值时，电晕极表面出现青紫色的光。并发出嘶嘶声，大量的电子从电晕线不断逸出，这种现象称为电晕放电。发生电晕放电时，在电极间通过的电流称为电晕电流。

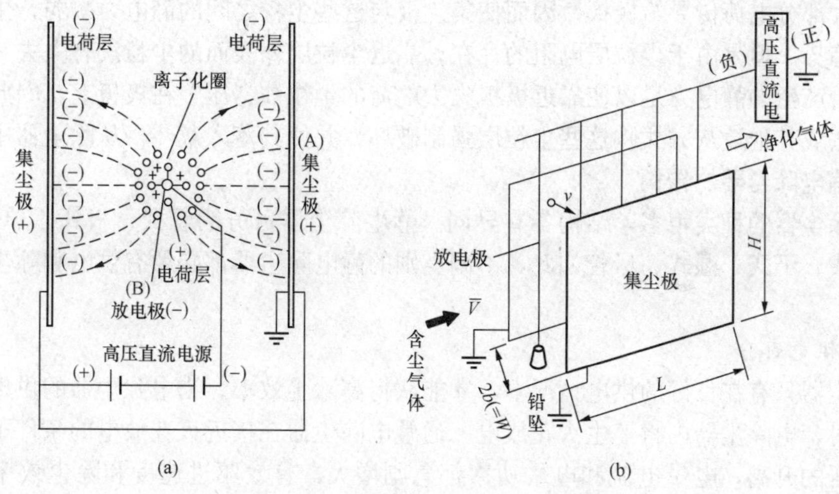

图 3-6 电除尘器的结构和基本原理

在产生电晕放电之后，当极间的电压继续升高到某一点时，电流迅速增大，电晕极产生一个接一个的火花，这种现象称为火花放电。在火花放电之后，如果进一步升高电压，电晕电流会急剧增加，电晕放电更加激烈。当电压升至某一值时，电场击穿，出现持续放电，爆发出强光并伴有高温，这种现象就是电弧放电。由于电弧放电会破坏设备，使电除尘器停止工作。因此在电除尘器操作中应避免这种现象。

如果在电晕极上加的是负电压，产生的是负电晕；反之，则产生正电晕。因为产生负电晕的电压比产生正电晕的电压低，而且电晕电流大，击穿电压高，所以工业应用的电除尘器均采用负电晕放电的形式。但正电晕产生的臭氧量小，从维护人体健康的角度来考虑，用于空气调节的小型电除尘器大多采用正电晕极。

2. 尘粒的荷电

尘粒的荷电有两种不同的过程，一种是电场荷电，另一种是扩散荷电。电场荷电是指电晕电场中的电子在电场力的作用下作定向运动，与尘粒碰撞后使尘粒荷电的方式。扩散荷电是指电子由于热运动与粉尘颗粒表面接触，使尘粒荷电的方式。粒径大于 1μm 的尘粒，电场荷电占优势；粒径小于 0.2μm 的尘粒，扩散荷电占优势；粒径为 0.2～1μm 的尘粒，两种荷电都必须考虑。进入电除尘器的粉尘颗粒大多凝聚成团，所以粒尘的荷电方式主要是电场荷电。

3. 荷电尘粒的迁移和捕集

荷电粒子在电场力的作用下，将朝着与极性相反的集尘集移动。尘粒荷电越多，所处位置的电场强度越大，则迁移的速度就越大。当荷电粒子到达集尘集，尘粒上的荷电便与集尘集上电荷中和，从而使粒子恢复中性，此即尘粒的放电过程。

尘粒在向集尘集运动时，先是一个加速运动的过程，当尘粒所受的静电力和尘粒的运动阻力相等后，便以匀速运动速度向集尘集移动，该匀速运动速度就称为驱进速度，粒子驱进速度与粒子荷电量、气体黏度、电场强度及粒子的直径等有关。

4. 尘粒的清除

气流中的尘粒在集尘集上连续沉积，极板上的尘粒层厚度就不断增大，最靠近集尘集的尘粒已把大部分电荷传导给极板，因而使集尘极与这些尘粒之间的静电力减弱，尘粒将有脱离极板的趋势。但是由于尘粒层电阻的存在，靠近尘粒层外表面的尘粒没有失去其电荷，它们与极板所产生的静电力足以使靠近极板失去电荷的尘粒被“压”在极板上。因此，必须用振打的方法或其他清灰方式将这些尘粒层强制破坏，并使其落入灰斗，从除尘器中排出。

二、静电除尘器的结构

静电除尘器的种类很多，结构各有异同。静电除尘器可分为管式、板式、单区、双区、立式、卧式、干式、湿式。尽管如此，不同类别的静电除尘器都必须有供电和除尘两大部分组成。

（一）供电部分

电除尘器只有在良好的供电情况下，才能获得高除尘效率。当电除尘器的供电电压升高到一定值时，电除尘器内将产生火花放电。通常电除尘器在接近火花放电的条件下运行，随着供电电压的升高，电晕电流和电晕功率都急剧增大，有效驱进速度和除尘效率也迅速提高。因此，为了充分发挥电除尘器的作用，应配备能供给足够的高压并具有足够的功率的供电设备。

电除尘器的供电通常是用 220V 或 380V 的工频交流电升压和整流后得到的单向高压直流电。若整流器后有滤波电容器，就可得到波纹很小的接近直流的平稳电压；否则，可得到波纹较大的脉动电压。试验结果表明，电除尘器采用有脉动的电压比较有利。

为使电除尘器能在较高电压下运行，并且避免产生过大的火花损失，高压电源容量不能太大，必须分组进行供电。但是还需要考虑投资的经济性，一般设计采用一个电场配套一台供电机组。

（二）除尘部分

电除尘器本体一般由电晕电极、集尘板、清灰装置、气流分布板、壳体和灰斗等构成，如图 3-7 所示。

1. 电晕电极

电晕电极包括电晕线、电晕极框架吊杆及支撑套管、电晕极振打装置等。电晕线是产生电晕放电的主要部件，其性能好坏直接影响除尘器的性能。电晕线的形式有光滑圆形线、星

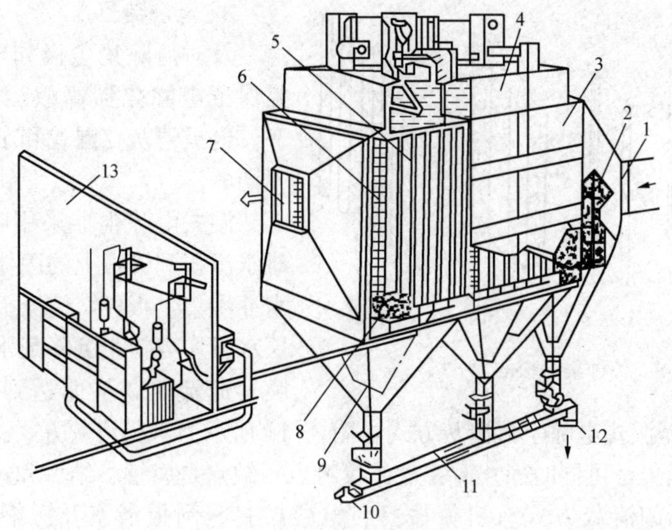

图 3-7　板卧式电除尘器

1—入口；2—气流分布板；3—外壳；4—保温箱；
5—集尘板；6—电晕电极；7—净气出口；8—振打装置；
9—灰斗；10—电动机；11—螺旋输送机；12—排尘口；13—高压供电装置

形线、螺旋形线、芒刺线、锯齿线、麻花线及茨葬丝线等，如图 3-8 所示。其中，表面曲率大的起晕电压低，在相同电场强度下，能够获得较大的电晕电流；表面曲率小的，则电晕电流小，但能形成较强的电场。对电晕线的一般要求是起晕电压低、电晕电流大、机械强度高、能维持准确的极距以及容易清灰等。

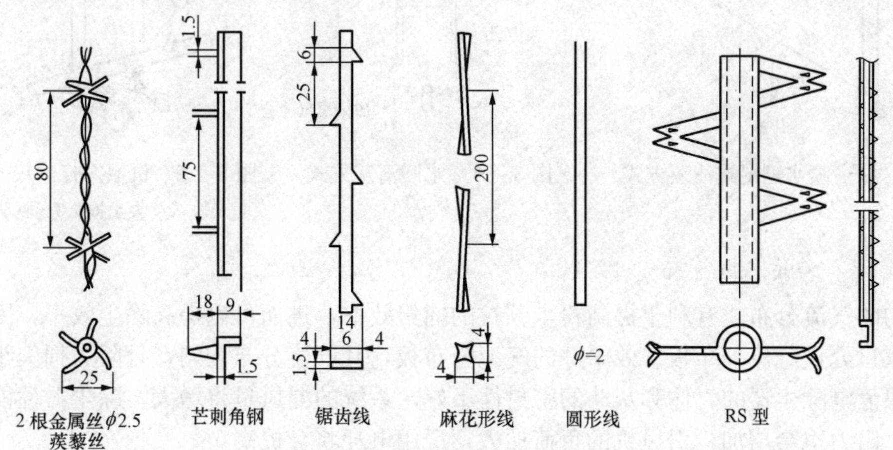

图 3-8　电晕线的形式

2. 集尘板

集尘板的结构对粉尘的二次飞扬、金属消耗量和造价有很大影响。对集尘板要求：易于粉尘在板面上沉积，避免二次扬尘，便于清灰，形状简单易于制作并有足够的刚度和强度。集尘极型式有板式、管式二大类，如图 3-9 所示。

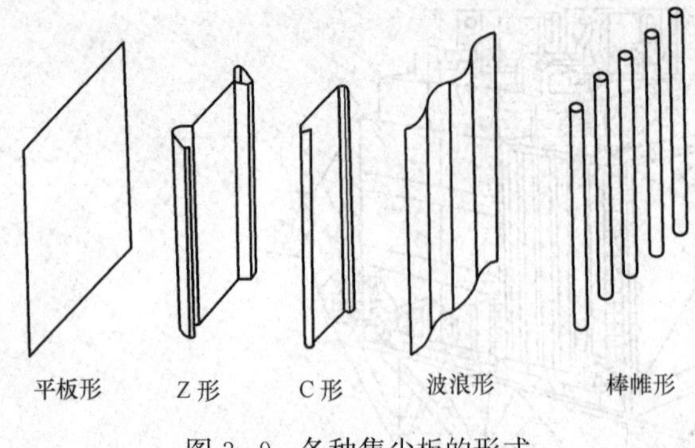

图3-9 各种集尘板的形式

3. 清灰装置

及时清除集尘极和电晕极上的积灰，是保证电除尘器高效运行的重要环节之一。电极清灰在湿式和干式电除尘器中是不同的。

湿式电除尘器采用喷雾或溢流方式。对于沉积到极板上的固体粉尘，一般是用水冲洗集尘板极，使极板表面经常保持一层水膜，当粉尘沉降到水膜上时，便随水膜一起流下，从而达到清灰的目的。图3-10所示为喷水型湿式电除尘器清灰方式，图3-11所示为水膜清灰方式。湿式清灰具有二次扬尘少，易于捕集，可同时净化有害气体等特点；缺点是腐蚀、结垢和污泥处理等。

干式电除尘器的清灰方式有机械振打、电磁振打、刮板清灰及压缩空气振打等。图3-12所示为挠臂锤振打电极框架的锤击机构机械振打清灰方式，是目前普遍采用的清灰方式。

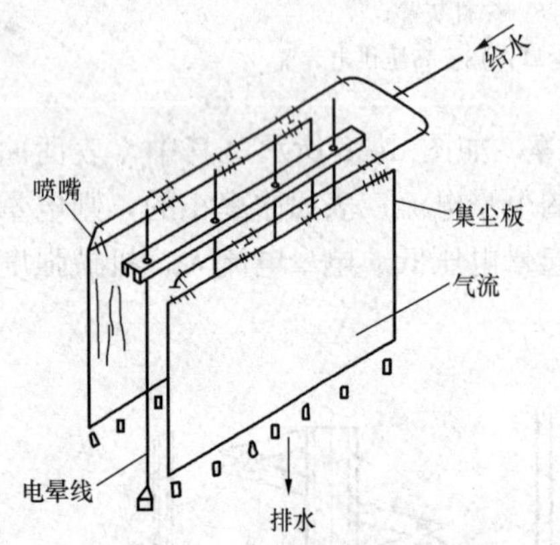

图3-10 喷水型湿式清灰方式

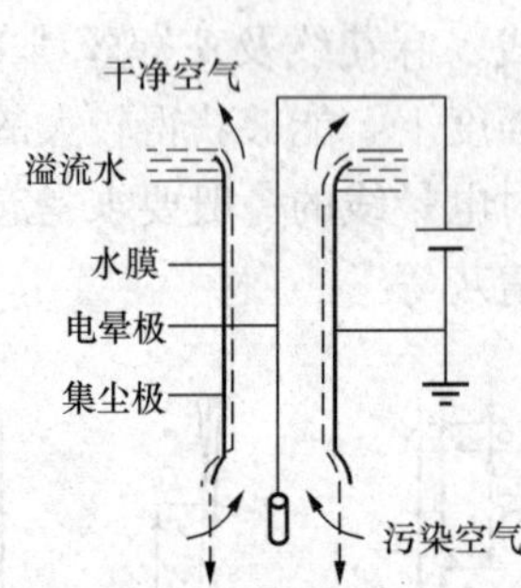

图3-11 水膜清灰方式

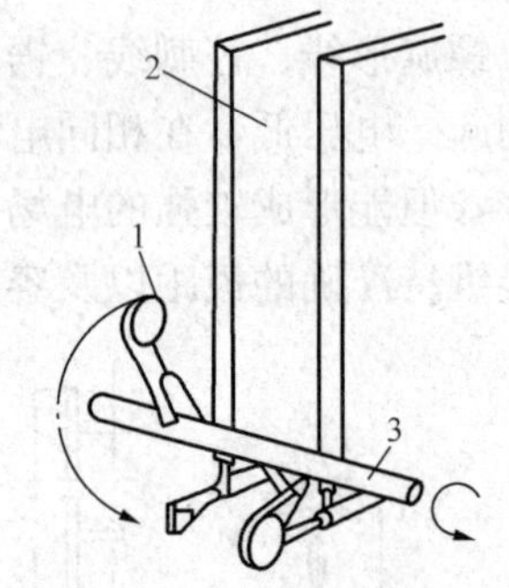

图3-12 机械振打清灰方式

1—锤；2—集尘板；3—驱动轴

4. 气流分布板、壳体和灰斗

均匀的气流分布，有利于提高粉尘颗粒的捕集效率，进而可以提高除尘效率，因此需在除尘器入口处设气流分布板。效果好的气流分布板，其气流分布均匀，且阻力损失小。

如果静电除尘器的壳体和灰斗的密封性不好，系统的漏风量将增大，除尘器性能将会受到影响，阻力也会增加，引风机的负荷加大，厂用电耗将会提高。

三、静电除尘器的分类及选型

（一）静电除尘器的分类

1. 按集尘极的形式分类

按集尘极的形式不同，静电除尘器可分为管式［见图3-13（a）］和板式［见图3-13（b）］电除尘器。管式电除尘器的集尘极一般为多根并列的金属圆管或六角形管，适用于气体量较小的情况。

板式电除尘器采用各种断面形状的平行钢板作集尘极，极间均布电晕线。板式电除尘器

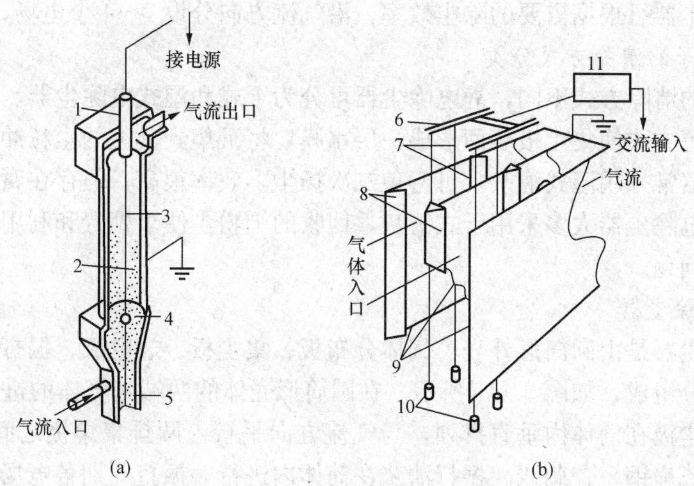

图 3-13　单区电除尘器示意

（a）管式；（b）板式

1—绝缘瓶；2—集尘极表面粉尘；3、7—放电极；4—吊垂；5—捕集的粉尘；6—高压母线；8—挡板；9—收尘极板；10—重锤；11—高压电源

的规格以其横断面积表示，可从几平方米到几百平方米，处理气体量很大。

2. 按粒子荷电沉降的空间位置分类

按粒子荷电和沉降的空间位置不同，静电除尘器可分为单区和双区电除尘器。粒子的荷电和分离沉降皆在同一空间区域的称为单区（也称一段式）电除尘器（见图 3-13），而将荷电和沉降分设在两个空间区域的称为双区（也称两段式）电除尘器（见图 3-14）。工业除尘以单区电除尘器应用最广。典型的双区电除尘器一般用在空气调节方面，但含尘量少、气量小的工业尘源也有采用双区电除尘器的。

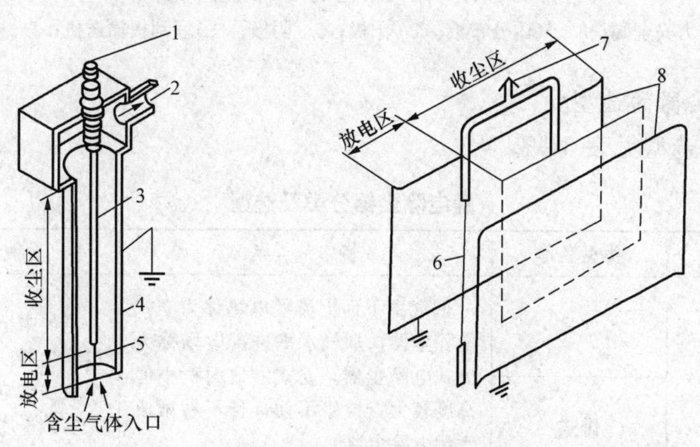

图 3-14　双区电除尘器示意

1—连接高压电源；2—洁净气体出口；3—不放电的高压电极；4—收尘极；5—放电极；6—放电极线；7—连接高压电源；8—收尘极板

3. 按气体流动方向分类

按气体流动方向不同，静电除尘器可分为立式和卧式电除尘器。管式电除尘器都是立式的；板式电除尘器多为卧式，也有采用立式的。工业废气除尘中，卧式的板式电除尘器应用

最广。卧式电除尘器可根据需要的除尘效率，沿气流方向分设 2～4 个电场，可以分场供电。

4. 按沉集粒子的清除方式分类

按沉集粒子的清除方式不同，静电除尘器可分为干式和湿式电除尘器。湿式电除尘器利用喷雾或溢流水等方式使集尘极表面形成一层水膜，将沉集到其上的尘粒冲走。

管式电除尘器常采用湿式清灰，可避免二次扬尘，效率很高，但存在腐蚀和污水、污泥处理问题。板式电除尘器大多采用干式清灰，回收的干粉尘便于处置和利用，但振打清灰时存在二次扬尘等问题。

5. 圆筒形电除尘器

圆筒形电除尘器是由圆筒形外壳、气体分布板、集尘板、放电极、振打清灰机构、电源和出灰装置七部分组成，如图 3-15 所示。在圆筒形壳体的两端是气体的进出口。进出口有气体分布板，集尘极在筒体内垂直排列，与气流方向平行。两排集尘极之间悬挂着放电极，放电极为圆钢（或扁钢）芒刺线。振打清灰在筒体内进行，振打周期各电场不一。被振打落入筒体底部的粉尘借助电动扇形刮板刮到埋刮板输送器，然后排出筒体外，这一过程由密封阀控制完成。

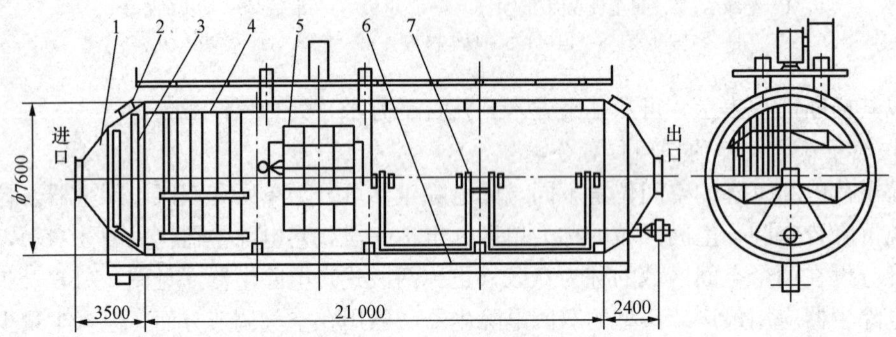

图 3-15　圆筒形电过滤器结构示意

1—外壳；2—压力安全阀；3—气体分布板；4—阳极；5—阴极；6—埋刮板输送机；7—扇形刮灰输送机

（二）静电除尘器的选型

静电除尘器的选型见表 3-2。

表 3-2　静电除尘器分类及选型

序号	区分标准	类型名称		特　点	使用范围
1	按电场烟气流动方向	立式		烟气由下而上流经电场称为立式电除尘器，烟气水平进入电场称为卧式电除尘器。立式占地面积小但高度较大，检修不便，且不易做成大型电除尘器	老的中小型水泥厂众多用立式电除尘器；有些化工部门也采用小型立式电除尘器。其他部门绝大多数采用卧式电除尘器
		卧式			
2	按电极形状	板式		棒帏式电除尘器阳极用实心圆钢制成帏状，结实、耐腐、不易变形，但较重，耗钢材多，且积灰不易振落。管式多制成立式，且小容量较多	有色冶金系统因烟气温度较高，工况不够稳定，故使用棒帏式电除尘器。管式电除尘器用在高炉烟气净化和炭黑制造部门
		棒帏式			
		管式	并列管式		
			同心管式		

续表

序号	区分标准	类型名称	特　点	使 用 范 围
3	按电晕区和除尘区是否分开	单区 双区	双区电除尘器前区，一般用5～10μm极细钨丝作阴极产生离子，后区除尘。因后区不要求产生离子，电压可降低，结构可简化，也省电。但尘粒若在前区未能荷电，到后区无法捕集。另外，二次飞扬的尘粒也因无法再荷电而无法捕集	目前世界上使用的绝大多数电除尘器均为单区电除尘器。双区电除尘器仅在空气净化方面有应用
4	按是否需要通水冲洗电极	干式 湿式	湿式电除尘器用水冲洗电极，使电场内充满水蒸气，降低了尘粒的比电阻，使除尘容易进行。另外，由于水对烟气的冷却作用，使烟气量减少。如烟气中有CO等易爆气体，则用水冲洗可减少爆炸危险。湿式的缺点是易腐蚀，要用不锈钢等高级材料，排出泥浆难以处理	一般只在易爆气体净化时或烟气温度过高而企业又有现成泥浆处理设备时才用湿式电除尘器，如高炉炉气净化和转炉炉气净化时有时用湿式电除尘器，在制酸系统也有用湿式的
5	按电场数或室数多少	电场：单电场 电场：n电场（n=3～8） 室数：单室 室数：双室	电场数量多，可分场供电，有利于提高操作电压。电场多，自然除尘效率高，但成本也高。 分室的目的一般是为了损坏时检修方便。有时大型电除尘器由于结构上的需要也分成双室甚至三室的，这对气流分布也较有利	在有色冶金部门中用双室较多，其他场合多数用单室。电场多少则是根据除尘效率要求的高低而决定的，进口含尘量越多，除尘效率要求就越高，需要电场数也就越多
6	按电极间距数值多少	窄间距（约150mm） 宽间距（>160mm）	在高比电阻粉尘时，电极距宽能提高阴极表面电场强度，增加电场电流，有利于除尘。电极距宽便于检修，但电源电压要求较高，最高达200kV；绝缘要求高，价格贵	日本在水泥、玻璃、石灰等工业中有应用，称为WS型电除尘器或ESCS型电除尘器
7	按其他标准	防爆式 原式 可移动	防爆式电除尘器有防爆装置，能防止爆炸，或者爆炸时卸荷减少损坏等。 原式电除尘器正离子参加捕尘工作，使电除尘器能力增加。 可移动电极电除尘器顶部装有电极卷取器	防爆式电除尘器用在特定场合，如平炉烟气、转炉烟气的除尘。 原式电除尘器是电除尘器的新品种，目前还在研究中。 可移动电极电除尘器常用于净化高比电阻粉尘的烟气

第三节　过滤式除尘器

过滤式除尘器是利用多孔过滤介质分离捕集气体中固体或液体粒子的净化装置，属于高效干式除尘装置。

现在已有的过滤式除尘器有多种，可按不同的方法进行分类。

若按滤料种类、结构和用途不同，可分为袋式除尘器、颗粒层除尘器和空气过滤器。采用织物等较薄材料做成滤袋，在表面过滤的，称为袋式除尘器。采用松散滤料，如玻璃纤维、金属绒、硅沙、焦炭等，在固定容器内组成过滤层，进行所谓内部过滤的称为颗粒层过滤器。用滤纸、玻璃纤维膜或其他填充料做滤料，过滤空气，采样空气样品或净化空气工程等，称为空气过滤器。

根据粉尘粒子在除尘器中被捕获的位置不同，可分为内部过滤和外部过滤两种型式。内部过滤是将松散多孔的滤料填充在框架或床层中作为滤料层，粉尘粒子在滤层内部被捕集。框架过滤器，用于捕集低含尘浓度气体，多用于小型空气净化器。颗粒层过滤器，粉尘粒子被阻留在滤料中，捕尘后的滤料经清灰，再生后可重复使用，当采用高温滤料，可用于净化气量大、含尘浓度高的高温气体：外部过滤是纤维布料、非纺织毛毡或滤纸等作为滤料，滤去含尘气体中的粉尘粒子，这些粉尘粒子被阻挡在滤料的表面上。含尘气体从滤袋内向袋外流动，粉尘粒子被阻留在滤袋内表面。含尘气体从滤袋外向滤袋内流动，粉尘粒子被阻留在滤袋外表面的装置。外部过滤的典型型式是袋式除尘器。目前，它在冶金、水泥、陶瓷、化工、食品、机械制造等工业和燃煤锅炉烟气净化中得到广泛的应用。

过滤式除尘器中的袋式除尘器已被广泛应用于各种工业生产的除尘过程，属于高效除尘器。袋式除尘器的缺点主要是过滤速度较低，设备体积庞大，滤袋损耗大，压力损失大，运行费用较高等。但是，随着新技术、新工艺、新材料的发展和对大气环境质量的更高要求，袋式除尘器将有更广阔的应用前景。下面将对袋式除尘器进行详细介绍。

一、袋式除尘器的原理

（一）除尘过程

袋式除尘器是将棉、毛或人造纤维等织物作为滤料制成滤袋对含尘气体进行过滤的除尘装置。图 3-16 所示为袋式除尘器除尘原理示意。当含尘气体通过洁净的滤袋时，由于滤材本身的网孔较大，一般为 20～50μm，即使是表面起绒的滤袋，网孔也在 5～10μm 之间。因此，新用滤袋的除尘效率是不高的，大部分微细粉尘会随着气流从滤袋的网孔中通过，而粗大的尘粒却被阻留，并在网孔中产生“架桥”现象。随着含尘气体不断通过滤袋的纤维间隙，纤维间粉尘“架桥”现象不断加强，一段时间后，滤袋表面积聚一层粉尘，称为粉尘初层。在一次粉尘层上面再次堆积的粉尘称二次粉尘。

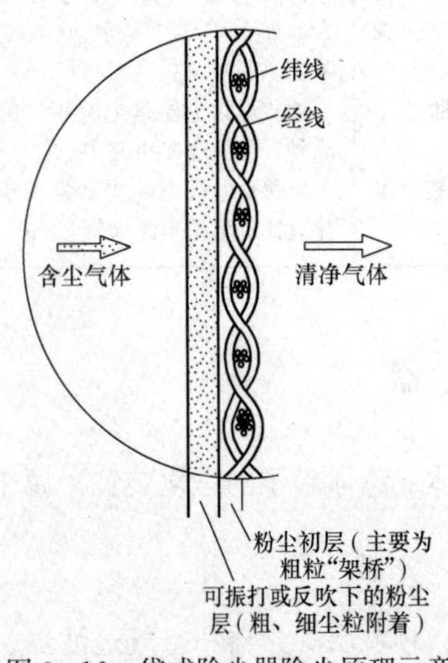

图 3-16 袋式除尘器除尘原理示意

图 3-17 所示为典型的袋式除尘器，室内悬吊着许多滤袋，当含尘气流穿过滤袋时，粉尘便捕集在滤袋上，净化后的气体从出口排除。经过一段时间，启动空气反吹系统，袋内的粉尘被反吹气流吹入灰斗。

袋式除尘过程分为两个阶段：首先是含尘气体通过清洁滤布，这时起捕集作用的主要是纤维，由于清洁滤布孔隙率很大，故除尘效率不高；其后，当捕集的粉尘量不断增加，一部分粉尘嵌入到滤料内部，一部分覆盖在表面上形成一层粉尘层，在这一阶段中，含尘气体的过滤主要依靠粉尘层进行，这时粉尘层起着比滤布更为重要的作用，它使除尘效率大大提高，如图 3-18 所示。从这种意义上讲，袋式除尘器是以颗粒来除去颗粒。随着粉尘层的增厚，除尘效率不断增加，但气体的阻力损失也同时增加，因此粉尘层在积累到一定厚度后，需利用各种清灰方式将这些粉尘排出除尘器。

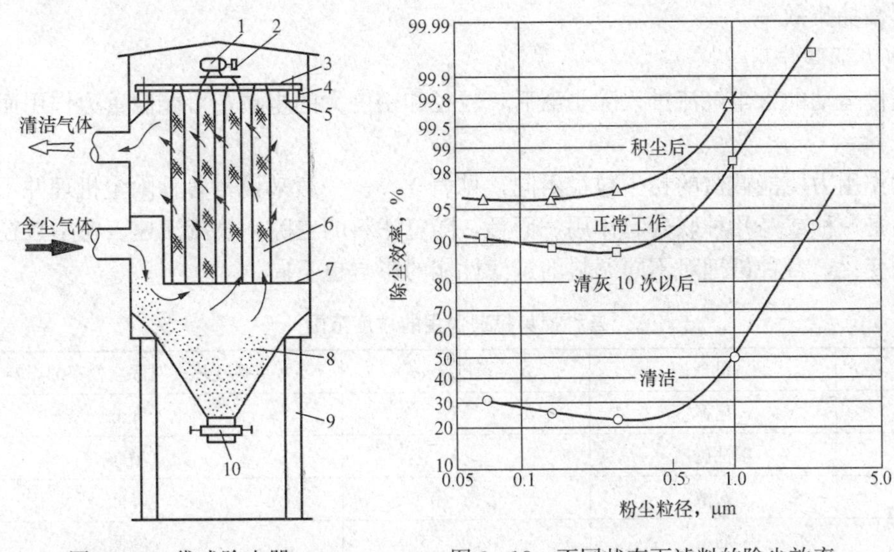

图 3-17　袋式除尘器　　图 3-18　不同状态下滤料的除尘效率

（二）除尘机理

根据不同粒径的粉尘在气流主体中运动的不同力学特性，过滤除尘机理涉及六个方面。

1. 筛滤作用

过滤器的滤料网眼一般为 5～50μm，当粉尘粒径大于网眼直径或粉尘沉积在滤料上的尘粒间空隙时，粉尘即被阻留下来。对于新的织物滤料，由于纤维间的空隙远大于粉尘粒径，所以筛滤作用很小，但当滤料表面沉积大量粉尘形成粉尘层后，筛滤作用显著增强。

2. 惯性碰撞作用

一般粒径较大的粉尘主要依靠惯性碰撞作用捕集。当含尘气流接近滤料的纤维时，气流将绕过纤维，其中较大的粒子（大于 1μm）由于惯性作用偏离气流流线，继续沿着原来的运动方向前进，撞击到纤维上而被捕集。所有运动轨迹不发生改变的较大尘粒均可到达纤维表面而被捕集。这种惯性碰撞作用，随着粉尘粒径及气流流速的增大而增强。因此，提高通过滤料的气流流速，可提高惯性碰撞作用。

3. 拦截作用

当含尘气流接近滤料纤维时，较细尘粒随气流一起绕流，若尘粒半径大于尘粒中心到纤维边缘距离时，尘粒即因与纤维接触而被拦截。

4. 扩散作用

对于小于 1μm 的尘粒，特别是小于 0.2μm 的亚微米粒子，在气体分子的撞击下脱离流线，象气体分子一样作布朗运动，如果在运动过程中和纤维接触，即可从气流中分离出来，这种作用称为扩散作用。它随流速的降低、纤维和粉尘直径的减小而增强。

5. 静电作用

许多纤维编织的滤料，当气流穿过时，由于摩擦会产生静电现象，同时粉尘在输送过程中也会由于摩擦和其他原因而带电，这样会在滤料和尘粒之间形成一个电位差，当粉尘随着气流趋向滤料时，由于库仑力作用促使粉尘和滤料纤维碰撞并增强滤料对粉尘的吸附力而被捕集，提高捕集效率。

6. 重力沉降作用

当缓慢运动的含尘气流进入除尘器后，粒径和密度大的尘粒，可能因重力作用而自然沉降下来。

各种作用力所能截留的粉尘粒径不同，见表3-3。一般来说，各种除尘机理并不是同时有效，而是一种或是几种联合起作用。而且，随着滤料的空隙、气流流速、粉尘粒径以及其他原因的变化，各种机理对不同滤料的过滤性能的影响也不同。

表3-3　各种捕集机理作用的粒度范围

序号	机理	粒度范围（μm）	风速增高对除尘效率的影响
1	拦截	＞1	降低
2	惯性碰撞	＞1	增高
3	扩散	＜0.01～0.5	降低
4	静电	＜0.01～5	降低
5	筛滤	＞过滤层微孔尺寸	降低

二、袋式除尘器的性能

1. 过滤风速

过滤风速是指气体通过滤料的平均速度，用公式表示为

$$v_F = \frac{Q}{60S} \tag{3-3}$$

式中 v_F——过滤风速，m/min；

Q——通过滤料的风量，m^3/h；

S——滤料面积，m^2。

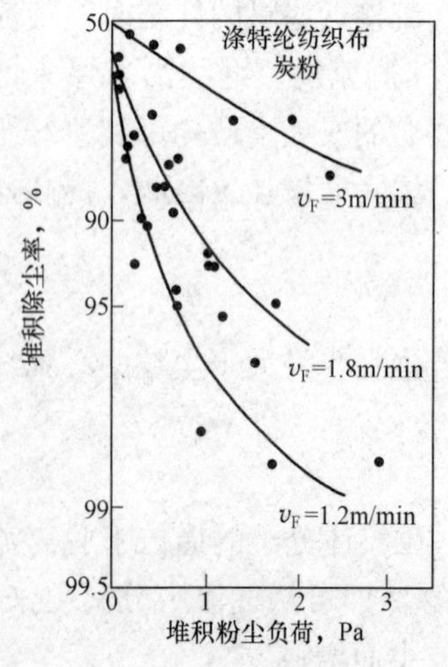

图3-19　过滤风速与除尘效率的关系

过滤风速是袋式除尘器处理气体能力的重要技术经济指标，它的选择是由粉尘性质、滤料种类、清灰方式及除尘效率等因素而定的，一般选用范围为0.2～6m/min。v_F大，则说明设备紧凑、费用低；v_F小，则说明阻力低，效率高，占地面积大。v_F与除尘效率η及粉尘负荷的关系如图3-19所示。显然，随着粒径的增大及v_F的减小，η增高。从粉尘粒径来看，细粉尘v_F要选择小一些，而粗粉尘的v_F则要选择大一些；从滤料种类来看，素布滤料允许的v_F较小，但也不宜超过0.6m/min，因为v_F增大会使阻力增加，粉尘层因受压孔隙率将小，气流就从薄弱的地方突破，即发生"穿孔"现象，v_F越大，"穿孔"就越严重。但对绒布或呢料来说由于容尘量大，透气性好，发生"穿孔"时过滤风速较高，所以v_F可选择大些。

2. 除尘效率

除尘效率是指含尘气流通过袋式除尘器时被捕集下来的

粉尘量占进入除尘器的粉尘量的百分数，用公式表示为

$$\eta=\frac{G_c}{G_i}\times 100\% \tag{3-4}$$

式中 η——除尘效率，%；

G_c——被捕集的粉尘量，kg；

G_i——进入除尘器的粉尘量，kg。

除尘效率是衡量除尘器性能最基本的参数，它表示除尘器处理气流中粉尘的能力，它与滤料运行状态有关，并受粉尘性质、滤料种类、阻力、粉尘层厚度、过滤风速及清灰方式等诸多因素影响。从式（3-4）可以看出，过滤纤维上积的粉尘层越厚，粉尘负荷越高，除尘效率就越高。

3. 袋式除尘器的压力损失

袋式除尘器的压力损失比除尘效率具有更重要的技术、经济意义，它不但决定着能量消耗，还决定着除尘效率及清灰周期等。它与除尘器的结构、滤袋种类、粉尘性质及粉尘层特性、清灰方式、气体温度、湿度、黏度等因素均有关系。它由三部分构成，可用公式表示为

$$\Delta p=\Delta p_c+\Delta p_f+\Delta p_d \tag{3-5}$$

式中 Δp——除尘器的总阻力，Pa；

Δp_c——除尘器的设备阻力，其值为200～500，Pa；

Δp_f——滤料阻力，其值为50～100，Pa；

Δp_d——沉积粉尘层的阻力，其值为500～1500，Pa。

Δp_c 指气体通过除尘器出入口及内部挡板、文丘里管等产生的阻力。ΔP_f 指清洁滤料自身的阻力，即

$$\Delta p_f=\zeta_f\mu v_F \tag{3-6}$$

式中 ζ_f——滤料的阻力系数；

μ——气体的黏性系数，kg/(m·s)；

v_F——过滤风速，m/s。

Δp_f 一般很小，但就滤料而言，阻力小意味着孔隙大，粉尘易穿透，除尘效率也很低，因此一般都选用具有一定初阻力的滤料。一般纤维滤料阻力高于短纤维滤料，不起绒滤料阻力高于起绒滤料。纺纱滤料阻力高于毡类滤料，布较重的滤料阻力高于较轻的滤料。

Δp_d 指滤料过滤粉尘后，其表面沉积的粉尘产生的阻力，用公式表示为

$$\Delta p_d=\zeta_d a v_F=a m v_F \tag{3-7}$$

式中 ζ_d——堆积粉尘层的阻力系数，其值为10^8～10^{11}；

a——堆积粉尘的比阻力，其值为10^9～10^{11}，m/kg；

m——堆积粉尘负荷，其值为0.2～10，Pa。

a 通常不是常数，它与粉尘负荷Q、粒径 d_p、粉尘层空隙 ε 及滤料特性有关（见图3-20）。

压力损失与过滤风速关系如图3-21所示。显然，随着过滤风速的增大，阻力增大。当阻力达到预定值时，就需要对其进行清灰处理。清灰后其阻力只能降到清灰前的20%～80%。清灰时滤袋压力损失有所下降并不说明清灰已经彻底结束，此时如果继续滤尘，压力损失就会急剧上升，粉尘负荷与压力损失的清灰特性，如图3-22所示。

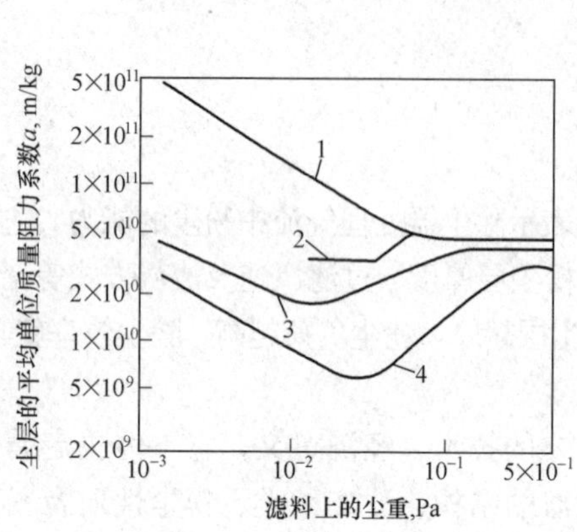

图 3-20 滤料的平均 a 值

1—长丝滤料；2—光滑滤料；3—纺纱滤料；4—绒布

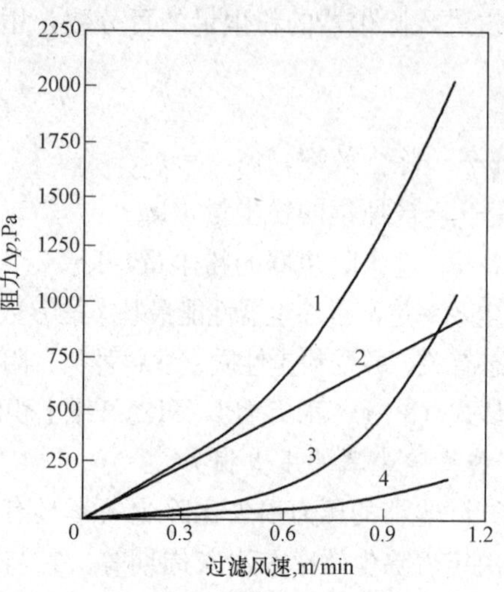

图 3-21 压力损失与过滤风速的关系

1—总阻力；2—滤料与剩余粉尘的阻力；3—粉尘层阻力；4—除尘器出入口

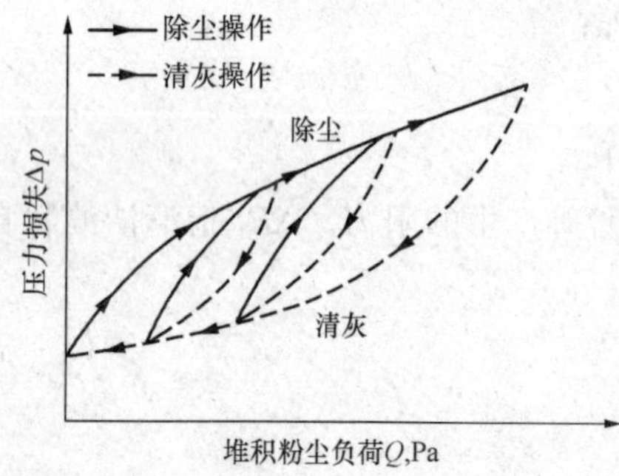

图 3-22 粉尘负荷与压力损失的清灰特性

4. 清灰方式

袋式除尘器的清灰方式有简易清灰、机械清灰、逆气流反吹清灰、气环反吹清灰、脉冲喷吹清灰、机械振动与反气流联合清灰及声波清灰等。图 3-23 所示为几种典型的清灰机理示意。机械清灰和逆气流反吹清灰属于间歇式清灰方式，即将除尘器分为若干个过滤室，逐室切断气路，依次清灰。这种清灰方式由于没有粉尘外逸现象，因此除尘效率高。气环反吹清灰和脉冲喷吹清灰属于连续清灰方式，清灰时可以不切断气路，连续不断地对滤袋的一部分进行清灰。这种清灰方式压力损失稳定，适于处理高浓度含尘气体。

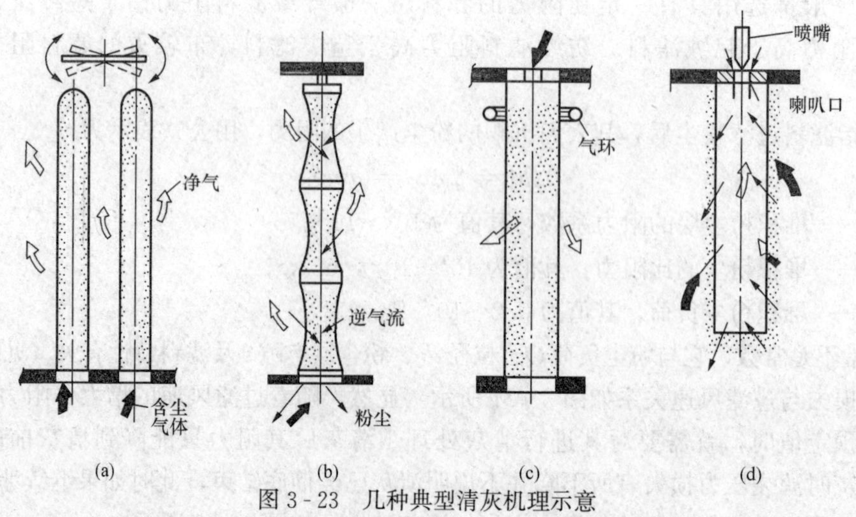

图 3-23 几种典型清灰机理示意

(a) 机械振动清灰式；(b) 逆气流反吹式；(c) 气环反吹清灰式；(d) 脉冲喷吹式

第四节　湿式除尘

湿式除尘是利用洗涤液（一般为水）与含尘气体充分接触，将尘粒洗涤下来而使气体净化的方法。湿式除尘器既能净化废气中的固体颗粒污染物，也能通过气体吸收的方式脱除气态污染物，同时还能起到给气体降温的作用。湿式除尘器还具有设备投资少，构造简单，净化效率高的特点。设备本身一般没有可动部件，适用于净化非纤维性和不与水发生化学反应的各类粉尘，尤其适宜净化高温、易燃、易爆及有害气体。缺点是容易受酸碱性气体腐蚀，管道设备必须防腐，要消耗一定量的水，粉尘回收困难，污水和污泥要进行处理；使烟气抬升高度减小，冬季烟筒会产生冷凝水；遇到疏水性粉尘，单纯用清水会降低除尘效率，往往需要加净化剂来改善除尘效率；在寒冷地区要考虑设备的防冻等问题。

1. 湿式除尘机理

湿式除尘机理涉及惯性碰撞、扩散效应、黏附、扩散漂移与热漂移、凝聚等作用。湿式除尘器的除尘原理主要是：在除尘器内含尘气体与水或其他液体相碰撞时，尘粒发生凝聚，进而被液体介质捕获，达到除尘的目的。气体与水接触有如下过程：尘粒与预先分散的水膜或雾状液相接触；含尘气体冲击水层产生鼓泡形成细小水滴或水膜；较大的粒子在与水滴碰撞时被捕集，捕集效率取决于粒子的惯性及扩散程度。因为水滴与气流间有相对运动，并由于水滴周围有气膜作用，所以气体与水滴接近时，气体改变流动方向绕过水滴，而尘粒受惯性力和扩散的作用，保持原轨迹运动与水滴相撞。这样，在一定范围内，尘粒都有可能与水滴相撞，然后由于水的作用尘粒凝聚成大颗粒，被水流带走。这说明水滴粒径小，比表面积大，接触尘粒机会多，产生碰撞、扩散、凝聚效率也高；尘粒的容重、粒径以及与水滴的相对速度越大，碰撞、凝聚效率就越高；而液体的表面张力越大，水滴直径大，分散的不均匀，碰撞凝聚效率就越低。实验与生产经验表明，亲水粒子比疏水粒子容易捕集，这是因为亲水粒子很容易通过水膜。

根据除尘机理不同，可将湿式除尘器分为重力喷雾洗涤器、旋风洗涤除尘器、自激式喷雾洗涤器、泡沫洗涤器、填料床洗涤器、文丘里洗涤器及机械诱导喷雾洗涤器。

根据气液分散的情况不同，分为液滴洗涤器、液膜洗涤器和液层洗涤器。液滴洗涤器包括重力喷雾洗涤器、自激式喷雾洗涤器、丘里洗涤器和机械诱导喷雾洗涤器；液膜洗涤器包括填料床洗涤器、旋风水膜除尘器；液层洗涤器包括泡沫洗涤器。

2. 重力喷雾除尘器

重力喷雾除尘器有逆流式（见图 3-24）和错流式（见图 3-25）两种。它们压损小（一般小于 0.25kPa），操作稳定方便，但净化效率低，耗水量及占地面积均较大。常用于净化 50μm 以上的粉尘，对小于 10μm 的尘粒效果较差。通常与高效除尘器联用，起预净化、降温和增湿等作用。

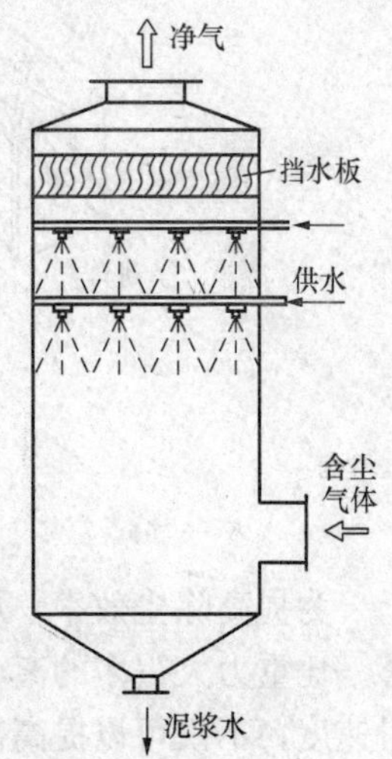

图 3-24　逆流式重力喷雾除尘器

喷雾室内的气流速度不影响液滴速度，较大液滴的沉降速度较高，气流中携带的颗粒与降落的大液滴之间的相对速度较高，颗粒的捕集效率较高。图3-26所示为重力喷雾室中碰撞捕集效率与液滴直径的关系（颗粒密度为2g/cm²）。由图可见，当液滴直径下降至小于100μm时，捕集效率迅速下降。

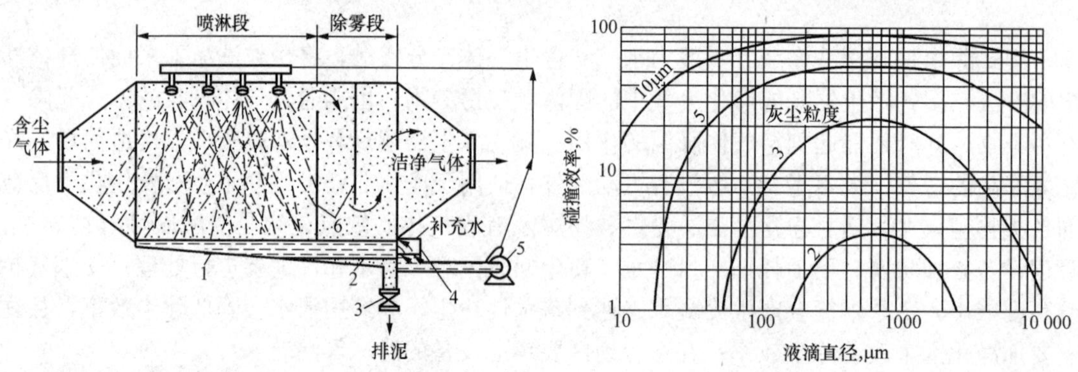

图3-25 错流式重力喷雾除尘器

1—水池；2—泥浆；3—阀；4—溢流堰箱；5—泵；6—喷雾挡板

图3-26 在重力喷雾室内碰撞捕集效率与液滴直径的关系

3. 离心式除尘器

离心式除尘器的除尘原理与干式旋风除尘器相同，但由于增加了水滴或水膜的捕集作用，除尘效率明显提高。气流的旋转运动用切向进口或加导向叶片形成，如图3-27所示。

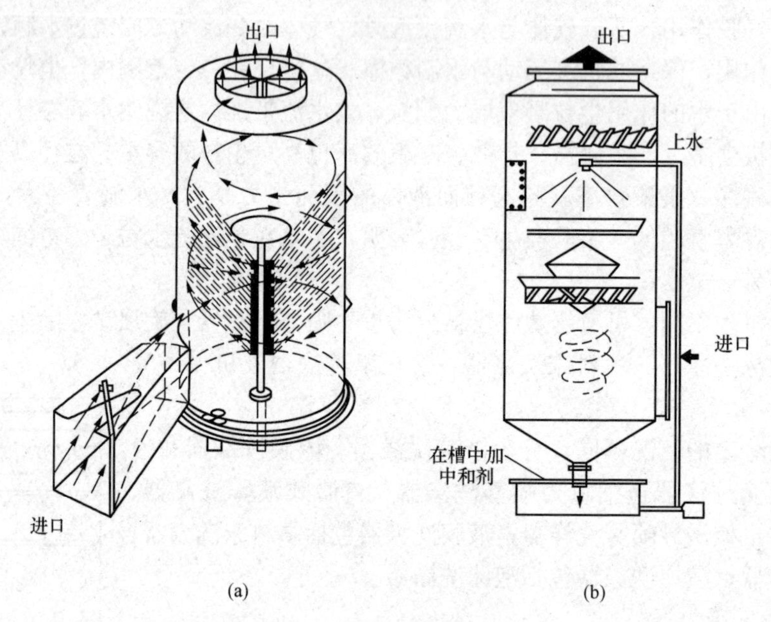

图3-27 离心式除尘器

(a) 切向入口致旋；(b) 导流叶片致旋

为提高除尘效率，可采用较高的入口气速（15～45m/s），并从逆向或横向对旋气流喷雾。比重力大得多的离心力把水滴甩向外壁形成壁流，减少了气流带水，增加了气液间的相对速度，不仅可以提高碰撞效率，采用更细的喷雾，壁流还可以将由于离心力甩向外壁的粉尘立即冲下，有效地防止了二次扬尘。

一般说来，离心式除尘器对粒径100μm及其以上液滴具有100%的捕集效率；对50～

100μm 的液滴捕集效率约为 99%；对粒径在 5～50μm 液滴的捕集效率为 90%～98%。

4. 板式塔除尘器

目前国内所用的板塔主要有旋流板塔［见图 3-28（a)］和 XP 型板塔［见图 3-28（b)］。这些板塔不仅有较好的除尘效果，也有较好的传质性能，用它们组装成的洗涤塔既能除尘，又能较好地脱除烟气中的 SO_2（当洗涤水加入石灰等脱硫剂时），所以又被称为脱硫除尘器。由于被净化的含尘气体或烟气中常含有 SO_2、NO_x、HCl 等腐蚀性气体，其塔体大多采用麻石制作，也有的采用碳钢外壳内衬耐磨耐腐蚀材料。

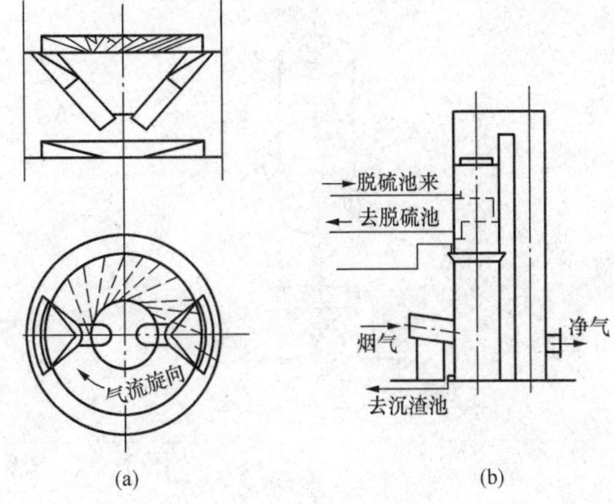

图 3-28　板式塔除尘器

(a) 旋流板塔；(b) XP 型板塔

5. 自激式除尘器

具有一定动能的气流直接冲击液面以形成雾滴的除尘器，称为自激式除尘器，又称储水式除尘器。其优点是在高含尘浓度时能维持高气流量，耗水量少，一般低于 0.13L/m^3，压力损失为 0.5～4.0kPa。自激式除尘器分冲击式水浴除尘器和冲激式除尘器等几种，如图 3-29 所示。

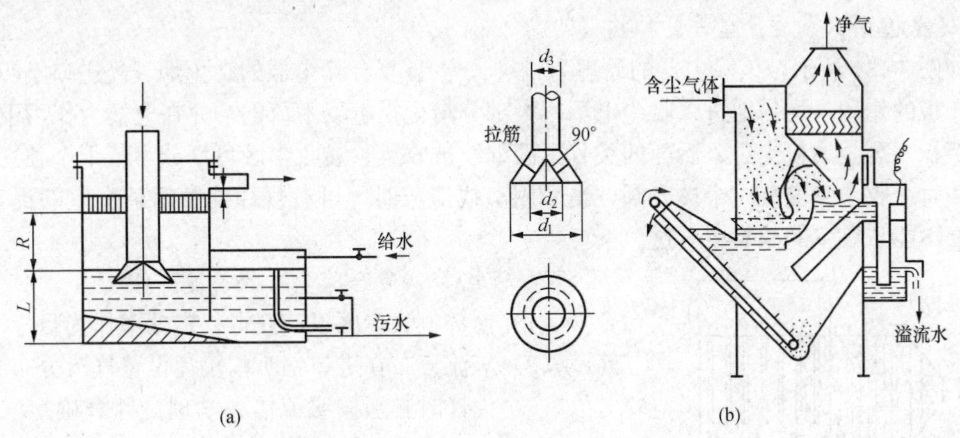

图 3-29　自激式除尘器

(a) 冲击水浴除尘器；(b) 冲激式除尘器

6. 文丘里除尘器

文丘里除尘器是一种高效湿式除尘器（见图 3-30），可以用于除尘、气体吸收和高温烟气降温。含尘气流进入收缩管，气速逐渐增加，在喉管中气速最高（50～80m/s），气液相对速度很大。在高速气流冲击下，喷嘴喷出的水滴被高度雾化。喉管处的高速低压使气流达到过饱和状态，同时尘粒表面附着的气膜被冲破，使尘粒被水润湿。因此，在尘粒与水滴或尘粒之间发生着激烈的碰撞和凝聚。从喉管进入扩散段后，速度降低，静压回升，以尘粒为凝结核的过饱和蒸汽的凝结作用进行得很快。文丘里管的入口与喉部面积比应为 4∶1。为获得静压回升程度尽可能高，扩大部分的扩张角度为 5°～7°。凝结有水分的颗粒继续凝聚碰撞，小颗粒凝并成大颗粒，很容易被其他除尘器或脱水器捕集下来，使气体得到净化。

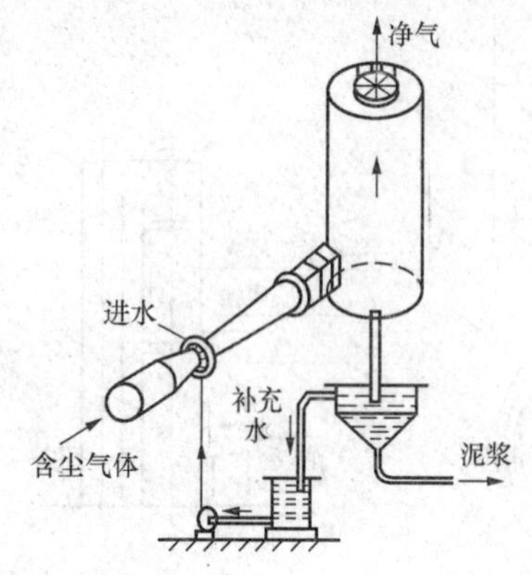

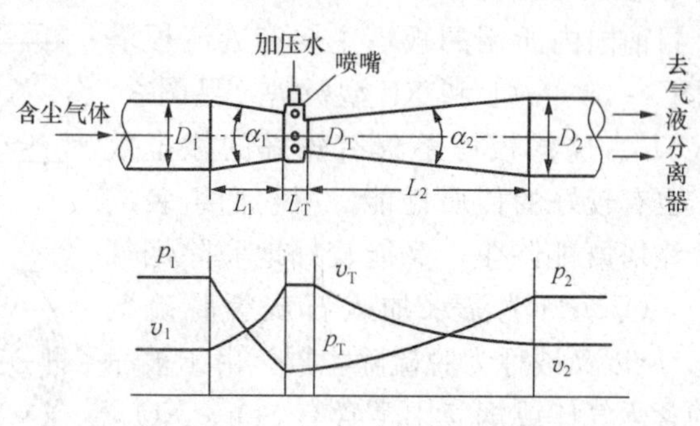

图 3-30 文丘里除尘器

第五节 除尘技术的新进展

单独靠一种除尘技术很难满足日益严格的环保要求，只有综合应用多项新技术、新工艺才能实现高效节能的除尘目的。

一、静电-袋式复合除尘器

1. 静电-袋式复合除尘器的结构

如图 3-31 所示，该除尘器的原理为：进入电-袋复合除尘器的含尘烟气经进口喇叭内气流分布板的作用，均匀地进入收尘电场，大部分粉尘在电场中荷电，并在电场力作用下向收尘极沉积。剩余的粉尘进入后面的袋收尘区继续被收集。袋收尘区可划分为若干个独立的收尘室，每个收尘室安装 1 个提升阀，当采用离线清灰时，可有规律地关闭某个室的提升阀，烟气便不能从该室的滤袋中通过。

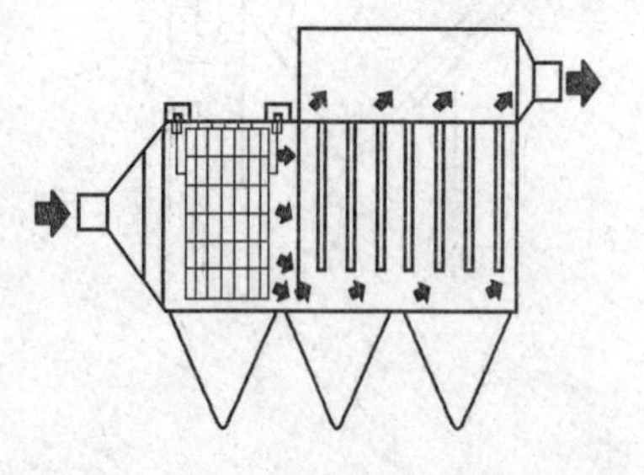

图 3-31 静电-袋式复合除尘器结构示意

2. 静电-袋式复合除尘器的关键技术

(1) 前部电收尘区以其获得一定效率作为目标。

(2) 气流分布在进口喇叭内仍需设置气流分布装置。

(3) 设计时必须按照流体力学理论计算确定气路结构、参数。

(4) 当处理烟气量较大时，采用脉冲清灰，相应地烟气净化采用外滤式。

(5) 滤袋直径的确定主要考虑喷吹气流的大小。

3. 静电-袋式复合除尘器的优点

投资低；占地面积小，其占地面积与袋除尘器相近；其维护费用虽比电除尘器高，但基础费用少；电耗小，运行费用低。

国外已开始将静电-袋式复合除尘器应用于燃煤电厂。我国在这方面的研究工作起步较晚，要将该技术应用于实际燃煤电厂，仍需解决以下问题：

(1) 静电除尘单元和袋式除尘单元之间的结合形式、结合间烟气分配的均匀性问题。气流的均匀性既影响静电除尘单元的除尘效率，又影响袋式除尘单元中布袋的寿命。在大型静电除尘器内，烟气通常为水平流动方式，而袋式除尘器传统的进气方式为下进气。因此，需采取适当的布风措施，既满足烟气在静电除尘单元和袋式除尘单元都能均匀分布，又尽量减少压力损失。

(2) 静电除尘单元和袋式除尘单元运行技术参数的合理选择。复合除尘器内的运行条件等都发生很大改变，因此，除尘器的运行参数也要做相应调整，特别是袋式除尘单元的喷吹压力、清灰周期等参数需重新选择。

二、电旋风除尘器

电旋风除尘器是离心除尘和静电除尘相结合的复合型除尘设备，它具有结构简单、运行费用较低、除尘效率高、除尘适应性能强等优点。

近年来，国内外的许多学者在电旋风除尘器除尘机理研究方面取得了一定的进展和成果，主要集中在电旋风除尘器数学模型的建立以及除尘机理由多种分离机理复合而成。

1. 电旋风除尘机理的理论分析

电旋风除尘器颗粒分离都离不开 Stokes 力、离心力及静电力的作用，但它们都是由除尘器的具体结构和电极布置位置所决定的。图 3-32所示为电旋风除尘器的结构分区示意，它分成 4 个区域：1 为从含尘气流入口上面到内筒入口断面之间的内外筒夹层区域；2 为从内筒入口断面到储灰筒上端口截面之间的外筒内空间区域；3 为储灰筒上端口截面到排灰口截面之间的空间区域；4 为从内筒入口断面到气流内筒引出截面之间的内筒内空间区域。

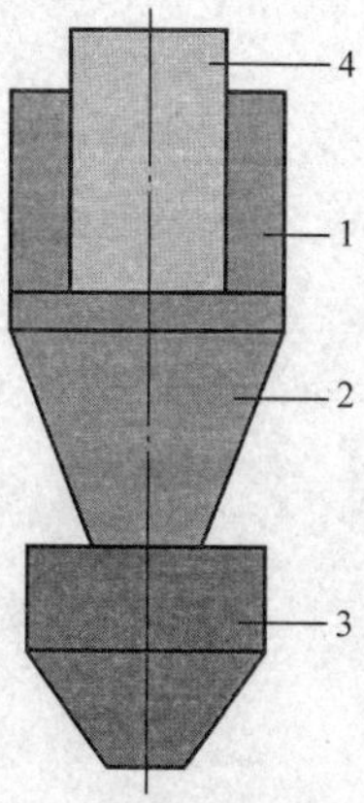

图 3-32 复合式电旋风除尘器分区示意

2. 电旋风除尘器技术特点

电旋风除尘器技术特点主要表现在旋流方式、电极布置型式两方面。旋流方式可分为切流反转式、切流直流式、SZD 流动式。

3. 电旋风除尘器的结构优化

电旋风除尘器的结构优化包括反向流动式电旋风除尘器待优化、结构直流式电旋风除尘器待优化结构、SZD 型电旋风除尘器待优化结构。

三、机电多复式双区电除尘器

目前工业常规电除尘器因为结构和成本原因，绝大部分采用单区电除尘器形式。常规单区电除尘器经常遇到以下问题：一是电场中粉尘的荷电与收集都在同一区段进行，加强荷电与提高电场工作电压因电场结构问题而相互制约，使得荷电粉尘的驱进速度受到限制，电除尘潜力没有得到最大发挥。二是当收集高比电阻粉尘时，由于电场电流较大，使得收集阳极板表面的粉尘层上产生较高的电位差，并导致尘层气隙高场强而击穿引发反电晕问题。另外，还有较大量荷正电离子的粉尘未能得到充分的捕集。

因此，研究开发的新型双区电除尘技术，在电场结构设计方面，不仅将粉尘荷电区与收尘区分开，而且采用连续的多个小双区进行复式配置；同时，在配电上，采用独立电源分别对荷电区与收尘区供电，使荷电与收尘各区段的电气运行条件最佳化。由于收尘区采用了高场强的圆管-板式极配，实现了高电压低电流的运行特性，有效提高了对电除尘器后级电场细微粉尘的捕集，并可有效抑制高比电阻粉尘条件下的反电晕发生和低比电阻粉尘条件下的粉尘二次反弹，从而可提高并稳定除尘效率。

多复式双区电除尘技术的主要技术特点包括五个方面：①分别强化荷电与收尘，除尘效果最佳；②阴阳极分小区布置，复式组合；③用管状辅助电晕极；④收尘区采用 80kW 高电压等级的电源供电，充分发挥收尘区电气性能；⑤创新设计电除尘沃伦支架防摆装置，解决双区电场下部摆动问题。

新型双区电除尘技术的电除尘器经过许多项目的实际验证，在同等电除尘器规格条件，对驱进速度的改善系数在 10%以上，最高达到 16%。新型双区电除尘技术已经被许多用户所接受。截至 2009 年 10 月份，在燃煤火电行业，设计完成并正在安装（含已安装）的采用双区电除尘技术的新型电除尘器已达 50 台套，包括 660MW 机组 4 台、300MW 机组 30 台、100～200MW 机组 5 台、100MW 机组以下 11 台。

第四章　烟气脱硫理论及技术

SO_2 是当今人类面临的主要大气污染物之一，我国的一次能源和发电能源以煤为主，而且煤中硫的含量相对较高，这就决定了 SO_2 是我国大气主要污染物之一，如何有效控制大气中 SO_2 的浓度，是解决我国大气污染问题的关键。本章主要介绍干法/半干法和湿法烟气脱硫技术。

第一节　烟气脱硫技术分类

烟气脱硫（flue gas desulfurization，FGD）是世界上唯一大规模商业化应用的脱硫方法，是控制酸雨和二氧化硫污染最为有效的技术手段。世界上燃煤电厂烟气脱硫工艺方法很多，这些方法的应用主要取决于锅炉容量、燃烧设备的类型、燃料的种类和含硫量的多少、脱硫效率、脱硫剂的供应条件及电厂的地理位置、副产品的利用等因素。

按脱硫的方式和产物的处理形式划分，FGD 技术一般可分为干法、半干法和湿法三类。

1. 干法烟气脱硫技术

干法烟气脱硫技术（Dry Flue Gas Desulfurization，DFGD）是在无液相介入的完全干燥条件下进行脱硫反应，主要有炉内喷钙尾部增湿活化脱硫工艺、电子射线辐射法、荷电干式吸收剂喷射脱硫法等。干法脱硫反应产物呈粒状，具有无污水废酸排出、设备腐蚀小，烟气在净化过程中无明显温降、净化后烟温高、利于烟囱排气扩散等优点。干法脱硫的流程和设备也相对比较简单，但设备体积过大，吸收过程气固反应速率较低，脱硫效果差。由于环保要求的不断提高，该法在西欧已不再采用。

2. 湿法烟气脱硫技术

湿法烟气脱硫技术（wet flue gas desulfurization，WFGD）是采用碱性浆液或溶液作吸收剂在湿状态下脱硫和处理脱硫产物，主要有石灰/石灰石-石膏法、氧化镁法、海水脱硫法、柠檬酸钠法、磷铵肥法、双碱法等。该法具有脱硫反应速度快、脱硫效率高等优点，但存在投资和运行维护费用都很高、脱硫后产物处理较难、易造成二次污染、系统复杂、启停不便等问题。其中石灰石-石膏湿法烟气脱硫技术具有吸收剂资源丰富、成本低廉等优点，成为世界上技术最成熟，实用业绩最多的脱硫工艺，脱硫效率在 95%以上。

3. 半干法烟气脱硫技术

半干法烟气脱硫技术（semi-dry flue gas desulfurization，SDFGD）是在气、固、液三相中进行脱硫反应，利用烟气显热蒸发吸收液中的水分，从而使最终产物为干粒状。主要有循环悬浮式半干法、喷雾干燥法、气体悬浮吸收烟气脱硫工艺等。半干法兼有干法与湿法的一些特点，既具有湿法脱硫反应速度快、脱硫效率高的优点，又具有干法无污水、废酸排出，脱硫后产物易于处理的优点，受到越来越广泛的关注。

本章按干法/半干法和湿法的分类进行介绍，并重点介绍目前国内外应用最为广泛的石灰石-石膏湿法烟气脱硫技术。

第二节　石灰石-石膏湿法烟气脱硫技术

湿法烟气脱硫工艺中，根据吸收剂的不同又可以分为多种不同的工艺。其中石灰石-石膏法由于具有吸收剂资源丰富、成本低廉等优点，已经成为世界上最为成熟、应用最为广泛的一种烟气脱硫工艺。

一、工艺原理及工艺流程

该工艺的主要反应是在吸收塔中进行的，送入吸收塔的吸收剂——石灰石浆液与经烟气再热器冷却后进入吸收塔的烟气接触混合，烟气中的 SO_2 与吸收剂浆液中的 $CaCO_3$ 以及与浆液池中鼓入的空气中的 O_2 发生化学反应，生成 $CaSO_4 \cdot 2H_2O$，即石膏；脱硫后的烟气依次经过除雾器除去雾滴、烟气再热器加热升温后，经烟囱排入大气。

该工艺的化学反应原理如下：

吸收

$$SO_2(g) + H_2O \longleftrightarrow H^+ + HSO_3^- \tag{4-1}$$

溶解

$$CaCO_3 + 2H^+ \longleftrightarrow Ca^{2+} + H_2O + CO_2(g) \tag{4-2}$$

氧化

$$HSO_3^- + \frac{1}{2}O_2 \longleftrightarrow H^+ + SO_4^{2-} \tag{4-3}$$

结晶

$$Ca^{2+} + SO_4^{2-} + 2H_2O \longleftrightarrow CaSO_4 \cdot 2H_2O(s) \tag{4-4}$$

典型的工艺流程主要包括：烟气系统（烟道挡板、烟气换热器、脱硫风机等）、吸收系统（吸收塔、循环泵、氧化风机、除雾器等）、吸收剂制备系统（石灰石储仓、石灰石磨机、石灰石浆液罐、浆液泵等）、石膏脱水及储存系统（石膏浆泵、水力旋流器、真空皮带脱水机等）、废水处理系统及公用系统（工艺水、电、压缩空气等）。系统工艺流程图如图 4 - 1 所示。

二、吸收剂的选择

石灰石是石灰石-石膏湿法烟气脱硫工艺中的吸收剂，石灰石活性是石灰石作为吸收剂品质的判别指标，它不仅影响到系统设计阶段吸收剂的选择，而且影响到运行阶段确定最优运行操作参数，进而降低投资与运行费用。影响石灰石活性的因素主要有物理性质（$CaCO_3$ 含量、粒径、地质年代）及其所处的运行环境（浆液 pH 值、浆液中所含离子、CO_2 分压、温度、搅拌速率等）。选用石灰石时，主要从 $CaCO_3$ 含量、粒径和可磨性等方面进行综合考虑。

（1）石灰石中主要有效成分是 $CaCO_3$，$CaCO_3$ 的含量对吸收剂活性有重要影响。设计时对石灰石中 $CaCO_3$ 含量一般要求高于 90%。

（2）石灰石粒径越小，比表面积越大，液固接触就越充分，故石灰石活性就越好。综合考虑粒径对溶解的影响和磨制能耗问题，一般要求石灰石粉细度为 0.045～0.063μm。

（3）石灰石形成的地质年代越晚，存在的微晶结构就越多，因此结构越疏松，能提供更多的反应面积，故活性越高，因此选择脱硫剂时优先考虑形成地质年代较晚的石灰石。

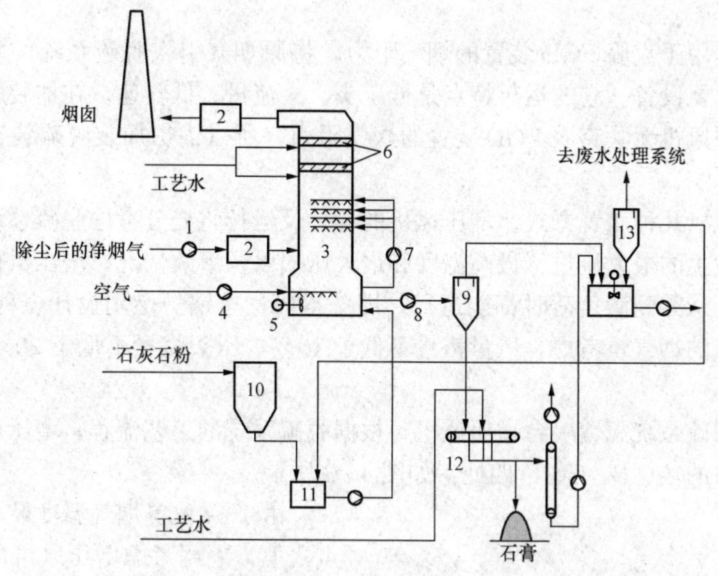

图 4-1　石灰石/石灰—石膏湿法脱硫系统流程图

1—脱硫风机；2—烟气换热器；3—吸收塔；4—氧化风机；5—搅拌器；6—除雾器；7—循环泵；8—抽出泵；9—石膏旋流器；10—石灰石粉仓；11—吸收剂浆液槽；12—真空脱水机；13—废水旋流器

(4) 石灰石中所含 $MgCO_3$ 成分直接影响脱硫效果及系统的废水排放量，一般要求 $MgCO_3 \leqslant 4\%$。

此外，需注意石灰石中 SiO_2 含量，SiO_2 含量高，设备磨损会严重。

对于石灰石粉反应速率的测定可以参照电力行业标准 DL/T 943—2005《烟气湿法脱硫用石灰石粉反应速率的测定》来实施。

三、关键子系统及设备

FGD装置主要包括烟气系统、吸收塔系统、氧化空气系统、吸收剂制备系统、石膏脱水系统、事故排放系统、工艺水系统、石膏炒制系统、控制系统、电气系统等。

(一) 烟气系统

烟气系统如图 4-2 所示，主要由脱硫烟气进出口挡板门、旁路挡板门、增压风机、烟气换热器（gas-gas heater，GGH）、吸收塔、烟道及相应的辅助系统组成。

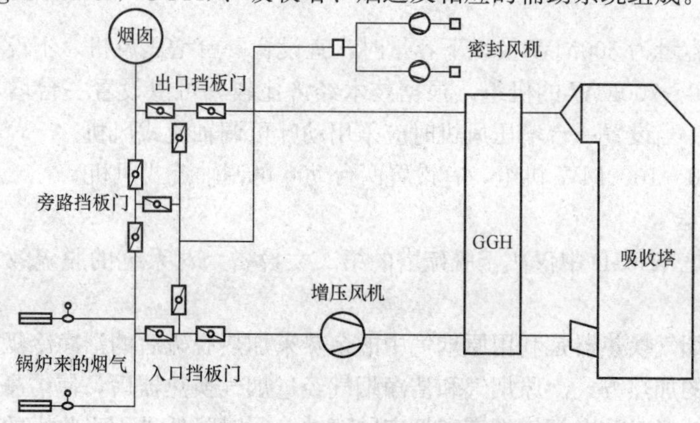

图 4-2　烟气系统流程图

1. 增压风机

增压风机是用于克服FGD装置的烟气阻力，将原烟气引入脱硫系统，并稳定锅炉引风机出口压力的重要设备。它的运行特点是低压头、大流量、低转速。在加装脱硫装置的情况下，锅炉送、引风机无法克服FGD装置的烟气阻力，所以锅炉加装脱硫装置时，必须设置增压风机。

(1) 增压风机几种布置方式。增压风机的设计及运行将充分考虑脱硫系统正常运行和异常情况下可能发生的最大流量、最高温度和最大压损以及事故情况。增压风机在容量、设计和构造上将保证从零到满负荷时都能运行，即基本风量按锅炉燃用设计煤种和BMCR工况下升压风机入口的烟气量考虑，风量裕量不低于10%，压头裕量不低于20%，另加10℃的温度裕量。

一般一套脱硫系统配置一台增压风机，根据脱硫系统的工艺流程，增压风机可布置在烟气加热器进出口的A、B、C、D四处，如图4-3所示。

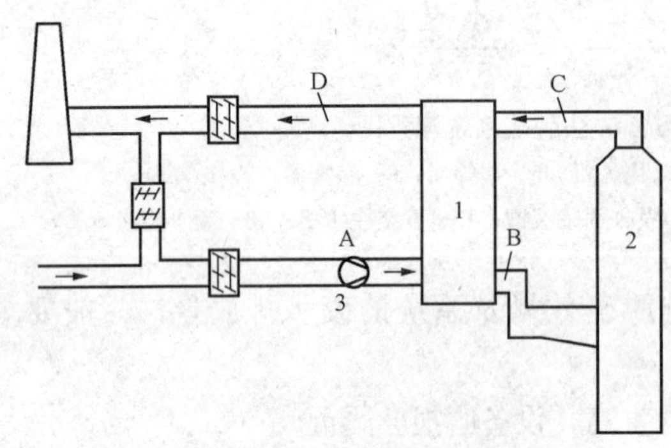

图4-3　脱硫系统配置增压风机简图

1—换热器；2—吸收塔；3—增压风机

由于A位置烟气温度最高，通常在酸露点之上，不用考虑增压风机的腐蚀问题，对增压风机材料要求低，而且吸收塔为正压运行，对提高除雾器效果也有利，因此这种布置方式被广泛采用。但此位置的实际烟气流量大，风机能耗最高。如果采用回转式换热器，由于存在原烟气向清洁烟气的泄漏，系统脱硫效率会略受影响。优点是增压风机材料及检修要求比其他布置方式低，可靠性高，因此大部分风机布置在A位置。

出于降低能耗考虑，在采取可靠防磨、耐腐蚀措施的情况下，也有的采用D位置布置方案。

(2) 增压风机的类型与选用原则。在湿法烟气脱硫工艺中，增压风机主要有三种类型：离心风机、动叶可调轴流风机、静叶可调轴流风机。

增压风机及参数的选用应考虑下列因素：

(1) 增压风机宜选用轴流式风机，当机组容量为300MW及以下容量时，也可采用高效离心风机。

(2) 当机组容量为300MW及以下容量时，宜设置一台增压风机，不设备用。

(3) 对于600～700MW的机组，根据技术经济比较，可以设置一台增压风机，也可设置两台增压风机。当设置一台增压风机时应采用动叶可调轴流式风机。

(4) 对于800～1000MW机组，宜设置两台动叶可调轴流式风机。

2. 烟气换热器

烟气换热器是WFGD中仅次于脱硫塔的第二大设备，对系统的脱硫效率和安全稳定运行影响较大。

(1) 概述。烟气换热器是利用原烟气中的余热来加热脱硫后的洁净冷烟气，不需要其他热源，是最经济的加热方式。原烟气和洁净烟气经过烟气换热器后，使洁净烟气的排烟温度达到露点之上，减轻对洁净烟气烟道和烟囱的腐蚀，同时降低进入吸收塔的原烟气温度，降低塔内对防腐的工艺技术要求。由于 GGH 热端烟气含硫量高，温度高，冷端温度低，含水率大，故 GGH 的烟气进出口均需用耐腐蚀材料，如搪玻璃、柯登钢等。

（2）烟气换热器的选型。烟气换热器有多种方式，一般分为蓄热式和非蓄热式。蓄热式换热器通常为回转式 GGH；非蓄热式换热器有分体水媒式 GGH、分体热管式和整体热管式，它们借助能源（蒸汽、燃气等）将冷烟气重新加热，其初投资较小，但能耗、运行费用较大。

水媒式 GGH 无泄漏，在解决了换热管束防腐的情况下，检修工作量低而且简便，但占地面积较大，金属有效利用率低。由于水媒式 GGH 是管束式换热器，相对于回转式换热器，其负荷适应性相对较差。

回转式 GGH 是换热效率相对较高的换热器，与水媒式 GGH 相比，机械结构较为复杂，有一定的泄漏，检修工作量相对较大，容易在低温段发生堵灰。但是这种换热器体积小，运行电耗低，防腐问题容易解决，金属利用率较高。

（3）GGH 去留问题分析。由于 GGH 存在一些优点，但缺点也很多，因此 WFGD 系统中是否需要配置 GGH 设备，目前存在不同意见。

安装 GGH 具有提高系统排烟温度和烟气抬升高度、降低污染物落地浓度、减轻烟囱冒白烟程度等优点，同时，系统投资、运行费用和故障率增加，且不能完全避免尾部烟道和烟囱被腐蚀。

如果取消 GGH，WFGD 的系统投资、运行费用、占地面积均可以得到有效降低，烟气流程也变得更简洁一些，优点比较明显；但系统耗水量增加，烟气排放温度会降低，烟囱出口容易出现白雾现象，烟气抬升力不足，对于未配置脱硝装置的系统可能导致烟气落地点 NO_x 的排放超标。同时，取消 GGH 后，对脱硫塔入口、脱硫塔内和脱硫塔后的烟道、阀门、烟囱等防腐措施的要求更高一些。

目前，国内已有取消 GGH 配置的 WFGD 系统，但大多还处在设计和建设之中，对有无 GGH 的 WFGD 系统的设计和运行经验都不足，对耐腐蚀材料的使用寿命也认知不足。在是否取消 GGH 配置问题上，需综合考虑环境污染影响、经济性和系统安全稳定运行条件等。对于脱硫机组没有同时配套（或采取）具有一定脱硝能力的脱硝措施，在这个问题上更应慎重考虑。

3. 烟气挡板门

为保证 FGD 的停运不影响机组烟风系统的正常运行，在烟道上分别设置了原烟气挡板门、净烟气挡板门和旁路挡板门。该挡板一般采用双百叶窗形式。图 4-4 所示为烟气挡板门系统示意。

烟气挡板门的作用如下：

（1）在脱硫系统正常运行时，将原烟气切换至脱硫系统。

（2）在脱硫系统故障或停运时，使原烟气走旁路，直接排到烟囱。

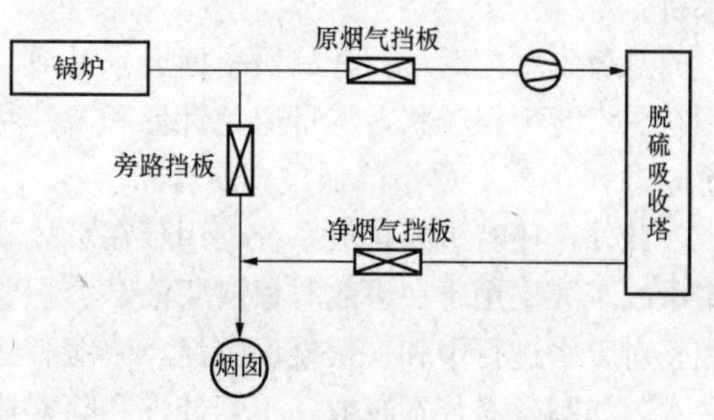

图 4-4　烟气挡板门系统示意

烟气脱硫装置宜设置旁路烟道。脱硫装置进、出口和旁路挡板门应有良好的可操作性和密封性能。旁路挡板门的开启速度应能满足脱硫装置发生故障瞬间不引起锅炉跳闸的要求。脱硫装置进口烟道挡板应采用带密封风的挡板，出口和旁路挡板门可以根据技术论证后确定是否设置密封系统。

4. 烟道

烟气换热器前的原烟道可不采取防腐措施。对于设有烟气换热器的脱硫装置，应从烟气换热器原烟道侧入口弯头处至烟囱的烟道采取防腐措施，防腐材料的选取应根据适用条件采用鳞片树脂或衬胶。对于没有装设烟气换热器的脱硫装置，应从距离吸收塔入口至少5m处开始采取防腐措施，但具体应从实际布置情况考虑。

（二）吸收塔系统

吸收塔系统关键设备有吸收塔、喷淋层、除雾器、侧向搅拌器以及氧化空气布气层。吸收浆液池尺寸经优化设计以保证足够的氧化停留时间，氧化反应的控制步骤为溶解氧量，氧化空气布气层布置在足够的深度以保证吸收塔浆液池的氧化区水中溶解氧的量和烟气中 SO_2 的质量之比不低于3。pH值不是控制步骤，但应控制在较低的水平（4.5～6），以保证足够的亚硫酸钙的溶解度。多重进气管便于在线冲洗/清洁曝气孔、布气管采用开放式顶端设计(液封)，便于冲洗去除沉积物，曝气孔应侧向布置。

（三）石灰石浆液制备系统

石灰石浆液制备系统的关键系统是卸料系统、磨制系统和制浆系统。卸料系统相对比较成熟，各种设备的选择比较固定。磨料系统的关键是石灰石磨煤机的选择，在FGD中通常以湿式磨煤机为主，而且主要都是采用卧式布置。目前普遍采用进口的湿式球磨机，因为相对国产设备，进口设备具有体积小、效率高、能耗低、运行稳定和维护费用低等优点，但是价格比国产设备高120%左右。要求湿式球磨机最终产品90%的颗粒粒径小于30μm，50%的颗粒粒径小于10μm。

（四）石膏脱水系统

石膏脱水系统的关键系统是一级脱水系统和二级脱水系统。一级脱水系统是由一个水力旋流分离器来实现的，二级脱水系统是由脱水机实现的。脱水机主要有转鼓脱水机、皮带脱水机、篮式离心脱水机三种形式。转鼓脱水机的特点是脱水效率低，滤饼含水率高于10%，滤饼洗涤效率有限，但是结构简单，造价低；皮带脱水机脱水效率高，滤饼含水率低于10%，滤饼洗涤效率高；篮式离心脱水机脱水效率非常高，滤饼洗涤效率有限，但造价高，运行费用高。在FGD系统中常用的主要是皮带脱水机，而且一般采用的都是卧式真空皮带脱水机。其主要特点如下：不易被中、高速沉降物堵塞；滤饼洗涤效率高，可多级冲洗；运转速度低于篮式离心脱水机；处理能力大于篮式离心脱水机；脱水效率低于篮式离心脱水机。

二级脱水之后，石膏品质指标要求达到：含湿量小于10%，纯度为90%～95%，结晶颗粒尽可能为粗粒状，尽量避免针形和薄片状，60%的颗粒平均粒径超过32μm，且含氟量不超过0.01%，尽量降低重金属含量。

此外，还有事故排放系统，用于在事故和大修时排放和存储浆液以及保留石膏晶种。其中事故浆液罐用于在事故时存放浆液，容积要求能够容纳吸收塔浆液的要求。废水处理系统用于对废水进行中和、絮凝、沉淀、浓缩。工艺水系统用于制备、输送FGD系统所需的工艺水，如制备石灰石浆液、石膏冲洗、除雾器冲洗、设备冷却、管道冲洗以及洗涤塔的干湿界面事故紧急冲洗降温用水。

（五）自动控制系统

FGD的自动控制系统采用集中控制方式，FGD及辅助系统设一个集中控制室。控制系统主要有数据采集与处理系统、闭环控制回路、开环控制和连锁保护和报警系统等部分组成。数据采集与处理系统的主要作用是对现场工艺过程参数和设备状态进行联续采集和处理，具有报警、记录、屏幕显示、性能计算、事故追忆和操作指导等功能；闭环控制回路主要实现设备参数的自动控制，包括增压风机控制、吸收塔pH值自动控制和制浆罐液位自动控制等。开环控制采用分级设计，包括驱动控制级、子组控制级、组控制级。连锁保护和报警系统主要包括FGD紧急停机连锁，石灰石浆液泵启/停及事故连锁等。

此外，还有事故排放系统，用于在事故和大修时排放和存储浆液以及保留石膏晶种。其中事故浆液罐用于在事故时存放浆液，容积要求能够容纳吸收塔浆液的要求。废水处理系统用于对废水进行中和、絮凝、沉淀、浓缩。工艺水系统用于制备、输送FGD系统所需的工艺水，如制备石灰石浆液、石膏冲洗、除雾器冲洗、设备冷却、管道冲洗以及洗涤塔的干湿界面事故紧急冲洗降温用水。

第三节　其他湿法烟气脱硫技术

一、海水烟气脱硫技术

海水中含有大量Ca、Mg、K、Na等碱金属元属，一般含盐3.5%，主要含有碳酸氢盐、碳酸盐、硫酸盐、磷酸盐、砷酸盐和硫化物等。其中碳酸盐占海水盐分的0.34%，硫酸盐占10.8%，氯化物占88.5%，其他盐分占0.36%。海水pH值为7.5～8.3，自然碱度为1.2～2.5mmol/L。

海水脱硫法的原理是用海水作为脱硫剂，在吸收塔内对烟气进行逆向喷淋洗涤，烟气中的SO_2被海水吸收成为液态SO_2，液态的SO_2在洗涤液中发生水解和氧化作用，洗涤液被引入曝气池，用增大pH的方法抑制SO_2气体的溢出，鼓入空气，使曝气池中的水溶性SO_2被氧化成为SO_4^{2-}。

由于H_2SO_3具有还原性，使海水中化学耗氧量增加，导致海水中的溶解氧减少，不利于海生生物的生长。因此，在吸收液排海之前，必须将SO_3^{2-}氧化，其氧化生成SO_4^{2-}后，海水直接排入海中，其化学反应式如下：

$$SO_2 + H_2O \longrightarrow 2H^+ + SO_3^{2-} \tag{4-5}$$

$$2SO_3^{2-} + O_2 \longrightarrow 2SO_4^{2-} \tag{4-6}$$

$$HCO_3^- + H^+ \longrightarrow CO_2 + H_2O \tag{4-7}$$

可以看出，由于氢离子浓度增加，海水pH值降低，使海水变为酸性水。但由于海水中有大量碳酸根离子，与H^+反应生成CO_2和H_2O，因而阻止和抵消了上述的酸化作用，使pH值恢复正常，有利于海水对SO_2的继续吸收，洗涤后流入海中。生成物CO_2的一部分溶于水中，其余的随气体进入大气，使反应向右进行，促进了SO_2的吸收。整个脱硫过程中要消耗一定的氧气，而氧气是海洋生物生存所必需的。因此海水处理厂要将空气输入海水中，以保证海水中含氧量维持正常。反应中生成的硫酸盐，对于海水的影响是微不足道的。

海水脱硫技术的工艺流程如图4-5所示。烟气先经除尘处理，然后进入SO_2吸收塔底部，与自上而下的海水（电厂凝汽器排水）相向流过，使之充分接触混合，一次循环。由吸收塔出来的洁净烟气通过塔顶除雾器，洗涤后烟温为52～55℃，故需再经加热，以防止腐蚀和保证足够的烟气抬升高度（若处理烟气量为锅炉排烟的一部分，则烟温较高，可以不加热）。吸收 SO_2 后的海水靠重力流入海水处理厂（曝气池），与其余的海水（仍为电厂温排水）混合并鼓风通入适量空气，使 SO_3^{2-} 氧化成 SO_4^{2-}，同时将pH值恢复海水正常水平（pH值6.5～6.8）后排入大海。

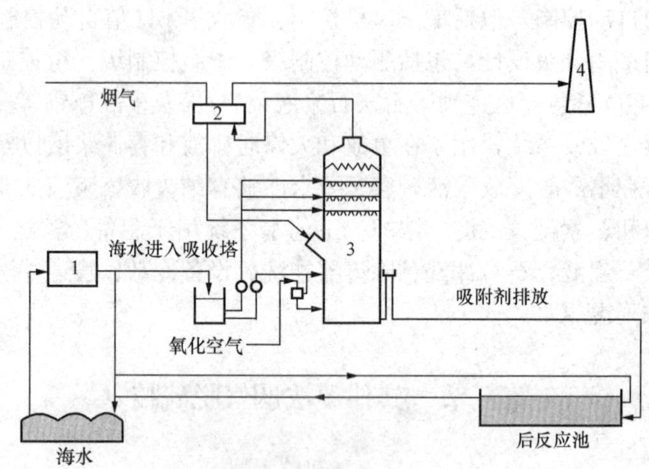

图4-5 海水脱硫技术的工艺流程图

1—电厂凝汽器；2—GGH；3—吸收塔；4—烟囱

海水脱硫工艺简单、系统可靠、效率高，可达90%，无需添加脱硫剂，无废水废料排出。但该法只能用于海边电厂，且一般要求电厂然用含硫小于2%的煤；装置的布置容易，投资费用均为电厂总投资的7%～8%，能耗较低，无堵塞问题，运行可靠。但吸收塔设备管道要求用高防腐材料，占地面积较大，用水量大。海水脱硫工艺在国外已经实现工业化，在电力、炼油厂等行业已得到较多应用。在我国深圳和福建的一些电厂也有应用。

二、氨法脱硫技术

氨是一种良好的碱性吸收剂，其碱性强于钙基吸收剂。用氨吸收烟气中的 SO_2 是气—液或气—气反应，反应速率快、反应完全，吸收剂利用率高，设备体积小、能耗低。另外，其脱硫副产品硫酸铵在某些特定地区是一种农用肥料。

氨法的基本原理有两种。一种是采用氨水作为脱硫吸收剂，与进入吸收塔的烟气接触混合，烟气中 SO_2 与氨水反应，生成亚硫酸铵，经与鼓入的强制氧化空气进行氧化反应，生成硫酸铵溶液，经结晶、离心机脱水、干燥器干燥后即制得化学肥料硫酸铵；另一种就是用于自由基脱硫脱硝中，烟气经过放电区经电晕激活，产生大量活性很高的自由基，此时氨水进入烟气与烟气反应，能同时脱硫脱硝。应用比较广泛的主要是湿式氨法工艺。

湿法氨水脱硫工艺最早是由克虏伯公司20世纪七八十年代开发的氨法AMASOX工艺，20世纪80年代初有一定的应用，包括一台处理烟气量750 000m^3/h（标准状态下）的装置。该工艺的工艺流程如图4-6所示。除尘后的烟气从电厂锅炉后引出，经换热器后，进入冷却装置高压喷淋水雾降温、除尘（去除残存的烟尘），冷却到接近饱和露点温度的洁净烟气再进入吸收洗涤塔中。吸收塔内布置了两段吸收洗涤层，使洗涤液和烟气得以充分混合接触，脱硫后的烟气经塔内的湿式电除尘和除雾后，再进入换热器升温，达到排放标准后经烟囱排入大气。

脱硫后含有硫酸铵的洗涤液经结晶系统形成副产品硫酸铵。整个脱硫反应在结构紧凑的吸收塔内进行，反应生成的 $(NH_4)_2SO_3$ 经氧化最后形成脱硫副产品硫酸铵 $(NH_4)_2SO_4$。

氨水脱硫过程中主要的反应如下：

$$2NH_4OH + SO_2 \longrightarrow (NH_4)_2SO_3 + H_2O \tag{4-8}$$

$$(NH_4)_2SO_3 + SO_2 + H_2O \longrightarrow 2NH_4HSO_3 \tag{4-9}$$

$$NH_4HSO_3 + NH_3 \longrightarrow (NH_4)_2SO_3 \tag{4-10}$$

$$2(NH_4)_2SO_3 + O_2 \longrightarrow 2(NH_4)_2SO_4 \tag{4-11}$$

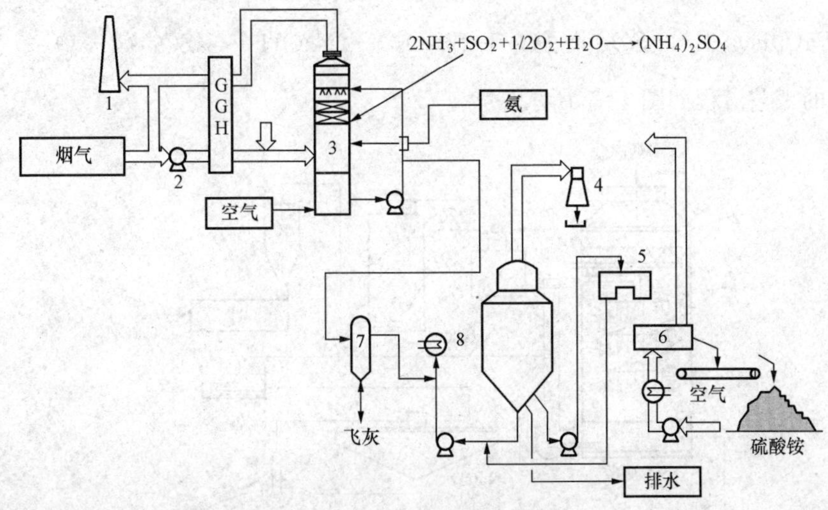

图 4-6　湿式氨法脱硫流程图

1—烟囱；2—增压风机；3—吸收塔；4—喷射器；5—脱水机；6—干燥机；7—过滤器；8—硫酸铵结晶器

氨法脱硫已经是一种成熟的脱硫工艺，其主要特点如下：

(1) 脱硫费用较高，但脱硫副产品硫酸铵可以抵消部分费用。烟气含硫量越高，副产品越多，氨法脱硫就越经济。

(2) 由于氨具有更高的反应活性和亚硫酸铵溶液的化学特性，氨法脱硫塔不易结垢。

(3) 脱硫过程无需降、升温，脱硫塔阻力仅为 450Pa 左右，耗电量不到总发电量的 1%。

(4) 工艺简单，占地面积小，投资低，无需设置旁通烟道，容易实现自动控制。

三、双碱法烟气脱硫技术

为了克服石灰石/石灰法容易结垢的缺点，并进一步提高脱硫效率，进而发展了双碱法烟气脱硫工艺。它采用碱金属盐类例如钠盐的水溶液（NaOH 与 Na_2CO_3 按一定配比混合成水溶液）吸收 SO_2。然后在另一石灰反应器中用石灰或石灰石将吸收了 SO_2 的吸收液再生，再生后的吸收液返回吸收塔再用，最终产物以亚硫酸钙和石膏形式析出。

主要的化学反应如下所示：

吸收塔内吸收 SO_2 反应：

$$2NaOH + SO_2 \longrightarrow Na_2SO_3 + H_2O \tag{4-12}$$

$$Na_2SO_3 + SO_2 + H_2O \longrightarrow 2NaHSO_3 \tag{4-13}$$

$$Na_2CO_3 + SO_2 \longrightarrow Na_2SO_3 + CO_2 \tag{4-14}$$

吸收了 SO_2 的吸收液送到石灰反应器，进行吸收液的再生和固体副产品的析出：

$$Ca(OH)_2 + Na_2SO_3 \longrightarrow 2NaOH + CaSO_3 \tag{4-15}$$

$$Ca(OH)_2 + 2NaHSO_3 \longrightarrow Na_2SO_3 + CaSO_3 \cdot \frac{1}{2}H_2O + \frac{3}{2}H_2O \tag{4-16}$$

再生的 NaOH 和 Na_2SO_3 等脱硫剂可循环使用，实际消耗的是廉价的 $Ca(OH)_2$。由于存在着一定的氧气，因此同时发生了下面副反应：

$$Na_2SO_3 + \frac{1}{2}O_2 \longrightarrow Na_2SO_4 \tag{4-17}$$

$$Ca(OH)_2 + Na_2SO_4 + \frac{1}{2}O_2 + 2H_2O \longrightarrow 2NaOH + CaSO_4 \cdot 2H_2O \tag{4-18}$$

双碱法的工艺流程如图 4-7 所示。

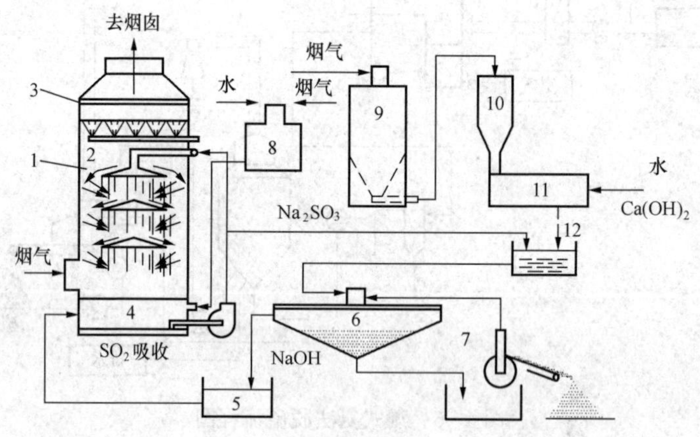

图 4-7　双碱法的工艺流程图

1—吸收塔；2—喷淋装置；3—除雾装置；4—瀑布幕；5—缓冲箱；6—浓缩器；7—过滤器；8—Na_2CO_3 吸收液；9—石灰仓；10—中间仓；11—熟化器；12—石灰反应器

双碱法烟气脱硫工艺成熟，不结垢，运行阻力小，脱硫效率达 90%～95%，适用于中小锅炉。由于吸收液闭路循环，既节省了运行费用，又避免了二次污染。但工艺较复杂，操作麻烦，实际应用受到一定限制。

四、镁法烟气脱硫技术

镁法脱硫是利用镁盐代替钙基脱硫的一种技术，其基本原理是：烟气中 SO_2 被水吸收成亚硫酸，亚硫酸先与循环液中的亚硫酸镁生成亚硫酸氢镁，亚硫酸氢镁再与氢氧化镁生成亚硫酸镁，这时的亚硫酸镁一部分循环作为 SO_2 的吸收液，另一部分通过曝气氧化生成硫酸镁盐溶液直接排放。具有代表性的镁法脱硫工艺有基里洛（Girillo）法和凯米克（Chemico）法。基里洛法采用 MgO、MnO_2 为吸收剂，凯米克法采用 MgO 的水溶液 $Mg(OH)_2$为吸收剂。

氧化镁法在美国的烟气脱硫系统中是较常用的一种方法，目前美国已有多套 MgO 装置在电厂运转，工艺流程如图 4-8 所示。在适当温度下，将 MgO 和水按一定比例在 $Mg(OH)_2$槽中配成 $Mg(OH)_2$ 溶液，通过泵将 $Mg(OH)_2$ 溶液送入脱硫塔底部的溶液缓冲槽，再用循环泵将循环液送入脱硫塔上部与从塔底上升的烟气形成逆流吸收烟气中的 SO_2，通过脱硫达标的烟气经烟囱排出。生成的亚硫酸镁由循环泵送入氧化槽与曝气风机鼓入的氧气生成一定浓度的硫酸镁溶液排出。

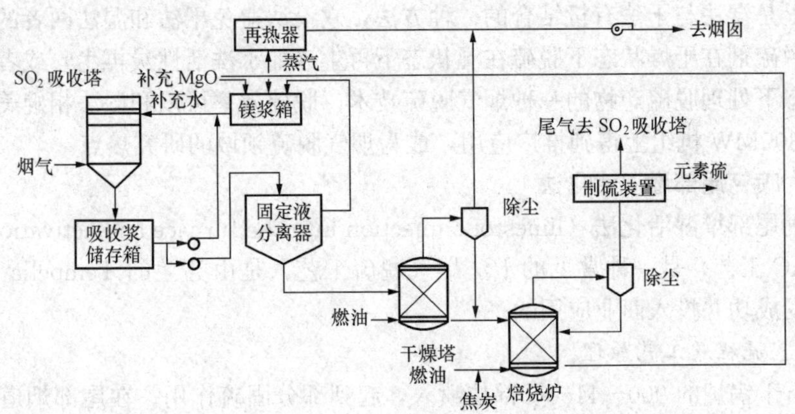

图4-8　氧化镁法烟气脱硫工艺流程图

烟气经过预处理后进入吸收塔，在塔内 SO_2 与制备好的吸收液 $Mg(OH)_2$ 和 $MgSO_3$ 反应如下：

$$Mg(OH)_2 + SO_2 \longrightarrow MgSO_3 + H_2O \tag{4-19}$$

$$MgSO_3 + SO_2 + H_2O \longrightarrow Mg(HSO_3)_2 \tag{4-20}$$

其中 $Mg(HSO_3)_2$ 还可以与 $Mg(OH)_2$ 反应为

$$Mg(HSO_3)_2 + Mg(OH)_2 \longrightarrow 2MgSO_3 + 2H_2O \tag{4-21}$$

在生产中常有少量 $MgSO_3$ 被氧化成 $MgSO_4$，$MgSO_3$ 与 $MgSO_4$ 沉降下来时都呈水合结晶态，它们的晶体大而且容易分离，分离后再送入干燥器制取干燥的 $MgSO_3/MgSO_4$，以便输送到再生工段，在再生工段，$MgSO_3$ 在煅烧中经高温分解，$MgSO_4$ 则以焦炭为还原剂进行反应，即

$$MgSO_3 \longrightarrow MgO + SO_2 \tag{4-22}$$

$$MgSO_4 + \frac{1}{2}C \longrightarrow MgO + SO_2 + \frac{1}{2}C \tag{4-23}$$

从煅烧炉出来的 SO_2 气体经除尘后送往制硫或制酸，再生的 MgO 与新增加的 MgO 一道，经加水熟化成 $Mg(OH)_2$，循环送至吸收塔。

该技术的关键是吸收液亚硫酸镁的浓度和循环液量的控制。为了提高脱硫效率，必须维持足够的亚硫酸镁循环液量，否则将形成过剩的亚硫酸使脱硫效率降低；若提高吸收液中亚硫酸镁的浓度，将有利于减少循环液量并提高脱硫效率，但若亚硫酸镁浓度超过了操作温度下的溶解饱和度，将会有亚硫酸镁结晶析出，可能引起管道和设备堵塞。因此有效控制不同工况下的吸收液浓度和循环液量是维持稳定操作，提高脱硫效率的关键。

氧化镁法脱硫工艺具有流程短、占地面积少、设备投资低、脱硫效率高、适用范围广，对高硫煤及重油等燃料均可适用。脱硫产物可直接排放，不产生二次污染。在美国，已有多套氧化镁法脱硫工艺在电厂运行。

第四节　干法/半干法烟气脱硫技术

干法的脱硫吸收和产物处理均在干状态下进行，脱硫效率低，但该法较好地避免了湿法

烟气脱硫技术存在的腐蚀和二次污染问题，近年来在发展中国家得到迅速发展和广泛应用。半干法实际上是湿法与干法有机结合的一种方法，它设法避免干法和湿法两者的缺点而发挥其长处，是脱硫剂在干燥状态下脱硫在湿状态下再生（如水洗活性炭再生）或者在湿状态下脱硫在干状态下处理脱硫产物的一种烟气脱硫技术，脱硫效率可以和湿法相媲美，该方法已经在国内外 300MW 机组上得到推广应用，成为烟气脱硫领域的研究热点。

一、炉内喷钙尾部增湿活化法

炉内喷钙尾部增湿活化法（limestone injection into the furnace and activation of calcium oxide，LIFAC 工艺）是一种常见的干法烟气脱硫工艺，是由芬兰的 Tempella 公司和 IVO 公司首先开发成功并投入商业应用的。

（一）工艺流程及工艺原理

将石灰石于锅炉的 900～1150℃部位喷入，起到部分固硫作用。在尾部烟道的适当部位装设增湿活化反应器，使炉内未反应的 CaO 和水反应生成 $Ca(OH)_2$，进一步吸收二氧化硫，提高脱硫效率。LIFAC 工艺主要包括两步：向高温炉膛喷射石灰石粉和炉后活化器中用水增湿活化，其工艺流程如图 4-9 所示。

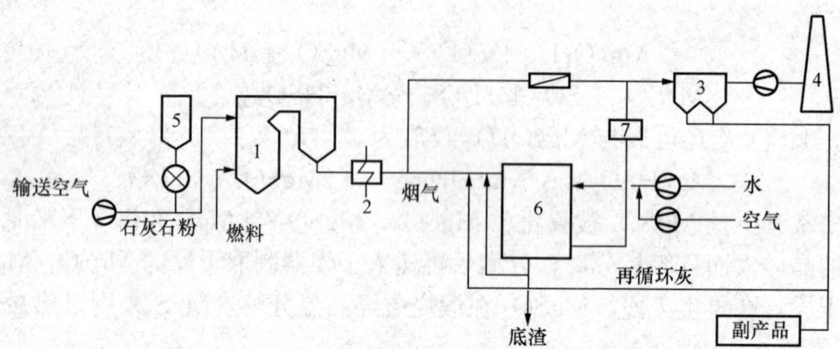

图 4-9　LIFAC 烟气脱硫工艺流程示意

1—锅炉；2—空气预热器；3—静电除尘器；4—烟囱；5—石灰石粉计量仓；6—活化器；7—空气加热器

首先将磨细到 0.045μm 左右的石灰石粉，用气流输送方法喷射到炉膛上部温度为 900～1150℃的区域，$CaCO_3$ 立即分解并与烟气中 SO_2 和少量 SO_3 反应生成亚硫酸钙和硫酸钙。炉内喷钙的脱硫率为 25%～35%，投资占整个脱硫系统投资的 10%左右，其反应式为

$$CaCO_3 \longrightarrow CaO + CO_2 \tag{4-24}$$

$$CaO + SO_2 + \frac{1}{2}O_2 \longrightarrow CaSO_4 \tag{4-25}$$

$$CaO + SO_3 \longrightarrow CaSO_4 \tag{4-26}$$

增湿活化在安装于锅炉与电除尘器之间的增湿活化器中完成。在活化器内，炉膛中未反应的 CaO 与喷入的水反应生成 $Ca(OH)_2$，SO_2 与生成的新鲜 $Ca(OH)_2$ 快速反应生成亚硫酸钙，然后又部分地被氧化为硫酸钙，可使系统的总脱硫率提高到 70%以上，而其投资约占整个系统投资的 85%。

$$CaO + H_2O \longrightarrow Ca(OH)_2 \tag{4-27}$$

$$Ca(OH)_2 + SO_2 \longrightarrow CaSO_3 + H_2O \tag{4-28}$$

$$CaSO_3 + \frac{1}{2}O_2 \longrightarrow CaSO_4 \tag{4-29}$$

LIFAC工艺自1986年在芬兰3MW机组上进行中试以来，已在芬兰、加拿大、俄罗斯、美国和中国的十多台45～300MW机组上应用。

（二）关键子系统及设备

1. 炉内喷钙系统

炉内喷钙系统由石灰石粉输送系统和石灰石粉喷射系统组成，如图4-10所示。石灰石粉输送系统由主粉仓和气力仓泵组成。石灰石粉由厂外用密罐车运至厂内，通过压缩空气正压输送到主粉仓。主粉仓采用钢结构，布置在炉后静电除尘器附近。主粉仓下部设有流化板。石灰石粉经过卸料口由一只仓泵输送到计量仓。石灰石粉喷射系统由计量仓、平衡料斗、给料斗、变频调速螺旋给料机、罗茨风机、混合器、分配器、石灰石粉喷嘴和阀门等组成。

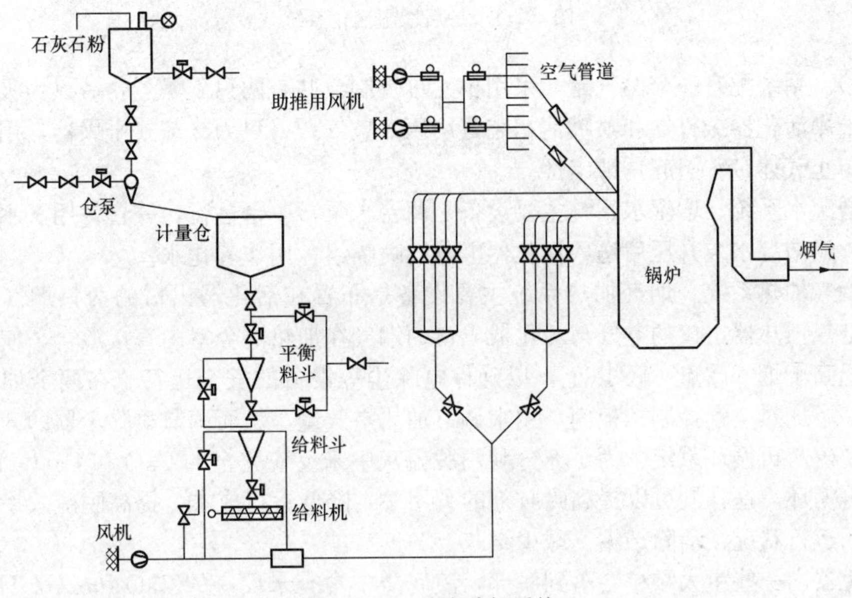

图4-10　炉内喷钙系统

2. 炉后增湿活化系统

炉后增湿活化系统由活化器、压缩空气系统、增湿水系统、烟气加热系统、脱硫灰再循环系统以及旁路烟道等组成，如图4-11所示。

（1）活化器。由空气预热器出来的烟气在活化器顶部分成数股进入活化器，每股通道中有一个喷嘴组，压缩空气和水通过一根同心双层管进入喷嘴组。每个喷嘴组头部设有雾化喷嘴。为防止喷嘴积灰堵塞，活化器上方对应每个喷嘴组设置了自动清扫装置，并按顺序根据设置的清扫时间依次自动清扫。由于活化器内部的运行环境比较特殊，其内壁防腐涂料要求具有耐高温、耐酸碱腐蚀、耐磨损冲刷、抗振打器冲击、能承受膨胀拉伸等特性。

（2）压缩空气系统。压缩空气系统由压缩机、储气罐、干燥器等设备组成，它提供活化器喷水的雾化用气、仓泵输送用气、活化器振打器和喷嘴清扫装置用气、气动执行机构驱动用气和气动阀门开关仪表用气。125MW机组每套LIFAC系统配有5台螺杆空气压缩机

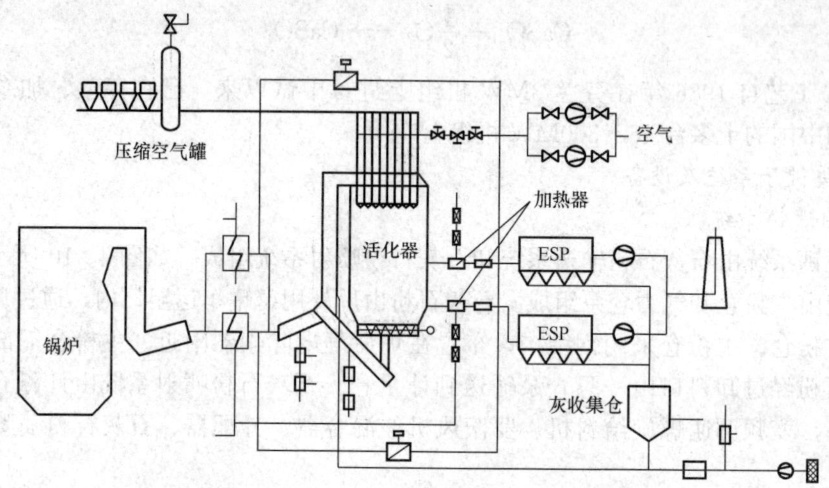

图 4-11　炉后增湿活化系统

（四开一备）。系统配有一个储气罐，采用单元母管制。共有两只干燥器，一只为吸附式干燥器，用来干燥活化器振打器和喷嘴清扫装置用压缩空气；一只为冷却式干燥器，用来干燥仪用空气，防止气体带水引起锈蚀卡涩。

（3）增湿水系统。增湿水系统主要设备是两台水泵，一台运行，一台备用。水源来自循环水母管，经增湿水泵升压后送入活化器上方的喷嘴组，用作雾化水。

（4）烟气加热系统。烟气加热系统主要设备是布置在活化器出口的两只烟气加热混合室。来自空气预热器出口的空气与活化器出口的烟气在加热混合室内直接混合，使进入电除尘器的烟温高于烟气露点 10℃以上，以确保电除尘等设备的安全运行。在两个加热空气管路上各有一个加热空气控制挡板门，用来调节加热空气量，从而调节电除尘器的入口烟温。

（5）脱硫灰再循环系统。为了充分利用脱硫灰中未反应完全的 CaO 和 $Ca(OH)_2$，进行脱硫灰的再循环。这样既可以提高吸收剂的利用率，降低运行成本，提高脱硫效率，还可改善活化器的运行状况，消除结垢、减少结灰。

在活化器内一些粗大颗粒会落到底部，使底渣中含有未反应的 CaO 和 $Ca(OH)_2$。底渣在活化器底部经过螺旋输送机送出后由链条输送机输送到活化器进口烟道中，依靠烟气的携带再次进入活化器，进行底渣再循环。一些较大的颗粒不能随烟气带走，则落入活化器进口烟道下部的料斗中排出，用汽车外运处置。

电除尘器第一电场灰斗下气力仓泵将灰送入布置在活化塔垂直烟道旁的灰再循环仓内，仓底设有流化装置，以改善脱硫灰的流动性能。再由螺旋给料机和连接管将灰送入垂直烟道，循环灰量通过控制给料机的转速来控制。再循环灰量可以根据负荷变化或活化器工况的需要进行在线调节。飞灰再循环可提高活化器脱硫效率 5%～10%。

（6）旁路烟道。每套 LIFAC 系统对应于锅炉设有两个旁路烟道。当锅炉运行而活化器停运时，烟气通过旁路烟道进入电除尘。旁路烟道设有带密封风机的旁路风门。机组运行时旁路风门和活化器进出口风门之间实现连锁，确保两路风门必须有一路开通，以防止造成锅炉停炉。

二、喷雾干燥法

喷雾干燥（spray dry absorption，SDA）法是 20 世纪 70 年代开发的一种 FGD 技术，

20 世纪 80 年代开始成功地用于燃用低硫煤的锅炉，由于它由美国 Joy 公司和丹麦 Niro Atomizer公司共同开发，国外多称 Joy-Niro 法。据不完全统计，在欧洲和美国采用喷雾干燥法脱硫的装机容量共有 11 930MW。

（一）工艺流程及工艺原理

SDA 法是利用喷雾干燥的原理，将吸收剂浆液经雾化器以雾状喷入反应器中，吸收剂雾滴与烟气中的 SO_2 等酸性气体发生化学反应同时被热烟气蒸发，生成的固体产物和飞灰的混合物随脱硫后的烟气进入电除尘器。飞灰和干态反应产物在除尘器中被分离出来以后，一部分被再循环送回制浆系统，和吸收剂浆液混合成固体浓度为 30%～50%的浆液加以循环利用。图 4 - 12 所示为喷雾干燥法的工艺流程。

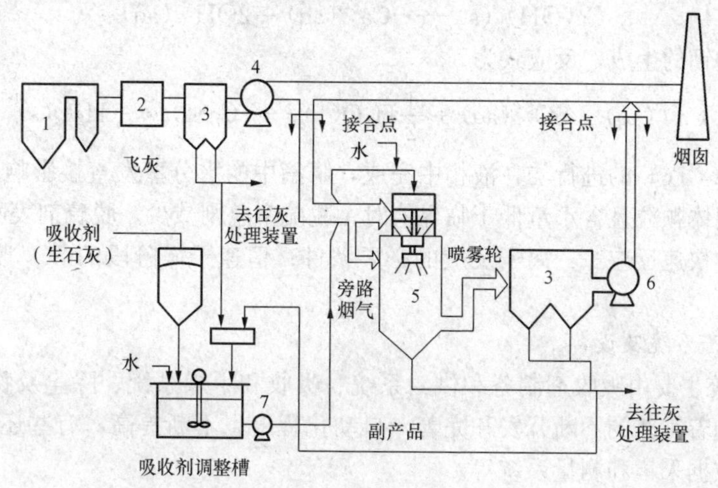

图 4 - 12　喷雾干燥法烟气脱硫工艺流程图

1—锅炉；2—空气预热器；3—除尘器；4—引风机；5—反应器；6—脱硫风机；7—灰浆泵

喷雾干燥法的工艺原理主要包括两部分。

1. 浆滴的蒸发

雾化器出来的浆滴的直径根据不同的雾化方法而不同，通常为 20～150μm，浆滴中的 $Ca(OH)_2$ 颗粒的直径为 1～5μm，可看作孤立的 $Ca(OH)_2$ 颗粒周围分布着连续的液相。吸收剂颗粒溶解在液相中，在浆滴中处于饱和状态。与此同时，SO_2 在液滴的表面被吸收。浆滴进入反应器后水分开始迅速地蒸发，浆滴内的吸收剂颗粒变得更加密集。此时，水分的蒸发发生在浆滴的表面，这个阶段称为恒速干燥阶段。随着蒸发的进行，液相的体积不断减少，直到固体颗粒相接触，集聚在浆滴的表面形成一个固定的障碍层，限制了水分的蒸发和 SO_2 的吸收速率，这个阶段称为降速干燥阶段。最后，生成物固体内的大多数自由水相被蒸发。

2. SO_2 的吸收

在喷雾干燥反应器中，石灰浆液被雾化为微细的石灰浆滴（小于 100μm）与高温烟气相接触，气、液、固三相之间发生复杂的传质、传热作用。浆滴中水分蒸发的同时，烟气中的 SO_2 被吸收与浆滴中的 $Ca(OH)_2$ 颗粒发生反应，得到干燥的 $CaSO_3$、$CaSO_4$ 等固体产物与未反应的 $Ca(OH)_2$ 固体混合物，经收尘系统收集下来，总的反应为

$$Ca(OH)_2(s)+SO_2(g) \longrightarrow CaSO_3 \cdot \frac{1}{2}H_2O(s)+\frac{1}{2}H_2O \quad (4-30)$$

反应可分为以下几个步骤：

（1）SO_2 从气相主体到液滴表面的扩散。

（2）液滴表面 SO_2 的吸收，反应式为

$$SO_2(g) \longrightarrow SO_2(aq) \tag{4-31}$$

（3）液相中溶解的 SO_2 离解生成 HSO_3^-、SO_3^{2-}，反应式为

$$SO_2(aq) + H_2O(l) \longrightarrow H^+(aq) + HSO_3^-(aq) \tag{4-32}$$

$$HSO_3^-(aq) \longrightarrow H^+(aq) + SO_3^{2-}(aq) \tag{4-33}$$

（4）液相溶解的 HSO_3^-、SO_3^{2-} 离子在液相中的扩散。

（5）$Ca(OH)_2$ 颗粒的溶解，反应式为

$$Ca(OH)_2(s) \longrightarrow Ca^{2+}(aq) + 2OH^-(aq) \tag{4-34}$$

（6）亚硫酸钙的生成，反应式为

$$Ca^{2+}(aq) + SO_3^{2-}(aq) + \frac{1}{2}H_2O(l) \longrightarrow CaSO_3 \cdot \frac{1}{2}H_2O(s) \tag{4-35}$$

反应（2）～（6）的进行均在液相中完成，浆滴中的水分蒸发直接影响着 SO_2 的脱除。当浆滴干燥成固体颗粒且含水量低于临界值时，脱硫率急剧减少。脱硫剂表面含有非结合水分是维持脱硫的快速反应——离子反应的必要条件；恒速干燥阶段的 SO_2 脱除占整个过程的 90%以上。

（二）关键子系统及设备

SDA 法系统主要由吸收剂制备和供给系统、吸收和干燥系统、除尘及物料循环系统等组成。近年来随着工艺的不断开发和完善，自动化程度也不断提高，有些还包括增湿系统、添加剂系统、数据采集和测量系统等。

1. 吸收剂制备和供给系统

该子系统主要包括消化槽、供浆槽、滤网、浆泵、石灰浆雾化器、空气压缩机、浆流量调节回路、反冲水管路以及浆输送管路和调节阀门等。

消化器类型有球磨型、自磨型、打浆型和滞留型，选择何种消化器要根据石灰的物理、化学性质而定。石灰浆雾化器是本系统中的关键部件，用来将吸收剂浆液雾化成均匀细小的浆滴，其类型和结构特点直接关系到雾化浆滴粒径和比表面积的大小，是影响脱硫率的重要参数。

目前采用较多的雾化器有喷嘴型和旋转离心雾化器两种。

图 4-13 Niro 旋转离心雾化器

Niro 公司的旋转离心雾化器如图 4-13 所示。Niro 喷雾干燥工艺采用旋转雾化喷嘴把吸收剂喷入烟气，使得脱硫过程容易控制，避免运行上的问题。高速旋转的雾化器安装在一个耐磨轮盘上。轮盘由轮体和带有钢套的耐磨嵌入件组成。轮体材料为不锈钢或更耐磨的合金。

空气-浆液两相流雾化器一般采用双流体喷嘴（见图 4-14）雾化石灰浆，得到细的、均一的雾滴。烟气在吸收塔顶部被分成几股独立的气流，每一股气流配一个双流体喷嘴。喷嘴的形状和安装方式是

影响烟气和石灰浆雾滴混合好坏的决定因素。

这两种雾化器的优缺点：旋转离心雾化器制造复杂，投资大，而双流体雾化喷嘴制造简单，投资小；旋转离心雾化器处理烟气量大，单个雾化器处理烟气量为 $75m^3/s$，而双流体雾化喷嘴用于处理大烟气量时需装设较多的喷嘴，不仅能耗大，维修工作量大，投资也相应增加；双流体雾化喷嘴可平行安装，各喷嘴独立运行，可以在线维修，而旋转离心雾化器无法进行在线维修。一般来说，双流体雾化喷嘴适用于小容量机组，而旋转离心雾化器适用于处理容量较大机组的烟气。

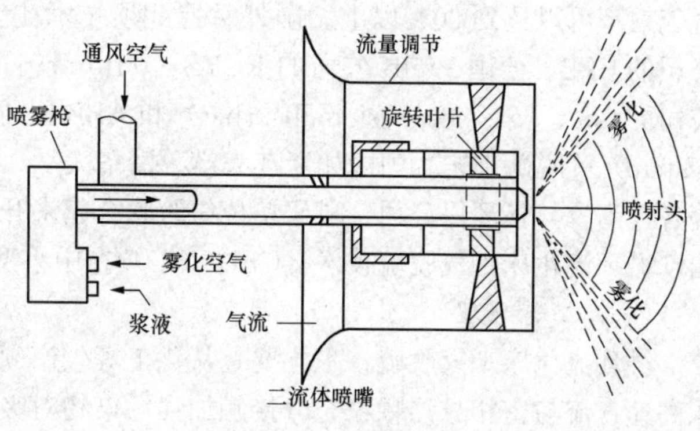

图 4-14　双流体雾化喷嘴

2. 吸收和干燥系统

吸收和干燥系统主要指喷雾干燥吸收塔，它是 SDA 工艺的主体设备，脱硫反应主要在该塔内进行。喷雾干燥吸收塔一般为圆形，吸收塔的构件材料通常为碳钢。吸收塔的结构尺寸由许多因素来决定，如雾化器类型、雾化器出口液滴速度、烟气量、SO_2 浓度、趋近绝热饱和温度值、烟气滞留时间、吸收剂特性等。吸收塔容器必须满足在颗粒达到塔壁前已足够干燥，以避免在壁上发生沉积。设计喷雾干燥塔本体、烟气分配器、烟气出塔结构应保证系统的正常运行，并能使反应生成产物具有流动性。设计应该保证烟气和吸收剂有效接触并且具有随锅炉负荷变化而变动的能力。烟气入塔分配器应能产生很好的紊流以保证烟气和吸收剂雾化颗粒混合均匀。安装时，要求有较好的密封保温性能，防止局部漏风散热引起腐蚀。

根据烟气和浆滴起始接触时的相对方向，可以将喷雾干燥分成顺流和逆流两种类型。

3. 除尘及物料循环系统

该系统主要包括除尘器、叶轮给料机或螺旋给料机、空压机或罗茨风机、储灰仓等。

吸收剂反应并干燥后，较大的颗粒由喷雾干燥吸收塔底部排出。较小的颗粒随净化后的烟气逃逸。除尘和灰循环系统主要用来捕集这部分较细小的脱硫灰并将部分脱硫灰回送到脱硫塔内进行再循环。除尘器通常采用布袋除尘器，也可以惯性分离器或者电除尘器进行预除尘。除尘后的烟气经引风机进入烟囱，排入大气。

除尘器捕捉下来的灰尘经过密封性良好的叶轮给料机输出到下面的灰斗，必要时再经螺旋给料机将灰回送到喷雾干燥吸收塔内进行循环利用或者直接外排。空压机或罗茨风机用来提供灰回送所需要的流化风。

4. 数据测量采集及控制系统

该系统主要用来采集和测量实验时各参数的数值以及对试验参数进行控制，主要包括烟气流量、烟气沿程温度和塔出口处干湿球温度、烟气中 SO_2 浓度、烟气脱硫系统压降、石灰浆液和增湿水流量、雾化风流量以及循环灰量等参数的测定和控制。

三、循环流化床干法/半干法烟气脱硫技术

循环流化床（circulating fluidized bed，CFB）烟气脱硫技术是近几年国际上新兴起的烟气脱硫技术。该类技术以循环流化床原理为基础，通过吸收剂的多次再循环，延长吸收剂

与烟气的接触时间，大大提高了系统脱硫率和吸收剂利用率。在Ca/S比为1.2～1.5时，脱硫效率可以达到90%以上。国外掌握此项技术比较成熟的公司主要有德国鲁奇（Lurgi）公司的CFB、德国Wulff公司的RCFB（reflux circulating fluidized bed）、丹麦FLS. moljo公司的GSA（gas suspension absorber）和ABB公司的NID（new integrated desulfurization system）等脱硫工艺。国内如浙江大学、清华大学、东南大学、山东大学、哈尔滨工业大学等各大高校与各环保公司、科研单位纷纷联合起来开展研究，已实现了拥有自主知识产权的国产循环流化床烟气脱硫技术（CFB-FGD）在中小型锅炉上的工业化、规模化推广应用。

（一）工艺原理

循环流化床烟气脱硫技术主要是从化工等生产领域流化床技术发展而形成的，利用流化床高速气流与密相悬浮颗粒充分接触加强污染物对吸收剂传质，强化化学反应的进行。在循环流化床反应器内，吸收剂$Ca(OH)_2$与烟气中的SO_2、SO_3、HCl和HF等气体发生如下反应，生成$CaSO_4$、$CaSO_3$、$CaCl_2$和CaF_2等混合物，其反应如下：

$$2Ca(OH)_2+2SO_2 \longrightarrow 2CaSO_3 \cdot \frac{1}{2}H_2O+H_2O \tag{4-36}$$

$$2Ca(OH)_2+2SO_3 \longrightarrow 2CaSO_4 \cdot \frac{1}{2}H_2O+H_2O \tag{4-37}$$

$$CaSO_3 \cdot \frac{1}{2}H_2O+\frac{1}{2}O_2 \longrightarrow CaSO_4 \cdot \frac{1}{2}H_2O \tag{4-38}$$

$$Ca(OH)_2+2HCl \longrightarrow CaCl_2+2H_2O \tag{4-39}$$

$$Ca(OH)_2+2HF \longrightarrow CaF_2+2H_2O \tag{4-40}$$

副反应

$$Ca(OH)_2+CO_2 \longrightarrow CaCO_3+H_2O \tag{4-41}$$

（二）典型工艺

1. 循环流化床烟气脱硫工艺（CFB-FGD）

CFB-FGD工艺是20世纪80年代末由德国Lurgi公司首先提出的一种新的烟气脱硫工艺。该工艺一般采用干态的消石灰粉作为吸收剂，在特殊情况下也可采用其他对SO_2有吸收能力的碱性干粉或浆液作吸收剂。该系统主要设备有CFB反应塔、带有特殊预除尘装置的除尘器、吸收剂再循环装置、水及蒸汽喷入装置等，其工艺流程如图4-15所示。如果考虑到锅炉飞灰的综合利用因素，可在CFB反应塔前安装一个预除尘器单独收集飞灰，使脱硫灰与锅炉飞灰分开储存。

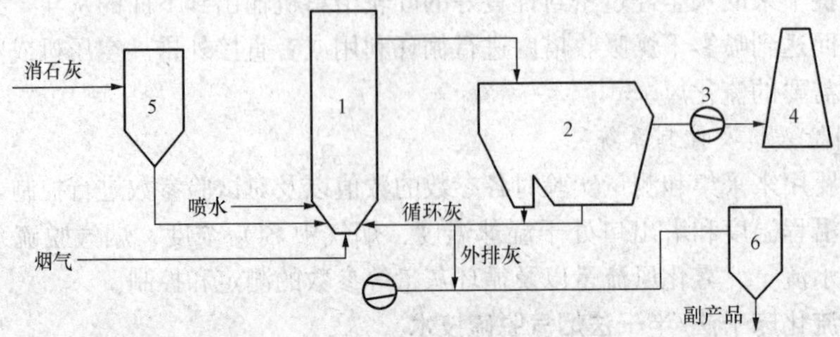

图4-15 循环流化床烟气脱硫系统工艺流程示意

1—CFB反应塔；2—除尘器；3—风机；4—烟囱；5—消石灰储仓；6—灰仓

锅炉出来的原烟气从CFB反应塔底部进入。在反应塔底部设有一文丘里装置（单管或多管文丘里），烟气在文丘里管喉部得到加速，经文丘里管扩散段迅速进入CFB反应区。在CFB反应区内，烟气与加入的吸收剂粉末和喷入的雾化水剧烈混合、接触反应，使烟气中的酸性气体得以净化为干态产物。由于吸收剂的循环利用，CFB反应塔内的颗粒物的质量浓度高达800～1000g/m^3（标准状态下）。经脱硫后，带有大量固体颗粒的烟气由反应塔顶部排出，进入后续的除尘器。除尘器捕集下来的干灰，大部分通过吸收剂再循环装置回送入塔，以提高吸收剂利用率，小部分送至灰库外排。

CFB反应塔是CFB-FGD中的核心设备，塔内烟气流速一般为3～7m/s，烟气在塔内的停留时间比较短（3～4s），而吸收剂由于多次循环在塔内的停留时间达30min以上。

CFB-FGD工艺一般包含三个控制回路：①通过系统出口SO_2含量与反应塔的进气量来调节吸收剂加入量；②通过反应塔出口烟温来调节喷水量以调节出塔烟温；③通过反应塔压降Δp来调节循环灰量和外排灰量，以调节塔内的吸收剂浓度。

2. 回流式循环流化床烟气脱硫工艺（RCFB-FGD）

RCFB-FGD是德国Wulff公司在Lurgi公司的CFB-FGD技术基础上开发出的一种新技术，其工艺流程如图4-16所示。

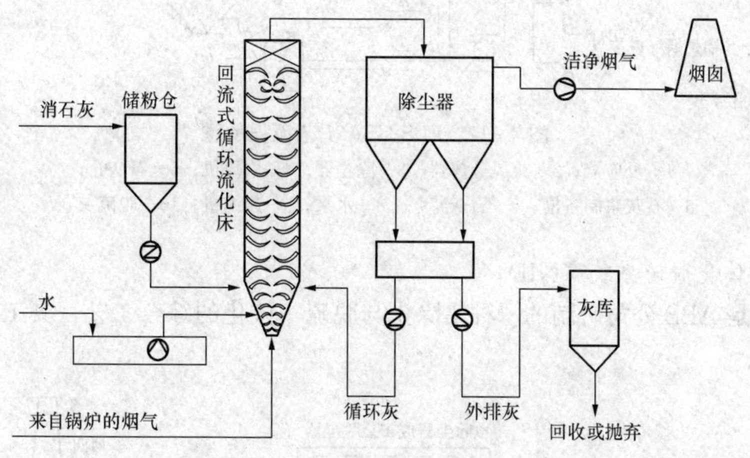

图4-16　RCFB-FGD工艺流程图

在工艺原理及工艺流程上，Wulff公司的RCFB-FGD与Lurgi公司的CFB-FGD相类似。但与Lurgi公司的CFB-FGD相比，RCFB-FGD主要在反应塔的流场设计和塔顶结构上做了较大改变，使得反应塔中的烟气和吸收剂颗粒在向上运动时，会有一部分烟气产生回流，形成很强的内部湍流，从而增加了烟气与吸收剂的接触时间，在外部循环同时存在的情况下，使脱硫过程得到了极大的改善，提高了吸收剂的利用率和脱硫率。另外，反应塔内产生回流使得塔出口的含尘浓度大大降低，内部回流的固体物料为外部再循环灰量的30％～50％，大大减轻了后续除尘器的负荷。

3. 气体悬浮吸收烟气脱硫工艺（GSA）

丹麦F. L. Smith Miljo公司开发的气体悬浮吸收脱硫工艺（GSA）也是循环流化床脱硫工艺的一种。与Lurgi公司的CFB-FGD和Wulff公司的RCFB-FGD相比，不同的是GSA工艺不是喷干粉吸收剂，而是将经雾化后的石灰浆液从GSA反应器底部喷入烟气中，并在反应器中保持悬浮湍动状态，边反应边干燥。干燥后的未反应吸收剂颗粒、反应产物及飞灰一起随烟气进入在旋风分离器中分离，大部分床料经调速螺旋装置回送至反应器循环利用，小部分床料作为脱硫灰渣排出系统。脱硫灰的循环意味着未反应的石灰可以继续进行脱硫反应，并且脱硫灰的循环可以更好地分散雾化石灰浆，促进脱硫反应的进行。图 4 - 17 所示为 GSA 工艺流程示意。

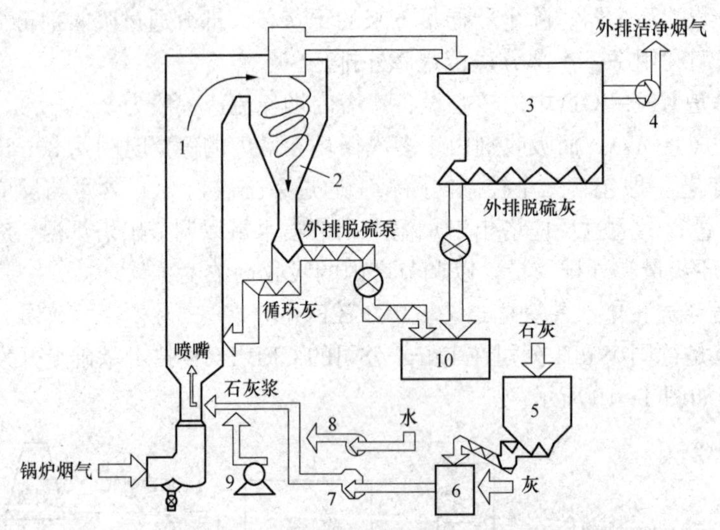

图 4 - 17　FLS-GSA 工艺流程示意

1—反应器；2—旋风分离器；3—除尘器；4—引风机；5—石灰仓；6—石灰浆制备槽；7—石灰浆泵；8—水泵；9—压缩机；10—脱硫灰仓

4. 新型一体化脱硫系统（NID）

NID 技术是 ABB 公司研制的一种集除尘与脱硫一体化的综合工艺，其工艺流程示意如图 4 - 18 所示。

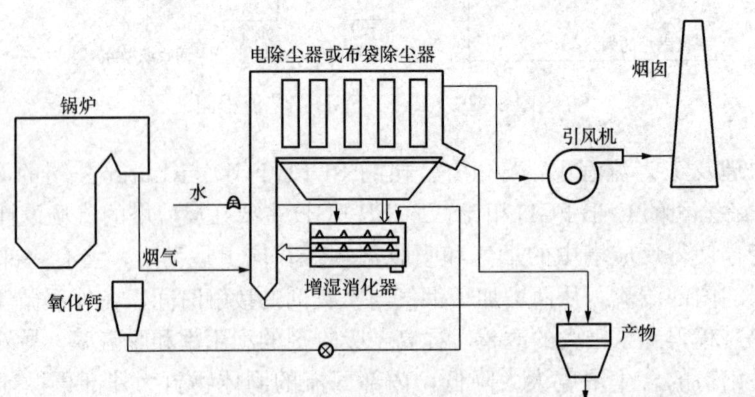

图 4 - 18　NID 工艺流程示意

NID 技术采用矩形烟道反应器，容积较小，一般为喷雾干燥塔或流化床塔的 20%左右，可以与除尘器结合一起，占地面积较小。在烟道反应器内，烟气流速高达 18m/s 以上，烟气在反应器内的停留时间大约只有 1s。

NID技术常用的脱硫剂为CaO，要求平均粒径不大于1mm。NID技术取消了制浆系统，CaO在一个专利设计的消化器中加水消化成$Ca(OH)_2$，然后与布袋或电除尘器除下的大量循环灰进入混合增湿器，在此加水增湿使混合灰的水分含量从2%增加到5%，然后含钙循环灰被导入烟道反应器。大量的循环灰经过增湿后进入反应器，由于具有极大的蒸发表面，水分很快蒸发掉，在极短的时间内使烟气温度从140℃左右降到70℃左右，烟气相对湿度很快增加到40%～50%。同时，未反应的$Ca(OH)_2$进一步参与循环脱硫，所以反应器中$Ca(OH)_2$的浓度很高，有效Ca/S很大，且加水消化制得的新鲜$Ca(OH)_2$具有很高的活性，这样可以弥补反应时间的不足，保证在1s左右的时间内脱硫效率大于80%。由于在增湿混合器内加入了再循环灰、吸收剂和水，这三种物料的搅拌类似于混凝土搅拌，要求严格控制工艺参数来保证混合器内物料不结块。

5. 国产CFB-FGD技术

近几年来，国内各大科研院校在引进消化吸收国外先进技术的基础上，通过自主创新、集成创新，开发出了一系列具有自主知识产权的CFB-FGD技术，迅速在国内自备电厂、中小型燃煤锅炉、垃圾焚烧电厂等锅炉尾气处理中得到商业化、规模化推广应用。其中，浙江大学自主开发的循环悬浮多级增湿干法烟气净化技术（circulating suspension & multistage humidification dry flue gas cleaning technology，CSMHD-FGC）解决了CFB-FGD技术在负荷适应性、煤种适应性、物料流动性、可靠性等方面的问题，已在国内自备电厂和垃圾焚烧电厂上推广应用50多套。实践证明，CSMHD-FGC技术具有一塔多脱、高效脱硫特点，是一项适合中国国情的新型CFB-FGD技术，其工艺流程如图4-19所示。

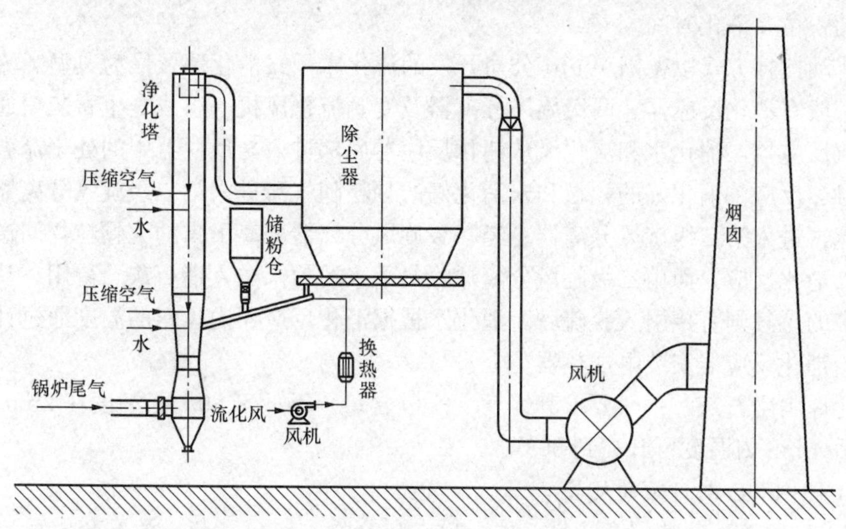

图4-19　循环悬浮多级增湿干法烟气净化技术工艺流程简图

与现有的CFB-FGD技术相比，CSMHD-FGC主要有以下技术特点：

(1) 提出多级增湿强化离子反应新观点，通过将反应末期的吸收剂进行适当加湿，促进吸收剂与SO_2的离子反应。

(2) 通过高活性和高吸附性能吸收剂开发使用，实现脱硫塔内的SO_2、HCl、HF、重金属、二噁英类物质等多种污染物协同脱除。

(3) 运用多级增湿活化结合灰水比调节技术，确保高效净化酸性污染物，且有效防止塔内积灰，实现系统地安全稳定运行。

(4) 实际工程应用表明，在Ca/S=1.2～1.5时，脱硫效率可达92%以上。

(三) 吸收剂的制备

消石灰粉或消石灰浆是干法/半干法烟气脱硫工艺（含CFB-FGD工艺）中采用最为广泛的吸收剂，由生石灰和适量水在石灰消化装置中发生化学反应制备而成。目前，石灰消化工艺包括湿式消化工艺和干式消化工艺两种。

湿式消化工艺制取消石灰浆液，主要装置有滞留式、打浆式和回转式等几种消化器，一般用于半干法中的SDA法等采用消石灰浆作为吸收剂的脱硫工艺。而CFB-FGD工艺中一般采用干石灰消化工艺制取干消石灰粉脱硫剂，并通过机械筛分、布袋分离、旋风分离等方式分离下来或直接入塔使用，而消化过程产生的粉尘则由除尘装置除掉或直接引入塔前烟道参与系统脱硫反应，避免污染环境。干式消化工艺主要有两种方式：一种是机械搅拌消化方式，另一种是气流扰动搅拌方式。

机械搅拌消化方式以卧式双轴搅拌干式消化装置最为典型。在卧式双轴搅拌干式消化装置中加入生石灰粉的同时，经计量泵加入消化水，通过双轴桨叶搅拌，使生石灰粉和消化水均匀混合、反应，并使表面游离水蒸发，保证干式消石灰达到工艺要求。该设备的主要特点是：①消化水由两个喷嘴加入，一个喷嘴供基本流量，另一个喷嘴微调喷水量；②为使消化过程产生的水蒸气顺畅排出，在排气管根部处切向通入热空气，在排气管内旋转形成热空气幕，防止水蒸气携带的消石灰粉黏结管壁；③消化装置出口设可调节高度的溢流堰，用于控制消化槽的粉位及消化时间。

气流扰动搅拌方式以德国Wulff公司开发的流化床干式消化装置最为典型。流化床干式消化装置一般有消化反应器、两级旋风分离器及变频流化风机等组成。生石灰粉通过计量装置进入消化反应器，消化水和流化风从消化反应器底部进入与反应器中的处于流态化的生石灰充分接触、反应。消化好的颗粒和未消化好的颗粒随气流进入第一级旋风分离器，经粗分离后的气流再进入第二级旋风分离器。经一级旋风分离器分离下来的大颗粒物回送石灰消化器继续参加消化反应，而由二级旋风分离器收集下来的粉末送入消石灰仓待用。从二级旋风分离器出来的尾气则直接引入脱硫塔。消化水根据消化反应器内物料的温度通过计量泵进行调节，并给消化反应器安装电加热器。

对消化原料生石灰，一般要求其纯度（CaO含量）不低于80%，细度在2mm以下，且加适量水后4min内温度可升高到60℃。

(四) CFB-FGD副产物的处置

CFB-FGD脱硫工艺的副产物是一种干粉态混合物，包含飞灰、消石灰及反应后产生的各种钙基化合物，主要成分为$CaSO_4 \cdot \frac{1}{2}H_2O$、$CaSO_3 \cdot \frac{1}{2}H_2O$、未完全反应的吸收剂$Ca(OH)_2$及吸收剂中所含少量杂质等。其平均粒径为20μm或更细，粒径分布与普通锅炉飞灰大致相同。

CFB-FGD脱硫工艺的副产物的性质与LIFAC工艺和SDA法的相近，三者的处置方法大体上也相同，可分为抛弃法和综合利用法两种。抛弃法一般用于峡谷、矿坑等的回填；综合利用法主要是作为建筑和筑路材料，如水泥添加剂、混凝土添加剂等。

第五节　多种污染物同时脱除一体化技术

为了降低烟气净化费用，适应现有电厂的需要，开发联合脱除多种污染物的新技术、新设备已成为烟气净化技术（flue gas cleaning technology，FGC）发展的总趋势。

一、烟气同时脱硫脱硝技术

工业化 SO_2/NO_x 联合脱除工艺一般是采用高性能 WFGD 系统脱除 SO_2 和选择性催化还原（selective catalytic reduction，SCR）烟气脱硝工艺脱除 NO_x 的组合工艺，各自独立工作。同时脱除 SO_x/NO_x 的新工艺大都处于研究开发阶段，都是以寻求比烟气脱硫工艺和烟气脱硝工艺分开治理有更高的经济效益为目标，商业化应用的很少。

（一）固相吸收/再生烟气脱硫脱硝技术

固相吸收/再生烟气脱硫脱硝技术是采用固体吸收剂或催化剂，与烟气中的 SO_2 和 NO_x 吸收或反应，然后在再生器中硫或氮从吸收剂中释放出来，吸收剂可重新循环使用，回收的硫可进一步处理得到元素硫或硫酸等副产物，氮组分通过喷射氮或再循环至锅炉分解为 N_2 和水。

1. 活性炭吸收脱硫脱硝工艺

该工艺主要由吸附、解吸和硫回收三部分组成。烟气进入含有活性炭的移动床吸收塔，通常从空气预热器中出来的烟气温度在 120～160℃之间，温度范围正好处在该工艺的最佳温度范围。图 4-20 所示为流化床活性炭烟气同时脱硫脱硝工艺。吸收塔内由上下两段组成，活性炭在垂直吸收塔内由于重力作用从第二段的顶部下降至第一段的底部。烟气由下而上流过，流经吸收塔的第一段时，脱除 SO_2，进入第二段时，喷入氨除去 NO_x。

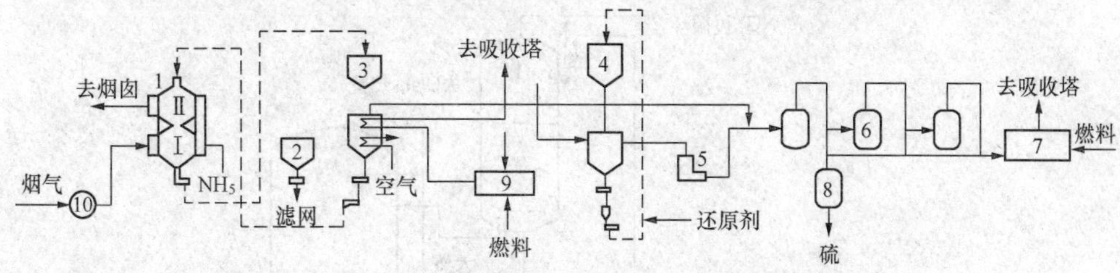

图 4-20　Mitsui-BF 流化床活性炭烟气同时脱硫脱硝工艺流程图

1—吸收塔；2—活性炭仓；3—解吸塔；4—还原反应器；5—烟气清洁器；6—Claus 装置；7—煅烧装置；8—硫冷凝器；9—炉膛；10—风机

2. CuO 同时脱硫脱硝工艺

CuO（以 CuO/Al_2O_3 和 CuO/SiO_2 为主）作为活性组分同时脱除烟气中的 SO_x 和 NO_x 已得到深入研究。CuO 含量通常占 4%～6%，在 300～450℃的温度范围内，与烟气中的 SO_2 发生反应，形成的 $CuSO_4$ 和 CuO 对 SCR 法还原 NO_x 有很高的催化活性。吸收饱和的 $CuSO_4$ 被送去再生，再生过程一般用 CH_4 气体对 $CuSO_4$ 进行还原，释放出的 SO_2 可制酸，还原得到的金属铜或 Cu_2S 再用烟气或空气氧化，生成 CuO 又可重新用于吸收还原过程，工艺流程如图 4-21 所示。该工艺能达到 90%以上 SO_2 脱除率和 75%～80%的 NO_x 脱除率。

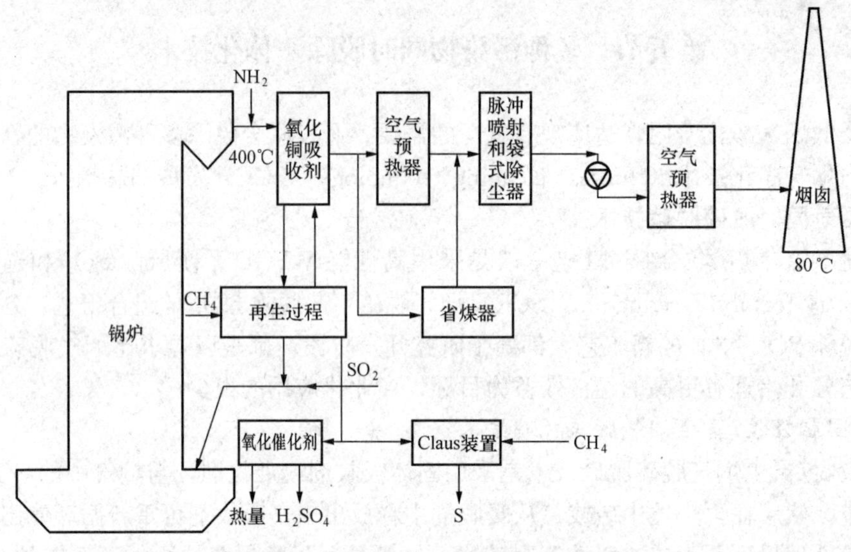

图 4-21 CuO 同时脱硫脱硝工艺流程图

3. NO_xSO 工艺

NO_xSO 处理法是一种干式、可再生系统，它可脱除燃用中、高硫煤锅炉烟气中的 SO_2 和 NO_x，工艺流程如图 4-22 所示。通过蒸发直接喷入烟道的水雾来冷却烟气，冷却后的烟气进入流化床吸收塔，在此，SO_2 和 NO_x 同时被吸收剂脱除。吸收剂由高比表面积的浸透了碳酸钠的氧化铝颗粒组成。净化后的烟气排入烟囱，用过的吸收剂送至有三段流化床的吸收剂加热器，在 600℃的加热过程中，NO_x 被解吸并部分分解。含有解吸的热空气再循环至

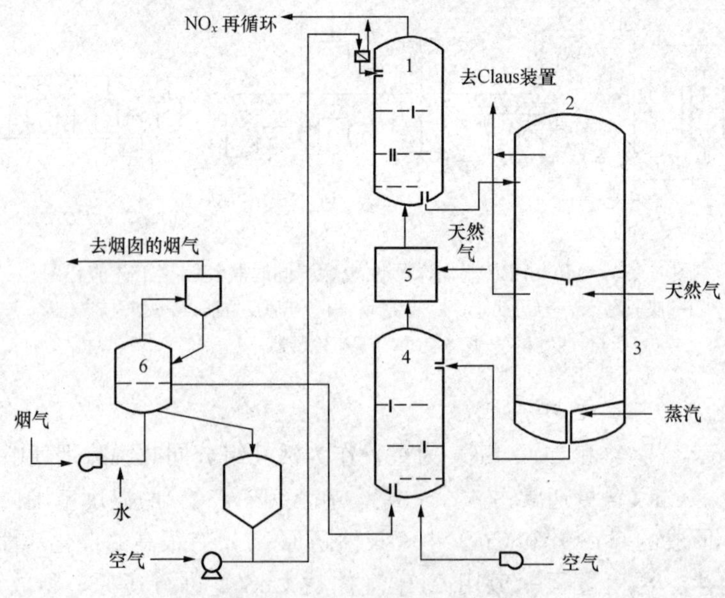

图 4-22 NO_xSO 工艺流程图

1—吸收剂加热器；2—再生器；3—蒸汽处理器；4—吸收剂冷却器；
5—空气加热器；6—流化床吸收塔

锅炉，通过与燃烧室内的还原气体的自由基反应，NO_x 转化为 N_2，并释放出 CO_2 或 H_2O。从移动床再生器中的吸收剂中和回收硫，吸收剂上的硫化合物（主要是硫酸钠）与天然气经过高温反应后生成高浓度 SO_2 和 H_2S。约 20%的硫酸钠还原为硫化钠，硫化钠接着在蒸气处理容器中水解。来自再生器和水蒸气处理器的气态物在 Claus 装置中加工以产生元素硫。吸收剂在吸收剂冷却器中被冷却，然后再循环至吸收塔。NO_xSO 工艺可达到 97%的脱硫率和 70%的脱硝率。

（二）气/固催化同时脱硫脱硝技术

1. WSA-SNO_x 工艺

WSA-SNO_x 工艺用了两种催化剂，用 SCR 脱除 NO_x，然后将 SO_2 催化氧化成 SO_3，冷凝 SO_3 作为硫酸出售。烟气中约 85%的 SO_2 和 NO_2 被脱除，该工艺无废水和废渣产生，除用氨脱除 NO_x 外，不消耗任何化学药剂。

图 4-23 所示为丹麦 NEFO 电厂的 WSA-SNO_x 工艺的流程。离开空气预热器的烟气在一个特制的控制装置中处理，并通过气-气换热器的冷侧，可将烟气温度升高到 370℃以上。氨和空气混合后在进入 SCR 之前加入到烟气中，进入 SCR 后 NO_x 将还原为 N_2 和水。烟气离开 SCR 后进入蒸汽-气热预热器，对温度略加调节，再接入 SO_2 转换器，在此将 SO_2 氧化成 SO_3。含有 SO_3 气体的烟气通过气-气换热器的热侧，与进口处被加热的烟气进行热交换而被冷却下来；然后进入一个瀑布膜冷凝器，烟气中的 SO_3 与水蒸气混合生成硫酸蒸气，被冷凝到一个硼硅酸盐玻璃管中被收集、冷却、和储存。脱除了 SO_3 的烟气从 SNO_x 烟囱排放。被加热的空气离开该冷凝器，温度在 200℃以上，从空气预热器得到更多的热量以后用作炉膛燃烧空气。

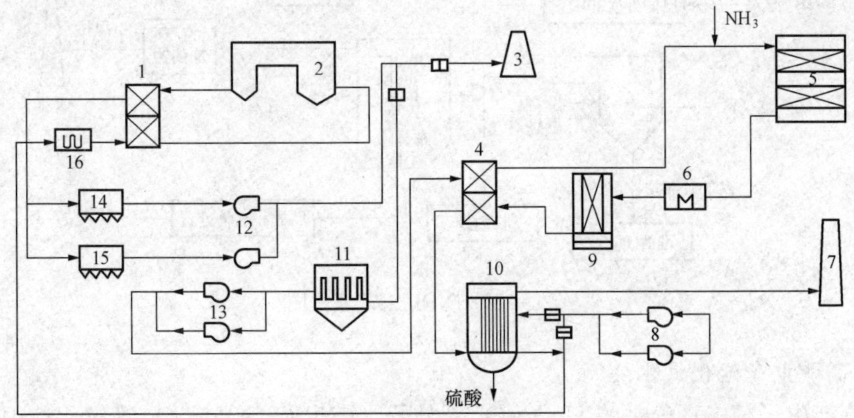

图 4-23　丹麦 NEFO 电厂的 WSA-SNO_x 工艺流程图

1—空气预热器；2—锅炉；3—烟囱；4—气-气预热器；5—SCR 反应器；6—蒸汽-气预热器；7—SNO_x 烟囱；8—现有空气鼓风机；9—SO_2 转换器；10—WSA 冷凝器；11—袋式除尘器；12—现有引风机；13—烟气鼓风机；14、15—现有的 ESP；16—冷凝器

2. DESONO_x 工艺

DESONO_x 工艺由 Degussa、Lentjes 和 Lurgi 联合开发，于 1985～1986 年，在一台燃烧锅炉上做了烟气量为 500m^3/h 的试验。全尺寸装置于 1988 年在德国 FAFEN Munster 电

厂规模为31MW的3号炉上运行，如图4-24所示。烟气离开高温的静电除尘器后与NH_3混合进入反应器，在此NO_x先被催化还原，SO_2再被氧化成SO_3，然后经热交换器冷却，SO_3被冷凝为H_2SO_4，烟气经冷却后从烟囱排出，H_2SO_4经冷凝塔被再次冷却后回收。

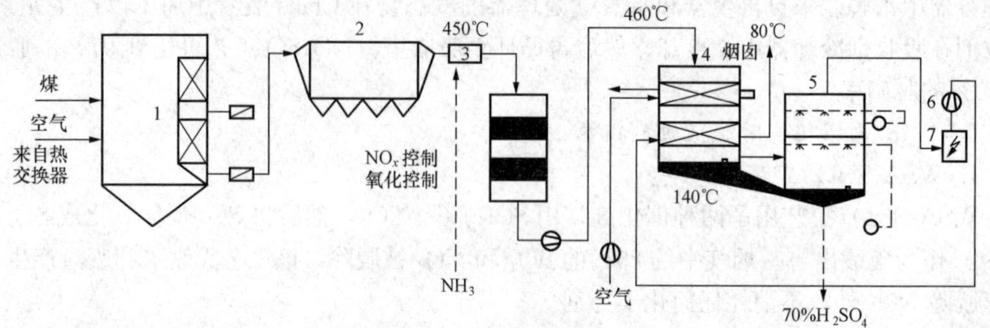

图4-24 Munster电厂3号锅炉的DESONO$_x$工艺流程图

1—锅炉；2—静电除尘器；3—催化剂；4—热交换器；5—冷凝塔；6—引风机；7—除雾器

3. SNRB工艺

SNRB（SOX-NOX-ROXBOX）技术把所有的SO_2、NO_x和颗粒的处理都集中在一个设备中，即一个高温的集尘室中。其原理是在省煤器后喷入钙基吸收剂脱除SO_2，在布袋除尘器的滤袋中悬浮有SCR催化剂并在气体进布袋除尘器前喷入NH_3以去除NO_x，布袋除尘器位于省煤器和空气预热器之间，以保证反应温度。工艺流程如图4-25所示。

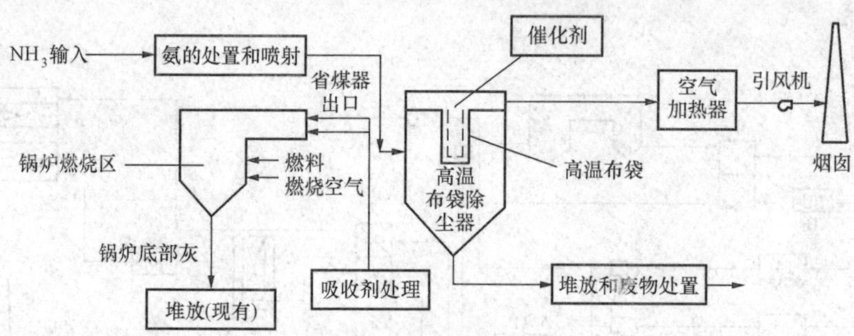

图4-25 SNRB工艺流程图

（三）高能电子活化氧化法

利用高能电子撞击烟气中的H_2O、O_2等分子，产生O、OH、O_3等氧化性很强的自由基，将SO_2氧化成SO_3，SO_3与H_2O生成H_2SO_4，同时也可将NO氧化成NO_2，NO_2与H_2O生成HNO_3，生成的酸与喷入的NH_3反应生成硫酸铵和硝酸铵化肥。

1. 电子束照射烟气脱硫技术

电子束脱硫是一种脱硫新工艺，技术特点是：干法处理过程，不产生废水废渣；能同时脱硫脱硝，并可达到90%以上的脱硫率和80%以上的脱硝率；系统简单，操作方便，过程易于控制；对于不同含硫量的烟气和烟气量的变化有较好的适应性和符合跟踪性；副产品为硫酸铵和硝酸铵混合物，可用作化肥。

电子束烟气脱硫的反应过程如下：

自由基生成

$$N_2、O_2、H_2O+e^- \longrightarrow OH_3、O_3、HO_2^3、N^3$$

SO_2 氧化并生成硫酸

$$SO_2 \xrightarrow{O_3} SO_3 \xrightarrow{H_2O} H_2SO_4 \tag{4-42}$$

$$SO_3 \xrightarrow{O_3} HSO_3^- \xrightarrow{H_2O} H_2SO_4 \tag{4-43}$$

$$SO_2 \longrightarrow SO_3 \longrightarrow H_2SO_4 \tag{4-44}$$

$$SO_3 \xrightarrow{OH^3} HSO_3^3 \longrightarrow H_2SO_4 \tag{4-45}$$

NO_x 氧化并生成硝酸

$$NO \xrightarrow{O^3} NO_2 \xrightarrow{OH^3} HNO_3 \tag{4-46}$$

$$NO \longrightarrow NO_2 \longrightarrow HNO_3 \tag{4-47}$$

$$NO \xrightarrow{HO_2^3} NO_2 + OH^3 \xrightarrow{OH^3} HNO_3 \tag{4-48}$$

$$NO_2 + OH^3 \longrightarrow HNO_3 \tag{4-49}$$

酸与氨反应生成硫酸铵和硝酸铵

$$H_2SO_4 + 2NH_3 \longrightarrow (NH_4)_2SO_4 \tag{4-50}$$

$$HNO_3 + NH_3 \longrightarrow NH_4NO_3 \tag{4-51}$$

工艺流程如图 4-26 所示。燃煤锅炉排出的烟气经除尘后，进入冷却塔，在塔中由喷雾水冷却到 65～70℃。在烟气进入反应器之前，注入一定量的氨气，受高能电子束照射，烟气中的 N_2、O_2 和水蒸气等发生辐射反应，生成大量的离子、自由基、原子、电子、各种激发态的原子和分子等活性物质，它们将烟气中的 SO_2 和 NO_x 氧化为 SO_3 和 NO_2。这些高价的硫氧化物和氮氧化物与水蒸气反应生成雾状的硫酸和硝酸，这些酸再与事先注入反应器的氨反应，生成硫酸铵和硝酸铵。最后用静电除尘器收集气溶胶形式的硫酸铵和硝酸铵，净化后的烟气经烟囱排放，副产品经造粒处理后可作化肥销售。

2. 脉冲电晕法

脉冲电晕法是一种高能物理方法，利用高压脉冲在烟气中电晕放电过程产生的高能电子将烟气中的 H_2O、O_2、N_2 等分子激活、裂解、电离，产生的·OH、·O 等活性粒子和自由基引发化学反应，把气态 SO_2、NO_x 氧化，然后形成硫酸和硝酸。在有氨或其他中和物注入的情况下生成硫酸盐和硝酸盐，再由收集器收集，因而实现了烟气的脱硫脱硝。

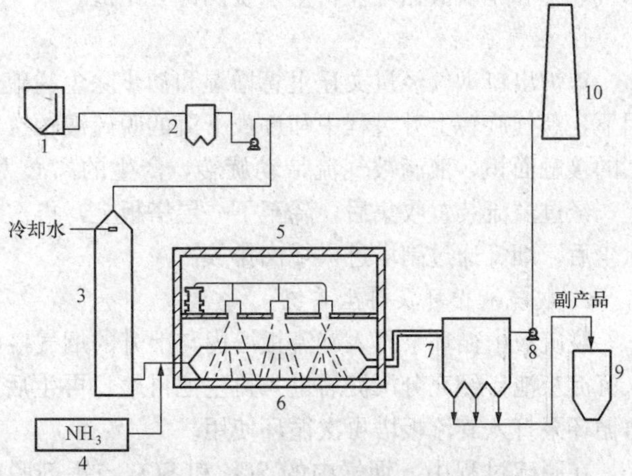

图 4-26　电子束烟气脱硫脱硝工艺流程图

1—锅炉；2、7—静电除尘器；3—冷却塔；4—氨储罐；5—电子加速器；6—反应器；8—引风机；9—副产品储罐；10—烟囱

电晕放电属低温等离子体，或称弱电离等离子体，其中的电子温度很高，达到几万度，而离子和中性粒子的温度接近室温。因为电子与电子之

间的碰撞时间远远小于电子与其他粒子之间的碰撞时间，因此电子可以处于同一热力学平衡状态，而电子和其他粒子不能处于同一热力学平衡状态，这就保证了电子有足够高的能量产生化学活性物质。

在常温常压的非均匀电场结构中，将快速升高的很窄的高压脉冲叠加在直流基电压上，形成脉冲电源。在毫微秒级的高压脉冲期间，产生电晕闪射流，气体分子被活化、离解、荷电，生成大量的氧化性很强的活性基团，反应式为

$$O_2 \longrightarrow O_2^+、e^-、O \tag{4-52}$$

$$H_2O \longrightarrow H、e^-、OH、O \tag{4-53}$$

$$H + O_2 \longrightarrow HO_2 \tag{4-54}$$

这些活性基团能加速 SO_2 氧化成酸，即

$$SO_2 \xrightarrow{OH,O,HO_2,H_2O} H_2SO_4$$

在脉冲间隙期间，直流基电压使生成的产物向捕集基迁移，从而达到脱硫的目的。

二、烟气同时脱硫除尘技术

为使粉尘和硫氧化物等工业污染物排放得到控制，达到国家相关工业烟气污染物排放标准，除尘脱硫一体化技术随之形成。所谓除尘脱硫一体化技术是指将除尘、脱硫技术相结合，达到粉尘和硫氧化物同时脱除的一种复合型工业技术。

根据脱硫技术的分类，将除尘脱硫一体化工艺分为湿法和干法/半干法两大类。以下针对上述分类进行介绍。

（一）湿法脱硫除尘一体化技术

湿式烟气脱硫除尘一体化工艺是一种高效、较为经济的工艺技术。除尘效率能达到98%以上，脱硫效率能稳定控制在90%以上。

该法除尘部分，根据排放要求和工业废弃物再利用要求的不同，而采用电除尘器、水膜除尘器或文丘里除尘器三种不同的除尘设备。

下面以旋流板塔石灰法作为典型的脱硫除尘工艺（见图4-27）进行介绍，整个工艺由烟气系统和脱硫液循环及再生系统两部分组成。

1. 烟气系统

锅炉出口烟气经过文丘里管增湿和初步除尘脱硫后切向进入旋流板塔，在塔板叶片的作用下，烟气旋转上升过程中和逐板下流的脱硫液相接触，将脱硫液高度雾化，使气液间有很大的接触面积，液滴被气流带动旋转，产生的离心力强化气液间的接触，最终被甩到塔壁上，经过溢流装置收集后，降至下一层塔板上，再次被气流雾化而进行气液接触。完成脱硫除尘后，烟气通过副塔进入烟囱排放。

2. 脱硫液循环及再生系统

脱硫液由循环泵打入旋流板塔内与上升的烟气接触，进行充分反应，反应后的循环液进入沉淀灰池，经充分沉淀后进入再生池再生，再生后的脱硫液经澄清池澄清后流入泵前池，由循环泵打入旋流板塔再次循环使用。

在脱硫过程中，烟气中的 SO_2 和 SO_3 与钙剂脱硫剂反应，导致粉尘中含大量 $CaSO_4$、$CaSO_3$ 等反应废弃物，给粉尘再利用带来了很大的困难，其回收价值比未进行脱硫反应收集的粉煤灰低很多。因此若需要利用粉煤灰，则在脱硫系统前设置除尘装置，一般选用电除尘器，其除尘效果良好、阻力较小、粉尘收集方便、性能稳定等优势相当明显。

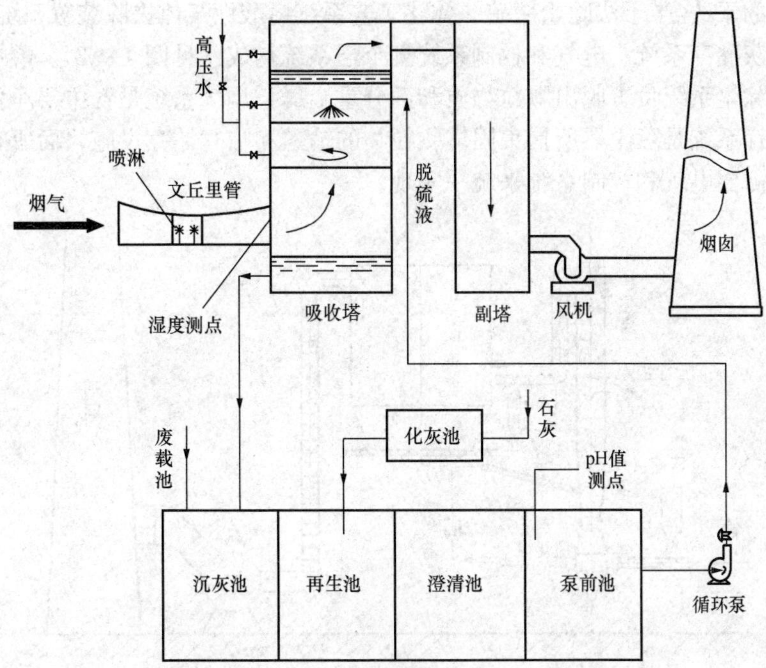

图 4-27　旋流板塔石灰法脱硫除尘工艺流程图

该装置除尘效率达98%，脱硫效率受喷淋水pH值的影响很大，pH值高，脱硫效果会好。另外，该除尘器设计的液气比要比一般的高50%左右。液气比高，对提高除尘脱硫效率有利，但其负面影响是锅炉排烟温度低，烟气带水，引起引风机积灰和振动，令钢烟道、引风机、烟囱产生腐蚀，并减少了烟囱的浮升力，不利于烟尘扩散。

(二) 干法/半干法除尘脱硫一体化技术

干法烟气除尘脱硫一体化工艺，脱硫吸收和产物处理及除尘均在干状态下进行。该法具有无污水废酸排出、设备腐蚀小、烟气在净化过程中无明显温降、净化后烟温高、利于烟囱排气扩散等优点，但存在脱硫效率低，反应速度较慢等问题。干法烟气脱硫技术由于能较好地回避湿法烟气脱硫技术存在的腐蚀和二次污染等问题，近年来得到了迅速的发展和应用。

半干法兼有干法与湿法的一些特点，其工艺流程中吸收剂是在干燥状态下脱硫并且在湿状态下再生活化，或者是在湿状态下脱硫在干燥状态下处理脱硫产物，无论哪种形式，其除尘工艺都是采用干式除尘方法。特别是在湿状态下脱硫在干状态下处理脱硫产物的半干法，以其既有湿法脱硫反应速度快、脱硫效率高的优点，又有干法无污水废酸排出、脱硫后产物易于处理的优点而受到广泛的关注。

常用的干法/半干法烟气净化工艺主要有如下几种类型：炉内喷钙循环流化床反应器脱酸技术、NID工艺、喷雾干燥法、GSA脱酸工艺和循环悬浮式多级增湿半干法烟气净化工艺。根据垃圾焚烧炉尾气净化的特点，这类工艺都采用“反应器+除尘器”的形式。

除尘器一般选择电除尘器或者布袋除尘器。由于布袋除尘器采用过滤原理除尘，对细小颗粒粉尘有较强的捕捉能力，且无论入口浓度变化多大都能稳定将出口粉尘浓度控制在$50mg/m^3$以下。因此当采用高循环倍率的脱硫工艺时，多选用布袋除尘器。

一个典型的干法/半干法除尘脱硫一体化工艺系统由酸性气体去除装置系统、除尘系统、烟气系统、输灰储存系统、电气和控制系统五个子系统构成（见图 4-28）。酸性气体除去装置负责脱酸，除尘系统负责脱出颗粒物质和部分重金属，烟气系统是各主要净化设备的连接关键，输灰储存系统是除尘器所捕集固体颗粒物的输送和临时储存设施，而所有系统转动设备的运行，都需要电气和控制系统来统一实现。

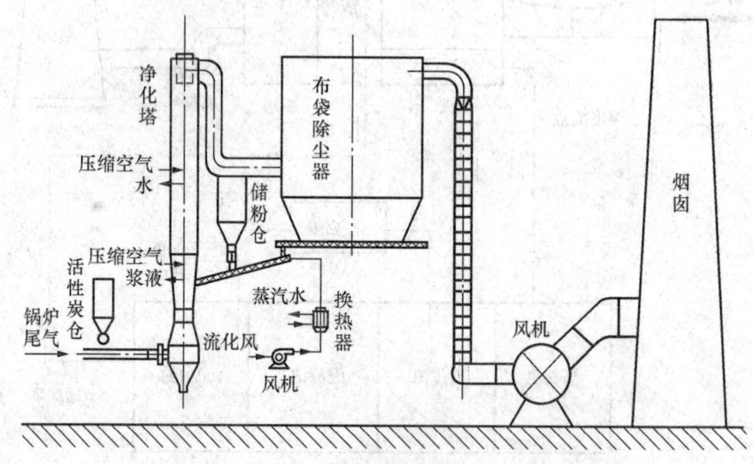

图 4-28 干法/半干法除尘脱硫一体化工艺流程

第六节 脱硫技术的新进展及应用情况

近年来，由于环保的要求越来越高，各国对 SO_2 的排放要求也越来越严格。除了技术成熟、应用广泛的湿法烟气脱硫之外，世界各国都在积极研究开发脱硫新技术，特别是工业锅炉的烟气脱硫新技术，取得了比较大的突破与进步。

1. 粉粒-颗粒喷动床烟气脱硫工艺（PPSB）

PPSB 是日本学者开发出的一种新的半干法脱硫方法，也称为射流床烟气脱硫技术，其原理为：在一个圆筒状反应器（底部有小尺寸进气口）内填装粗颗粒，粗颗粒同时受上升气流和下降浆液的作用，气速高于一定值后，在到达某一高度后下降，形成环状区。整个床层都有从环状区向喷动区剧烈的传热和传质，反应过程中，首先浆液和粗颗粒产生碰撞，粘附在后者表面上，并从气流和粗颗粒表面吸收热量；随后浆液中的水分蒸发，吸收剂迅速变干且因粗颗粒间的相互碰撞而脱落；最后干燥的吸收剂细颗粒随气流排出反应器。

与传统流化床干燥器相比，干燥效率明显提高且短时间内即可稳定运行。PPSB 技术在结构、废物处理、操作和费用方面比湿法脱硫技术有所提高，同时又比干法和其他半干法的脱硫效率和吸收剂利用率高，适用于规模相对较小的工业锅炉。

2. 干法炭基脱硫技术

干法炭基脱硫技术指的是以纯粹的活性焦或者是负载了活性组分的活性焦作为脱硫吸附剂用于脱除烟气中的硫氧化物。活性炭（AC）脱除 SO_2 的途径主要有两种：①AC 作为吸附剂将 SO_2 物理吸附在其微孔内；②AC 充当催化剂，SO_2、H_2O 和 O_2 被催化氧化生成硫酸储存在其微孔中。AC 脱硫往往吸附和催化氧化交织进行，很难完全区分。有关 AC 的脱硫机理，大多认为如下：

$$SO_2 + C \longrightarrow C\text{-}SO \tag{4-55}$$

$$\frac{1}{2}O_2 + C \longrightarrow C\text{-}O \tag{4-56}$$

$$C\text{-}SO_2 + C\text{-}O \longrightarrow C\text{-}SO_3 + C \tag{4-57}$$

$$H_2O + C \longrightarrow C\text{-}H_2O \tag{4-58}$$

$$C\text{-}SO_3 + C\text{-}H_2O \longrightarrow C\text{-}H_2SO_4 + C \tag{4-59}$$

$$C\text{-}H_2SO_4 \longrightarrow H_2SO_4 + C \tag{4-60}$$

首先是 SO_2 和 O_2 被表面活性位吸附，然后是 SO_2 被氧化为 SO_3，然后与水反应生成的 H_2SO_4 迁移至微孔储存，最后释放活性吸附位继续吸附 SO_2。吸硫饱和的 AC 则需要通过再生以释放硫的储存位，再生后的 AC 可继续循环使用。目前，工业上应用最广的再生工艺是热再生（一般在 400℃左右，惰性气氛中再生）。热再生所释放的高浓度 SO_2 气体（20%～30%）可加工成 H_2SO_4、单质 S 等多种化工产品。普遍认可的热再生机理如下：

$$2H_2SO_4 + C \longrightarrow 2SO_2 + CO_2 + 2H_2O$$

除热再生外，也有采用水洗再生和还原再生的相关工艺或研究。以德国鲁奇和日本住友等为代表的工艺采用的是水洗工艺，但这种再生方法对负载了金属活性组分的活性焦脱硫剂不太适用，因为这样会导致活性组分迅速流失，催化剂性能大幅衰减，近年来已很少见这方面的研究。此外，国内外大量学者还对还原再生进行了研究，主要包括 H_2 再生、CO 再生、NH_3 再生和 CH_4 再生等。天津大学、山西煤化所、华东理工大学以及台湾大学等学者对其中的 NH_3 再生、CO 再生研究较多，这两种再生方法也被认为是最具有工业应用潜力的技术。国外学者对再生技术的研究也主要集中在 NH_3 再生和 CO 再生上。

3. 荷电干式吸收剂喷射脱硫系统（CDSI）

CDSI 脱硫技术是由美国阿兰柯环境资源公司开发的最新专利。它通过在锅炉炉膛出口处喷入干的吸收刑（通常用熟石灰），使吸收剂与烟道气中的 SO_2 反应产生颗粒物质，被后面的除尘设备除去，从而达到脱硫的目的。与普通干法脱硫技术不同的是其吸收剂在喷入烟道前，以高速流过高压静电电晕区，获得强大的静电。由于吸收剂颗粒带有同种电性的电荷相互排斥，因而呈均匀的悬浮状态，增加了与 SO_2 反应的几率，故提高了脱硫效率。该法投资少，工艺简单，占地面积小，适用于中小型工业锅炉的脱硫。

第五章　烟气脱硝理论及技术

氮氧化物 NO_x 是大气的主要污染物之一，目前已知的氮氧化物有 NO、NO_2、NO_3、N_2O、N_2O_3、N_2O_4 和 N_2O_5。其中 NO 和 NO_2 因其排放量大，污染最严重。NO_x 是指所有的氮氧化物，但是在大气污染专业中，仅指 NO 和 NO_2。大气中 NO_x 来源于自然和人类活动排放。全世界每年由自然因素生成的 NO_x 约 5×10^8t，而人类活动产生的 NO_x 每年仅约 5×10^7t，但由于人类活动所产生 NO_x 多集中于城市、工业区等人口密集地区，因而危害更大。人类活动产生的 NO_x 主要来源于各种炉窑、机动车和柴油机排气，其次是化工生产中的硝酸生产、炸药生产和金属表面硝酸处理等过程，其中 90%以上的 NO_x 由燃料燃烧产生。

第一节　氮氧化物的生成和分类

燃料燃烧过程生成的 NO_x，按其形成方式不同，可分为三种。

1. 热力型氮氧化物

热力型 NO_x 是空气中的 N_2 在高温条件下与 O_2 作用的结果。其生成机理是高温下氧原子撞击氮分子，发生链式反应，反应式为

$$O+N_2 \longrightarrow NO+N \tag{5-1}$$

$$N+O_2 \longrightarrow NO+O \tag{5-2}$$

在富燃料条件下，还存在氮原子与 OH 的反应，即

$$N+OH \longrightarrow NO+H \tag{5-3}$$

反应式（5-1）是控制步骤，NO_x 的生成强烈依赖于燃烧温度和 N_2 的浓度，反应速率与温度呈指数关系，与 N_2 浓度的平方根成正比。图 5-1 所示为热力型 NO_x 生成量与温度的关系。可见，当温度在 1800K 以下时，热力型 NO_x 的生成量很少；温度超过 1800K 时，每升高 100K，反应速率增大 6～7 倍；当温度超过 2300K 时，生成速率极高。氧浓度是影响热力型 NO_x 生成的另一重要因素，由图 5-2 可见，在燃料过剩（α 小于1）的情况下，随着氧浓度的升高，热力型 NO_x 生成量增大；当过量空气系数等于或略大于 1 时达到最大值；当过量空气系数继续增加时，虽然氧浓度升高，但由于温度降低，热力型 NO_x 生成速率反而降低。

2. 瞬时性氮氧化物

瞬时型 NO_x，实际上是广义热力型 NO_x 的一种，不过它的生成途径不同于热力型，生成量也很少，一般在 NO_x 发生总量中占不到 5%的份额。

瞬时型 NO_x 是在富燃料而氧气相对不足的条件下在火焰区快速形成的。生成的机理是，先通过燃料燃烧产生的 CH、CH_2、CH_3 等烃离子基团撞击空气中的 N_2，生成中间产物 HCN、N 和 CN 等，中间产物再与活性氧化基（O、O_2、OH 等）反应，生成 NCO，NCO 进一步被氧化生成 NO_x，瞬时型 NO_x 的生成途径如图 5-3 所示。

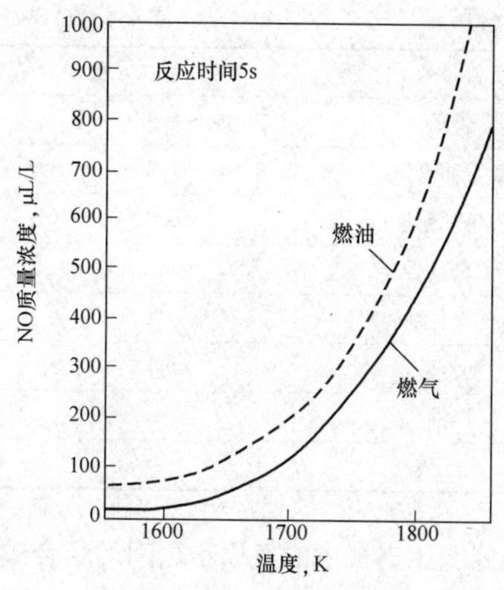

图 5-1　热力型 NO_x 生成量与温度的关系

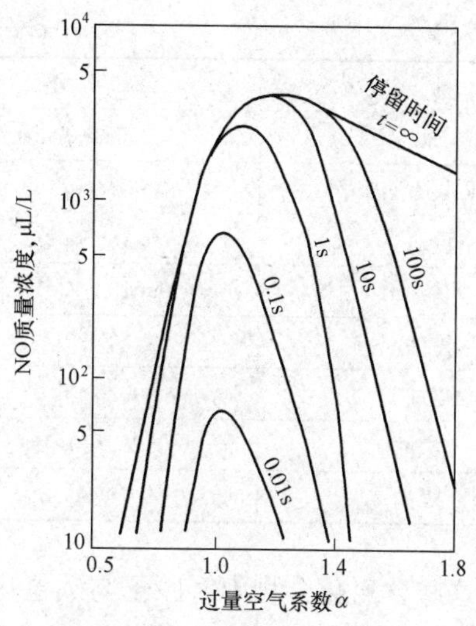

图 5-2　热力型 NO_x 浓度与空气过量系数的关系

此外，火焰区 HCN 浓度很高时，存在大量氨类化合物（NH_2），这些化合物也与 O、O_2 等快速反应生成 NO_x。

由于瞬时型 NO_x 生成机理与燃料 NO_x 生成机理十分相近，当 N_2 与 CH 反应生成 HCN 以后，二者的反应途径完全相同。采用燃烧型 NO_x 生成计算法计算的结果与实验结果相当一致。HCN 是最主要的中间产物，90%的瞬时型 NO_x 经 HCN 产生。当氧气充足时，HCN 发生量很少，瞬时型 NO_x 的生成量不会很多。

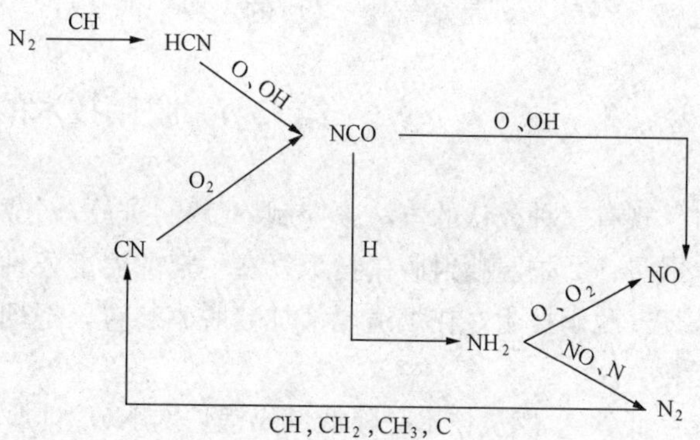

图 5-3　瞬时性 NO_x 的生成途径

当富燃料和空气不足时，CH_i 烃类基团较多，产生的瞬时型 NO_x 也较多。这种情况多发生在内燃机的燃烧过程，在锅炉运行中较少发生。

燃料燃烧综合机理的计算表明，在温度低于 2000K 时，NO 的形成主要通过 CN-N_2 反应，即瞬时型 NO_x；当温度升高时，热力型 NO_x 随之增加。通常情况下，在不含氮的碳氢燃料（如天然气）低温燃烧时，才重点考虑瞬时型 NO_x。瞬时型 NO_x 的生成对温度的依赖程度很低，与热力型 NO_x 和燃料型 NO_x 相比，它的生成量也少得多。

3. 燃料型氮氧化物

燃料中有含氮化合物，且多为有机氮和低分子氮，燃料型 NO_x 来自燃料中的含氮有机化合物。各种燃料的含氮量差异很大，见表 5-1。天然气的含氮量接近于零，煤炭和焦炭的含氮量一般约为 1%，最高达 3%。油品的含氮量差别最大。燃料中氮的存在形式也不尽相同，煤中氮是环状含氮化合物形式，油中氮为链状碳氢化合物形式。

表 5-1 各种化石燃料的氮含量 质量分数（%）

燃料名称	氮分	燃料名称	氮分
原油	0.05～0.4	煤炭	0.4～2.9（一般<1）
减压残渣（沥青）	0.2～0.4	石油焦	1.3～3.0
重油 A	0.18～0.21	奥里乳化油	0.6～0.8
重油 B	0.013～0.015	油母页岩	0.43～0.58
重油 C	0.08～0.4	油母页油	0.4～1.2
重油 D	0.0025～0.08	沥青砂	0.4 左右
汽油	0.012～0.013	渣油	0.4～1
煤油	<0.0001	天然气	约 0

在这些含氮化合物中氮原子与碳氢化合物的结合键能比空气中的氮原子之间的结合键能小得多，该化合物中的氮容易被氧化成 NO_x，这就是所谓的燃料型 NO_x。如果燃料中的氮只占 0.01%时，烟气中 NO_x 的质量浓度就能达到 260mg/m^3 以上，占燃烧过程所产的 NO_x 的 75%～90%，是烟气中 NO_x 的主要来源。

第二节 脱硝技术的特点及分类

现有三种公认的方法来控制 NO_x 的排放，分别为：①低 NO_x 燃烧技术，降低炉内 NO_x 生成量；②炉膛喷射脱硝技术，在一定的温度条件下还原已生成的 NO_x，以降低其排放量；③烟气脱硝技术，在烟道尾部加装脱硝装置，把烟气中的 NO_x 转变成为无害的 N_2 或有用的肥料。

低 NO_x 燃烧技术是降低燃煤锅炉的 NO_x 排放值最主要也是比较经济的技术。但是一般情况下，低 NO_x 燃烧技术只能降低 50%的 NO_x 排放。随着对 NO_x 排放越来越严格的限制，要进一步降低 NO_x 的排放，必须采用烟气脱硝技术，这样可使 NO_x 的排放降低 90%。

烟气脱硝比烟气脱硫困难，其原因是 NO_x 的浓度比 SO_2 的浓度低，化学稳定性高，且 NO_x 的溶解性差。而且无论从技术的难度、系统的复杂程度，还是投资和运行维护费用等方面，都远远高于烟气脱硫，使烟气脱硝技术在燃煤电厂锅炉烟气净化上的应用和推广受到很大的影响和限制。

第三节 低氮氧化物燃烧技术

由于投资费用较低和技术改造相对较容易，现代工业多采用低 NO_x 燃烧技术来达到一定的脱硝效果。燃烧过程中常用的低 NO_x 燃烧技术主要包括低氧燃烧、空气分级燃烧、燃料分级燃烧、烟气再循环，低 NO_x 燃烧器和低 NO_x 炉膛设计等。此类技术是一种经济而实用的减排措施，虽然减排效率通常只有 30%～60%，但将这一减排措施纳入锅炉的整体设计是合理而必要的。实际中为了达到更好的效果，还常将两到三种技术联用起来使用。主要的低 NO_x 燃烧减排技术现状见表 5-2。

表 5-2　　低 NO_x 燃烧减排技术

<table>
<tr><th colspan="2">名　称</th><th>主 要 内 容</th><th>说　　明</th></tr>
<tr><td colspan="2">空气分级燃烧</td><td>供给燃烧器的空气量为燃烧所需空气量的 85%，其余 15%的空气通过布置在燃烧器上部的喷口送入炉内，使燃烧分阶段完成，从而降低 NO_x 生成量</td><td>二段空气量过大，会使不完全燃烧损失增加。一般二段空气比为 15%～20%煤粉炉处于还原性气氛易结渣或引起腐蚀</td></tr>
<tr><td colspan="2">燃料分级燃烧</td><td>将 80%～85%的燃料送入主燃区，在 $\alpha \geqslant 1$ 的条件下燃烧；其余 15%～20%在主燃烧器上部送入再燃区，在 $\alpha < 1$ 的条件下形成还原性气氛、将主燃区生成的 NO_x 还原成 N_2，可减少 80%的 NO_x</td><td>为了减少不完全燃烧损失，需加空气对再燃区的烟气进行分段燃烧。α 为过量空气系数</td></tr>
<tr><td colspan="2">排烟再循环法</td><td>让一部分温度较低的烟气与燃烧用空气混合，增大烟气体积和降低氧气的分压，使燃烧温度降低，从而降低 NO_x 的排放浓度</td><td>由于受燃烧稳定性的限制，一般烟气再循环率为 15%～20%；投资和运行费较大，占地面积大</td></tr>
<tr><td rowspan="5">低 NO_x 燃烧器</td><td>混合促进型</td><td>改善燃料与空气的混合，缩短在高温区的停留时间，同时降低氧气剩余浓度</td><td>需精心设计</td></tr>
<tr><td>自身再循环型</td><td>利用空气抽力，将部分炉内烟气引入燃烧器，进行再循环</td><td>燃烧器结构复杂</td></tr>
<tr><td>多股燃烧型</td><td>用多股小火焰，增大火焰散热面积，降低火焰温度，控制 NO_x 生成量</td><td></td></tr>
<tr><td>阶段燃烧型</td><td>将燃料先进行浓燃烧，然后送入余下的空气，由于燃烧偏离理论计量比，可降低 NO_x 浓度</td><td>容易引起烟尘浓度增加</td></tr>
<tr><td>喷水燃烧型</td><td>将油和水从同一喷嘴喷入燃烧区，降低火焰中心高温区温度，减少 NO_x 产生</td><td>喷水量过多时将造成燃烧不稳定</td></tr>
<tr><td rowspan="3">低 NO_x 炉膛</td><td>燃烧室大型化</td><td>采用较低的炉膛容积热负荷，增大炉膛尺寸，降低火焰温度，控制热力型 NO_x</td><td>炉膛体积增大</td></tr>
<tr><td>分隔燃烧室</td><td>用双面水冷壁把大炉膛分隔成小炉膛，提高炉膛冷却能力，控制火焰温度，从而降低 NO_x 浓度</td><td>炉膛结构复杂，操作要求高</td></tr>
<tr><td>切向燃烧室</td><td>火焰靠近炉壁流动，冷却条件好，再加上燃料与空气混合较慢，火焰温度水平低，而且比较均匀，对控制热力型 NO_x 较为有效</td><td></td></tr>
</table>

1. 低氧燃烧

低氧燃烧是指燃烧过程在低过量空气系数条件下运行，在一定程度内限制反应区内的氧量，从而在一定程度上控制热力型 NO_x 的产生。图 5-4 所示为 NO_x 排放量与过量空气系数的关系，一般来说，在燃烧效率较高时适当降低一次风量和总风量，既能有效地控制燃料型 NO_x，又因降低火焰温度而使热力型 NO_x 减少，这种方法可减少 15%～20%的 NO_x。其局限性是，当过量空气系数 α 过低时，一氧化碳和黑烟增加，燃烧效率降低，并且有可能出现结渣、堵塞等问题。

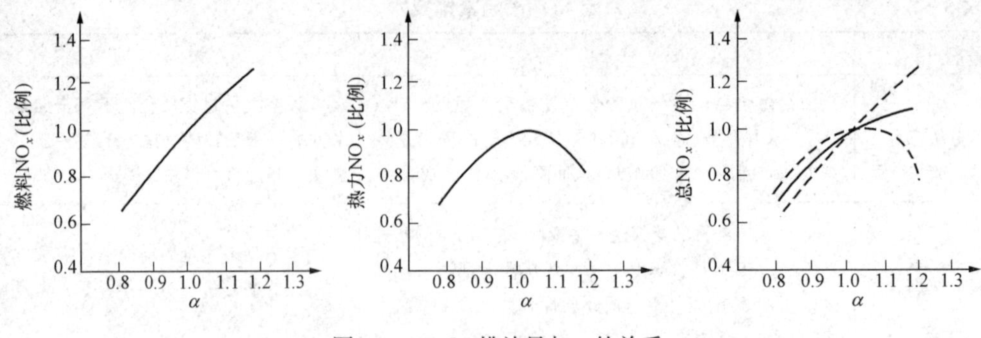

图 5-4 NO_x 排放量与 α 的关系

2. 空气分级燃烧

空气分级燃烧是目前应用最广泛的低 NO_x 燃烧技术，最早是 20 世纪 50 年代在美国发展起来的。该技术通过送风方式的控制，降低燃烧中心的氧气浓度，抑制主燃烧区 NO_x 的形成，燃料完全燃烧所需要的其余空气由燃烧中心区域之外的部位引入，使燃料燃尽。在主燃烧区，由于风量减少，形成了相对低温、贫氧而富燃料的区域，燃烧速度低，且燃料中的氮大部分分解为 HCN、HN、CN、CH 等，使 NO_x 分解，抑制 NO_x 生成。燃料经主燃烧区后，再将剩下的部分空气送入，使燃料燃尽。

空气分级类型分为垂直分级和水平分级两种。垂直分级常用的方法是将部分二次风移到燃烧器上部，并拉开适当的距离，从而造成下部主燃烧区的过量空气减少，提高煤粉浓度，使其处于缺氧燃烧状态，在上部的燃尽风（OFA）的加入会进一步使燃料燃尽。主燃烧区缺氧是促使 NO_x 还原成 N_2 的有利因素。垂直空气分级可降低 30%左右 NO_x，控制成本在 5～10美元/kW。水平空气分级是使部分二次风射流偏离炉膛，远离燃烧中心，延迟煤与空气的混合，减少火焰中心氧量，降低 NO_x 的生成，同时还可避免水冷壁附近形成还原性气氛，减弱水冷壁的结渣和高温腐蚀，如 CFS Ⅰ/CFS Ⅱ燃烧技术。CFS（concentric firing system）即同心圆燃烧技术，将二次风偏转一定的角度，但仍与一次风切圆方向相同，CFS Ⅱ则将二次风偏转一定的角度后与一次风形成同心反向切圆。CFS Ⅰ和 CFS Ⅱ比较而言，前者有加剧炉内旋转动量的趋势，这意味着炉膛出口烟气的残余旋转强烈，易造成较大的出口烟温偏差，对易结焦的煤种，CFS Ⅰ应慎用。空气分级减少了 NO_x 的生成，同时保证了锅炉的燃烧效率，但是前提是必须合理设置分段风量的位置和分配比例。如果风量分配不当，会增加锅炉的燃烧损失，造成受热面结渣。

3. 燃料分级燃烧

燃料分级燃烧是指在炉膛内设置二次燃料贫氧燃烧的 NO_x 还原区段，以控制 NO_x 最终生成量的一种炉内燃料分级燃烧技术。它首先由德国 20 世纪 80 年代末期提出，称为 IFNR（in furnace nor reduction）技术。这一技术很快引起欧洲、北美和日本的普遍关注，投入研究开发力量，取得了很大的成就，使再燃技术很快商业化。燃料再燃烧实际上是把炉内燃烧过程沿炉膛高度分为三个燃烧区，如图 5-5 所示。

（1）主燃区。α 大于 1，大部分燃料在该区燃烧。由于该区氧气充足，火焰温度较高，因此将形成较多的 NO_x。此外，会有一定量的未完全燃烧产物和 NO_x，一起进入再燃区。

（2）再燃区。再燃燃料在空气不足的条件下喷射到主燃区的下游，形成还原性气氛

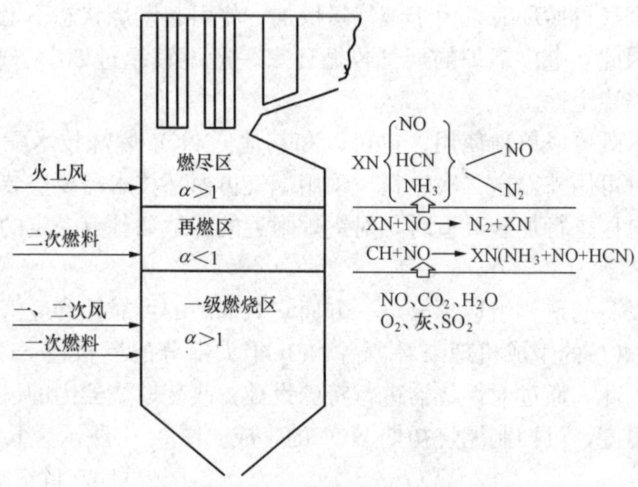

图 5-5　燃料分级燃烧原理示意

(α<1)，促使主燃烧区生成的 NO_x 进行还原反应，最终减少 NO_x。

(3) 燃尽区。在该区加入其余空气，形成富氧燃烧区（α>1）使未完全燃烧产物燃尽。

再燃燃料多种多样，可以是油、天然气、液化气、煤粉、生物质、废弃可燃物、水煤浆等。一般地说，煤粉再燃对 NO_x 还原效果要略差于天然气再燃。煤粉再燃中，挥发分高的煤如褐煤，再燃的脱硝效果比其他煤种好一些。再燃技术中关键参数包括：再燃比例、再燃区停留时间、再燃区的化学当量比等。对于不同性质和粒度的再燃燃料，这三个参数是不同的。另外，其他参数，如燃烬区的过量空气系数、炉内温度场和流场等也会不同程度地影响再燃脱硝效果。

采用再燃技术控制锅炉 NO_x 排放，能够满足不同地区的不同环保要求，具有很好的适应性。目前应用再燃技术的锅炉脱硝率在 30%～70%之间，而试验室第二代高级再燃的脱硝效果可达 95%以上。对于 NO_x 排放要求严格的地区，采用燃料再燃加喷氨和促进剂，通过调节再燃比例、喷氨量来控制 NO_x 的排放浓度，可以满足严格的环保标准。

4. 烟气再循环

烟气再循环技术比较容易对现有锅炉进行改造实现，它是目前使用较多的低 NO_x 燃烧技术。它是在锅炉的空气预热器前抽取一部分烟气返回炉内，利用惰性气体的吸热和氧浓度的减少，使火焰温度降低，抑制燃烧速度，减少热力型 NO_x，烟气循环只能抑制热力型 NO_x 的生成。抽取的烟气可以直接送入炉内，也可以与一次风或二次风混合后送入炉内。烟气再循环系统如图 5-6 所示，当烟气再循环率为 15%～20%时，煤粉炉的 NO_x 排放浓度可降低 25%左右。

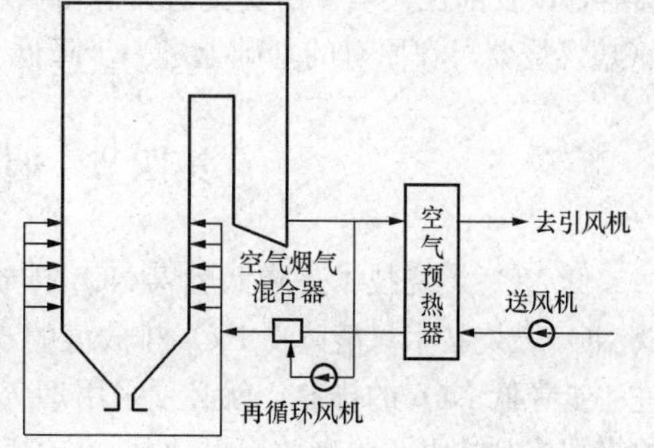

图 5-6　锅炉烟气再循环系统示意

在烟气再循环燃烧技术中，烟气再循环率是一个主要的参数，再循环的烟气量与未循环时的锅炉烟气量之比称为烟气再循环率。当烟气循环量超过燃烧空气总量的 15%时，降低 NO_x 的作用开始减少。采用烟气再循环时，由于烟气量增加，将引起燃烧状态不稳定，从而增加未完全燃烧的热损失。因此，电厂锅炉的烟气再循环率一般不宜超过20%。每个锅炉的烟气最大循环量受限于火焰稳定性。

烟气再循环技术既可以单独使用，也可以和其他低 NO_x 燃烧技术配合使用。在与燃料分级技术联合使用时可用来输送二次燃料。采用烟气再循环技术需要安装再循环风机和循环烟道，因此对现有电厂进行加装改造时，对锅炉附近的场地条件有一定的要求。

5. 低 NO_x 燃烧器

燃烧器是锅炉设备的重要组成部分，一方面它对锅炉的可靠性和经济性起着决定性的作用；另一方面，从 NO_x 的生成机理来看，占 NO_x 绝大部分的燃料型 NO_x 的生成是在煤粉着火阶段完成的。因此，通过对燃烧器进行特殊设计，改变燃烧器内的风煤比，尽可能降低着火区氧的浓度和温度，可抑制燃烧初期 NO_x 的生成。图5-7所示为低 NO_x 燃烧器。

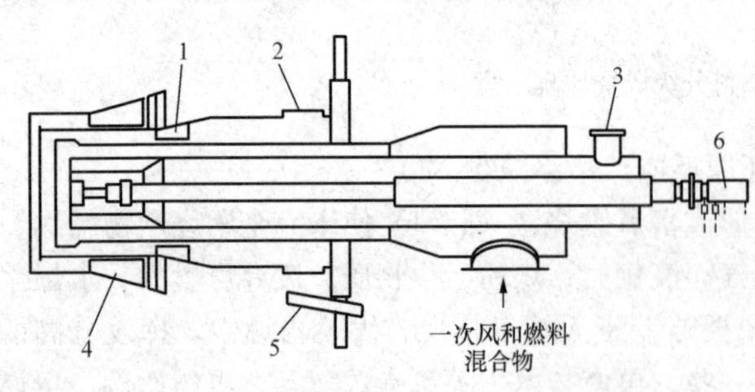

图5-7 低 NO_x 燃烧器

1—二次风涡流发生器；2—二次风调节器；3—主供风孔；4—三次风涡流发生器；5—火焰监测管；6—燃油点火燃烧器

国外自20世纪70年代就开始研制低 NO_x 燃烧器，到现在几乎各大公司都有自己品牌的低 NO_x 燃烧器。包括直流和旋流，基本上都是根据空气分级浓淡燃烧降低 NO_x 排放机理来实现的，可降低 NO_x 30%～60%。浓淡燃烧的基本思想是将一次风分成浓淡两股气流，浓煤粉气流是富燃料燃烧，挥发分析出速度加快，造成挥发分析出区缺氧，使已形成的 NO_x 还原为氮分子。淡煤粉气流为贫燃料燃烧，会生成一部分燃料型 NO_x，但是由于温度不高，所占份额不多。浓淡两股气流均偏离各自的燃烧最佳化学当量比，既确保了燃烧初期的高温还原性火焰不过早与二次风接触，使火焰内的 NO_x 还原反应得以充分进行，同时挥发分的快速着火，使火焰温度能维持在较高的水平，又防止了不必要的燃烧推迟，从而保证煤粉颗粒的燃尽。

目前，比较典型的低 NO_x 燃烧器有三菱公司的PM燃烧器、CE公司的WR燃烧器、FW公司的旋风分离式燃烧器、美国B&W公司的PAX型燃烧器、DRB-XCL双调风旋流燃烧器、Rileystocke公司的多股火焰燃烧器、德国Babcock公司的WSF型、DS型低 NO_x 燃烧器，以及浙江大学、西安交通大学和哈尔滨工业大学先后开发的浓淡燃烧器。新一代的低 NO_x 燃烧器可在原有的基础上进一步降低 NO_x 20%左右，并对燃烧的影响降到最小。

第四节 烟气脱硝技术

低 NO_x 燃烧技术是降低燃煤 NO_x 排放值比较经济的技术措施。但是一般情况下，采用低 NO_x 燃烧技术只能降低 NO_x 排放值的50%左右，无法满足日益严格的环保法规要求。要进一步降低 NO_x 的排放，就必须采用烟气脱硝技术。烟气脱硝与烟气脱硫一样，是保障性的终端控制技术，脱硝效率可达到90%甚至更高，完全能够达到现代环保的高标准，但是工程投资和运行费用也很高。

烟气脱硝技术按照其作用原理的不同，可分为催化还原、吸收和吸附三类；按照工作介质的不同，可分为干法和湿法两类，其中干法包括催化还原法、吸附法、光催化氧化法、等离子体活化法等，而湿法则包括直接吸收法、络合物吸收法、氧化吸收法、液相还原法等。

选择性催化还原（selective catalytic reduction，SCR）技术的脱硝率高达90%以上，而且价格相对较低，目前在国内外应用较广泛，也是电厂烟气脱硝的主流技术。SCR法的发明权属于美国，而日本率先于20世纪70年代实现了商业化。到2004年为止，全世界应用SCR烟气处理技术的电厂燃煤锅炉容量已超过178.1GW。其中，日本安装有SCR装置的机组容量约有23.1GW；欧洲安装有SCR装置的机组容量约有55GW；美国安装有SCR装置的机组容量超过100GW。在我国大陆，截至2011年底，已投运的SCR烟气脱硝项目的电厂燃煤机组容量达到124.29GW，投运NSCR的电厂燃煤机组容量达5.15GW。

选择性非催化还原（selective non-catalytic reduction，SNCR）技术也是国外已经投入商业运行的比较成熟的烟气脱硝技术，它建设周期短、投资少、脱硝效率中等（40%～60%），比较适合于对中小型电厂锅炉的改造，以降低其NO_x排放量。

湿法烟气脱硝技术采用水或酸、碱、盐的水溶液来吸收废气中的NO_x。可采用的吸收剂很多，但是NO极难溶于水或碱溶液，因而湿法脱硝效率一般不高。因此，必须采用氧化、还原或络合吸收的办法以提高NO_x的净化效果。与干法相比，湿法具有工艺及设备简单、投资少等优点，有些方法还能回收NO_x，具有一定的经济效益，缺点是净化效果差。

一、选择性非催化还原法

还原法脱硝技术包括选择性催化还原脱硝技术、选择性非催化还原脱硝技术、SCR/SNCR组合技术。其中，选择性催化还原法工业化应用最为普遍，该法将在第五章第五节重点介绍，本节主要介绍SNCR脱硝技术。

SNCR法是将氨水或尿素等还原剂，喷入到温度为900～1100℃的烟气中，然后在不需要催化剂的情况下，还原剂迅速热分解成NH_3及其他副产物，NH_3与烟气中的NO_x进行还原反应，生成N_2和H_2O。在向燃烧烟气喷氨而不采用催化剂的条件下，NH_3还原NO_x的反应只能在900～1100℃这一狭窄的温度范围内进行，因此称为选择性非催化还原法。而温度为900～1100℃的烟气基本上位于炉膛上部，所以NH_3的喷射点也应选择在炉膛上部相应的位置。

氨为还原剂时：

$$4NH_3+6NO \longrightarrow 5N_2+6H_2O \tag{5-4}$$

该反应主要发生在950℃的温度范围内，但当温度更高时则发生正面的竞争反应如下：

$$4NH_3+5O_2 \longrightarrow 4NO+6H_2O \tag{5-5}$$

目前的趋势是用尿素［$(NH_4)_2CO$］代替NH_3作为还原剂，使得操作系统更加安全可靠，而不必担心因NH_3的泄漏而造成新的污染。尿素作为还原剂时：

$$(NH_4)_2CO+O_2 \longrightarrow 2NH_2+CO+2H_2O \tag{5-6}$$

$$NH_2+NO \longrightarrow N_2+H_2O \tag{5-7}$$

$$CO+NO \longrightarrow N_2+CO_2 \tag{5-8}$$

在SNCR法的应用中温度窗口的选择至关重要，温度过高或过低都不利于对污染物排放的控制。温度低于900℃时，反应不完全，氨逃逸率高，造成新的污染；温度超过1100℃时，NH_3会被氧化成NO，反而造成NO_x排放浓度增大。

SNCR工艺中氨的利用率不高，为了还原NO_x必然使用过量的氨，从而造成氨的逃逸，而氨逃逸会造成环境的污染并形成氨盐堵塞和腐蚀下游设备。另外，该技术的脱硝效率不太高，一般在50%左右，最高可以达到80%，但相对于SCR技术来说，该方法不用催化剂，设备运行费用低，具有一定的优势。

目前国外大型电厂锅炉单独使用SNCR的不多，绝大部分是SNCR技术和其他脱硝技术的联合应用，如SNCR和SCR的联合应用、SNCR和低NO_x燃烧器的联合应用以及和再燃技术的联合应用等。SNCR/SCR组合技术结合了SCR、SNCR两者的优势，是将炉内脱硝SNCR法及炉后脱硝SCR法串连成一个系统，用SNCR法炉内脱硝后的余氨再进入SCR的催化反应器进行脱硝。该工艺是20世纪90年代后期研发成功的，已成熟应用于大型燃煤机组，也合适用于场地狭窄的老厂改造，脱硝效率最高可达90%。

二、催化分解法

理论上，NO分解成N_2和O_2是热力学上有利的反应，其反应方程式为

$$2NO \longrightarrow N_2 + O_2$$

关键是如何找到一种合适的催化剂来有效地降低其高达364kJ/mol的活化能，从而在动力学上达到较快的反应速率。迄今为止人们研究所得的催化剂体系主要有贵金属催化剂、金属氧化物催化剂、钙钛矿型复合氧化物及金属离子交换的分子筛等。

Pt、Rh、Pd等贵金属分散在$Pt/7\text{-}Al_3O_2$等载体上，可用于NO的催化分解。在同等条件下，Pt类催化剂活性最高。贵金属催化剂用于NO催化分解的研究已比较广泛和深入。近年来，这方面的工作主要是利用一些碱金属及过渡金属离子对单一负载贵金属催化剂进行改性，以提高催化剂的活性及稳定性。

三、光催化氧化法

利用TiO_2半导体的光催化效应脱除NO_x的机理是：TiO_2受到超过其带隙能以上的光辐射照射时，价带上的电子被激发，超过禁带进入导带，同时在价带上产生相应的空穴。电子与空穴迁移到粒子表面的不同位置，空穴本身具有很强的得电子能力，可夺取NO_x体系中的电子，使其被活化而氧化。电子与水及空气中的氧反应生成氧化能力更强的OH^-及O^{2-}等，是将NO_x最终氧化生成NO_3^-最主要的氧化剂。

光催化氧化技术是近几年发展起来的一项空气净化技术，具有反应条件温和、能耗低、二次污染少等优点，有着诱人的前景。但此项技术尚未成熟，TiO_2氧化脱除NO_x的效率受初始浓度影响较大，对低浓度NO_x的脱除效率可以高达90%，对高浓度NO_x的脱除效率则不理想。

四、等离子体活化法

等离子体活化法是20世纪80年代发展起来的一种新型烟气脱硝技术，其原理主要是利用高能辐射激发烟气的各种气体分子，使之产生自由电子和活性基团，从而与SO_2及NO反应，达到脱硫脱硝目的。根据高能电子的来源不同，该方法可分为电子束法（EBDC）和脉冲电晕等离子法（PCDP）。

1. 电子束法（EBDC）

电子束照射法脱硫脱氮技术是一种物理与化学相结合的高新技术。其原理是利用电子加速器产生的高能电子束，直接照射待处理的气体，通过高能电子与气体中的氧分子及水分子碰撞，使之离解、电离，形成非平衡等离子体，其中所产生的大量活性粒子（如OH、O和

HO_2 等）与污染物进行反应，使之氧化去除。许多国家已经建立了一批电子束试验设施和示范车间。日本、德国、美国和波兰的示范车间运行结果表明，这种电子束系统去除 SO_2 的总效率通常超过 95%，去除 NO_x 的效率达到 80%～85%。

电子束照射法不产生废水，回收副产品为 NH_4NO_3，能同时脱硫脱硝，具有较高的脱除率。其主要缺点：①能量利用率低，当电子能量降到 3eV 以下后，将失去分解和电离的功能，剩余的能量将浪费掉；②电子束法所采用的电子枪价格昂贵，电子枪及靶窗的寿命短，所需的设备及维修费用高昂；③设备结构复杂，占地面积大，x 射线的屏蔽与防护问题不容易解决。上述原因限制了电子束法的实际应用和推广。

2. 脉冲电晕等离子法（PCDP）

针对电子束法存在的缺点，20 世纪 80 年代初期，日本的 Masuda 提出了脉冲电晕放电等离子体技术（pulse corona discharge plasma，PCDP）。PCDP 技术与电子束照射法不同的是，它是利用气体放电过程产生的大量电子。与电子束照射法相比，该法避免了电子加速器的使用，也无需辐射屏蔽，增强了技术的安全性和实用性。

五、吸附法

吸附法是一种已经成熟的工业分离技术，该法脱除 NO_x 的基本原理是利用多孔性固体（大比表面积）吸附剂净化含 NO_x 的废气，吸附剂对 NO_x 的吸附量随温度或压力的变化而变化，通过周期性的改变操作温度或者压力控制 NO_x 的吸附和解吸，使 NO_x 从烟气中分离出来，然后用水或碱液吸收得以回收。常用的吸附剂有硅胶、分子筛、活性炭、活性焦、天然沸石及泥煤等。吸附法脱氮技术具有净化效率高，不消耗化学物质，成本低、不产生二次污染、设备简单，操作方便等优点。其主要缺点：投资费用较高，吸附剂吸附容量小，且需要再生处理装置，过程为间歇操作，能耗较大；解吸气中 NO_x 含量低，不利于回收。

六、液体吸收法

液体吸收法是工业企业采用较多的处理 NO_x 的方法，其中比较常见的吸收法有水吸收法、酸吸收法、碱吸收法、氧化吸收法、液相还原吸收法和络合吸收法。由于 NO 极难溶于水或碱溶液，因此，采用氧化吸收法、吸收还原法及络合吸收法等可提高 NO_x 的吸收效率。其中，以尿素为还原剂的液相还原吸收法，NO_x 的脱除率可达 90%，而其他方法的 NO_x 的脱除率都在 40%～80%之间。

1. 稀硝酸吸收法

该方法是利用 NO 和 NO_2 在硝酸中的溶解度比在水中溶解度大来净化含 NO_x 废气。随着硝酸浓度的增加，其吸收效率显著提高，但考虑工业实际应用及成本等因素，实际操作中所用的硝酸浓度一般控制在 15%～20%的范围内。稀硝酸吸收 NO_x 的效率除了与本身的浓度有关外，还与吸收温度和压力有关，低温高压有利于 NO_x 吸收，实际操作中的温度一般控制在 10～20℃，压力为高压，主要用于硝酸尾气的处理。

2. 碱性溶液吸收法

该法是采用 NaOH、KOH、Na_2CO_3、$NH_3 \cdot H_2O$ 等碱性溶液作为吸收剂，对 NO_x 进行化学吸收。其中氨的吸收率最高，为进一步提高吸收效率，又开发了氨-碱溶液两级吸收：首先氨与 NO_x 和水蒸气进行完全气相反应，生成硝酸铵和亚硝酸铵白烟雾；然后用碱性溶液进一步吸收未反应的 NO_x，生成硝酸盐和亚硝酸盐，NH_4NO_3、NH_4NO_2 也将溶解于碱性溶液之中。吸收液经多次循环，碱液耗尽之后，将含有硝酸盐和亚硝酸盐的溶液浓缩结晶，可作肥料使用。

该法广泛用于我国常压法、全低压法硝酸尾气处理和其他场合的含 NO_x 的废气治理。采用该法的优点是能将 NO_x 回收为亚硝酸盐或硝酸盐产品，有一定经济效益；工艺流程和设备也较简单。缺点是吸收效率不高，对烟气中的 NO_2/NO 的比例有一定限制。

3. 液相络合吸收法

液相络合吸收法主要利用液相络合剂直接同 NO 反应，从而将 NO 从烟气中分离出来。生成的络合物在加热时又重新放出 NO，从而使 NO 能富集回收，因此对处理主要含有 NO 的 NO_x 尾气具有特别的意义。目前通过试验研究过的 NO 络合吸收剂有 $FeSO_4$、Fe（Ⅱ）-EDTA 和 Fe（Ⅱ）-EDTA-Na_2SO_4 等。在实验室装置上，该法对 NO 的脱除率可达 90%，但在工业化生产中的 NO 脱除率为 10%～60%。同时存在 NO 的回收、络合反应速度慢等缺点。因此，该法目前尚未见工业化报道。

七、液膜法

液膜法净化烟气由美国能源部能源技术中心最初开发，其原理是利用液体对气体的选择性吸收，从而使低浓度的气体在液相中富集。液膜为含水液体，置于两组微孔憎水中空纤维管之间构成渗透器，这种结构可以消除操作中干湿的不稳定现象，延长了设备的寿命。液膜中的含水液体选择性地吸收烟气中的 NO_x，然后再进行解吸。液膜不仅具有选择性，对气体还必须具有良好的渗透性。多年来许多研究机构和大学都对液膜法进行了研究，如美国的 Steven 技术研究所，通过对固定在微孔聚丙烯膜上的液膜进行选择性和渗透性试验。日本的名古屋大学采用憎水性微孔中空纤维组件液膜法脱硝，吸收液为碳酸钠或碳酸钾、烷基胺以及亚硫酸钠的水溶液，在纤维膜腔侧吸收液以层流状态通过，建立了半经验的气体通过膜孔扩散的反应模型。

八、微生物法

废气的生物化过程是利用微生物的生命活动将废气中的有害物质转化为简单而无害的无机物和微生物的细胞质。微生物的种类繁多，特定的待处理成分都有其特定的适宜处理的微生物群落。生化法净化废气通常可分为生物洗涤、生物过滤及生物滴滤等几种形式。根据生物处理技术的研究进展情况，将生物处理 NO_x 归为反硝化处理、硝化处理、真菌处理三类。

微生物净化含有 NO_x 废气的原理是：脱氮菌在有外加碳源的情况下，利用 NO_x 作为氮源将 NO_x 还原成无害的 N_2，而脱氮菌本身得以生长繁殖。由于该过程难以在气相中进行 NO_x 的净化。从气相进入滤塔填料表面的生物膜中，并经扩散进入其中的微生物组织，作为微生物代谢所需的营养物，在固相或液相被微生物吸附还原成 N_2。

微生物法处理烟气中的 NO_x 具有成本低，设备投入少。其主要缺点：微生物的生长速度相对较慢，处理大流量的烟气需要对菌种作进一步的筛选；微生物的生长需要适宜的环境，如何在工业应用中营造合适的培养条件将是必须克服的一个难题；微生物的生长，会造成塔内填料的堵塞。

第五节　选择性催化还原烟气脱硝技术

在无法通过燃烧控制满足 NO_x 排放要求时，必须采用烟气脱硝净化技术，最广泛和常用的是选择性催化还原脱硝工艺。自 20 世纪 70 年代，SCR 烟气脱硝技术就用于控制固定污染源、燃用化石燃料燃烧污染物的排放。目前 SCR 已广泛用于日本、欧洲和美国等发达国家，用于大型电厂和工业锅炉、内燃发动机、化工厂、炼钢厂以及联合循环燃气轮机 NO_x 的控制。下面将对 SCR 工艺进行详细介绍。

一、反应机理

SCR 的化学反应机理比较复杂。一般认为，在典型的 SCR 条件下，SCR 反应的化学计量关系如下：

$$4NH_3+4NO+O_2 \longrightarrow 4N_2+6H_2O \quad (5-9)$$

利用同位素标记反应物法，已经证实在基于钒的催化剂和贵金属上的 SCR 反应，N_2 分子的两个 N 原子一个来自 NO，一个来自 NH_3。

基于 V_2O_5 的催化剂在有氧的条件下也会对 NO_2 的还原产生催化作用：

$$4NH_3+2NO_2+O_2 \longrightarrow 3N_2+6H_2O \quad (5-10)$$

在缺氧的情况下，反应的化学计量关系变为

$$4NH_3+6NO \longrightarrow 5N_2+6H_2O \quad (5-11)$$

$$8NH_3+6NO_2 \longrightarrow 7N_2+12H_2O \quad (5-12)$$

NO 和 NH_3 的反应也可能以不同的方式进行，而产生不希望的产物 N_2O：

$$4NH_3+4NO+3O_2 \longrightarrow 4N_2O+6H_2O \quad (5-13)$$

一般认为，在典型的 SCR 条件下，即 NH_3/NO 物质的量的比接近 1，较少 O_2 含量以及 $T<400℃$，认为反应（5-9）是总的反应式。在反应过程中，NH_3 可以有选择性地和 NO_x 反应生成 N_2 和 H_2O，而不是被 O_2 所氧化，因此反应又被称为“选择性”。反应原理如图 5-8 所示。

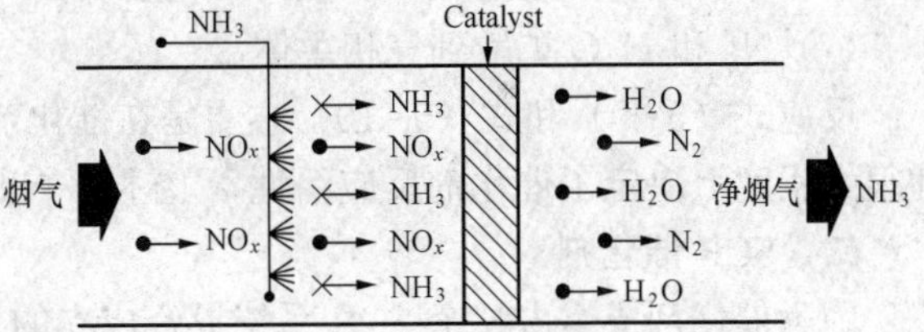

图 5-8　SCR 反应原理

当生成除 N_2 以外的产物（例如 N_2O）以及 NO 与 NH_3 物质的量的比小于 1 时，就发生了非选择性反应。这就意味着氨的转化除按照反应式（5-9）以外，还会通过以下的方式被氧气部分氧化：

$$4NH_3+3O_2 \longrightarrow 2N_2+6H_2O \quad (5-14)$$

$$2NH_3+2O_2 \longrightarrow N_2O+3H_2O \quad (5-15)$$

$$4NH_3+5O_2 \longrightarrow 4NO+6H_2O \quad (5-16)$$

$$4NH_3+7O_2 \longrightarrow 4NO_2+6H_2O \quad (5-17)$$

反应（5-14）目前正在深入研究之中，因为如果在氨过量的条件下运行，在理论上这个反应能够减少 SCR 反应器后的氨逃逸，而不会在气态混合物引入其他反应物，而且不会进一步产生污染物，这就是所谓的 SCO（selective catalytic oxidation of ammonia）过程。许多 SCR 催化剂即便在略高于 SCR 反应的温度下对 SCO 反应也具有活性。

当燃用含硫的燃料时，烟气中就会含有 SO_2 以及少量的 SO_3。SO_2 会在催化剂的作用下进一步氧化成 SO_3，即

$$2SO_2+O_2 \longrightarrow 2SO_3 \quad (5-18)$$

这个反应是不希望发生的，因为 SO_3 与还原剂 NH_3 以及烟气中的水反应会形成硫酸氢

铵和硫酸铵，反应过程如下：

$$NH_3 + SO_3 + H_2O \longrightarrow NH_4HSO_4 \quad (5-19)$$

$$2NH_3 + SO_3 + H_2O \longrightarrow (NH_4)_2SO_4 \quad (5-20)$$

$$2NH_4HSO_4 \longrightarrow (NH_4)_2SO_4 + H_2SO_4 \quad (5-21)$$

$$NH_4HSO_4 + NH_3 \longrightarrow (NH_4)_2SO_4 \quad (5-22)$$

硫氨盐可沉积和积聚在催化剂的表面上，造成催化剂的失活。为防止硫铵盐的沉积，催化剂的最低工作温度应在300℃以上，同时还有赖于 SO_3 和 NH_3 的浓度以及大量过量的水蒸气。此外，硫铵盐还会沉积在SCR反应器的下游设备（如空气预热器）。尽管 SO_3 和逃逸的 NH_3 两者的浓度是 10^{-6} 级的，但是由于处理的烟气量巨大，硫铵盐沉积会引起设备腐蚀、压降增大等问题。因此，SCR过程使用的催化剂应该对于 SO_2 的氧化是具有高度的选择性。在 $T<200$℃时，NO_2 和 NH_3 反应生成硝酸铵会以固态或液态的形式沉积。

NH_3 和 NO_x 在催化剂上的反应主要过程如下：

（1）NH_3 通过气相扩散到催化剂表面；

（2）NH_3 由外表面向催化剂孔内扩散；

（3）NH_3 吸附在活性中心上；

（4）NO_x 从气相扩散到吸附态 NH_3 表面；

（5）NH_3 与 NO_x 反应生成 N_2 和 H_2O；

（6）N_2 和 H_2O 通过微孔扩散到催化剂表面；

（7）N_2 和 H_2O 扩散到气相主体。

反应式（5-9）和式（5-10）主要是在催化剂表面进行的，催化剂的外表面积和微孔特性很大程度上决定了催化剂反应活性，上述7个步骤中，速度最慢的为控制步骤。

二、SCR催化剂

因为催化剂成本占整个SCR系统投资成本的20%甚至更多，所以SCR技术的关键就是选择优良的催化剂。最初开发的SCR催化剂是粒状的。为了防止催化剂被灰堵塞，减少压力损失，采用蜂窝状（见图5-9）或平板状催化剂（见图5-10），这种催化剂可根据排气中灰浓度来选定催化剂孔的节距。SCR催化剂由基材、载体、活性金属构成（见表5-3），现在使用的大多数蜂窝状催化剂还把载体材料本身作为基材制成蜂窝状。

图5-9 蜂窝状催化剂的外观

图5-10 Babcock Hitachi 板式催化剂

表 5-3　催化剂的构成及其功能和材料

催化剂的构成	功　能	成　分
基材	催化剂形状的骨架	钢材、陶瓷
载体	活性金属的分散和保持	TiO_2
活性金属	催化剂活性作用	V_2O_5、WO_3、MoO_3

SCR 催化剂有多种，按活性组分不同可分为金属氧化物、碳基催化剂、金属离子交换分子筛、贵重金属和钙钛矿复合氧化物。其中，前两类已实现商业应用，燃煤电厂中多数以金属氧化物催化剂为主；离子交换分子筛对 NO_x 的催化还原和催化分解活性很高，但还处于研究阶段。

平板状和蜂窝状催化剂是燃煤电厂 SCR 工艺中常用的催化剂形状，平板状催化剂一般以不锈钢金属网格为基材，负载上含有活性成分的载体压制成板状；蜂窝状催化剂是由蜂窝陶瓷基材、金属载体和分散在蜂窝表面的活性组分组成，或金属载体负载活性成分直接挤压成蜂窝状的催化剂。有代表性的 SCR 催化剂载体是 TiO_2，活性成分是 V_2O_5。为适应更广泛的温度范围，近年来发展了用活性炭催化剂在接近 100℃的低温下应用。

1. 金属氧化物催化剂

SCR 法中应用最多的金属氧化物催化剂以 V_2O_5 为活性成分，将 V_2O_5 负载于 Al_2O_3、SiO_2、Al_2O_3-SiO_2、ZrO_2、TiO_2、TiO_2-SiO_2 等氧化物上。目前，应用最广泛的载体是 TiO_2，以 V_2O_5 或 V_2O_5-WO_3、V_2O_5-MoO_3 为活性成分，而且根据需要制成蜂窝状或平板状。发电厂装配的 SCR 系统大多采用这类型催化剂。

V_2O_5 作为 SCR 催化剂的活性成分具有以下优点：①催化剂表面呈酸性，容易将碱性的氨捕捉到催化剂表面进行反应。②其特定的氧化势有利于将氨和 NO_x 转化为氮气和水。③工作温度较低，为 350～450℃。④适用于富氧环境，但是同时 V_2O_5 也能将 SO_2 氧化成 SO_3，这对 SCR 反应不利，因此，钒的负载量不能过大（质量百分比小于 1%）。除了 V_2O_5 之外，Fe_2O_3、CuO、Cr_2O 等过渡金属氧化物也表现出一定的催化还原活性，也引起了国内外的广泛关注，其中 Fe_2O_3、CuO 研究得较多。

2. 碳基催化剂

活性（焦）炭用于发电厂烟气同时脱硫脱氮的技术已经在德国得到开发和应用。活性炭因其特殊的孔结构和大的比表面积是一种优良的固体吸附剂，用于空气或工业废气的净化由来已久。活性炭还可以在 SCR 技术中做催化剂，在低温（90～200℃）和 NH_3、CO 或 H_2 存在时选择还原 NO_x，所以活性炭在固定污染源 NO_x 治理中具有较高的应用价值。其最大优势在于来源丰富，价格低廉，易于再生，适用于温度较低的环境，这是使用其他催化剂所不能实现的。但是活性炭做催化剂活性很低，特别是空速较高的情况下。在实际应用中，常常需要经过预活化处理，或负载一些活性组分以改善其催化性能。

3. 金属离子交换分子筛催化剂

金属离子交换分子筛作为 SCR 反应的催化剂，最早主要应用于具有较高温度的燃气电厂和内燃机的 SCR 系统中。它通过离子交换的方法制成，通常采用烃类和氨作为还原剂。分子筛催化剂因沸石的类型、热处理条件、硅铝比、交换的离子种类、离子交换度等的不同，反应活性差别很大。

目前国内外研究的沸石类催化剂有 ZSM-5 型、丝光沸石、镁碱沸石、Y 型沸石和 L 型沸石等，但主要集中在金属离子交换 ZSM-5 型催化剂，金属离子所涉及的元素有 Cu、Co、Fe、Ce、Pt、Ga、H、Ag 和 In 等。近年来，Cu 离子交换的沸石分子筛，特别是 Cu-ZSM-5，引起了广大学者的广泛关注。Cu-ZSM-5 是研究最多的催化剂体系，该体系既可用于 NO 直接分解，又可用于烃类的选择性还原，也是迄今为止发现的低温活性最高的 NO 分解催化剂[5]。Iwamoto 等首先发现 Cu-ZSM-5 对 NO 分解有选择性催化还原作用。他们使用乙烯、丙烯、丁烯和丙烷作为还原剂，成功地选择还原了 NO。但是，这类催化剂在水蒸气存在时和高温时很容易失活，而且这一问题难以解决，因而难以工业化。

4. 贵金属催化剂

贵金属催化剂早在 20 世纪 70 年代就已研发成功，并首先应用于 NO 的 SCR。这类催化剂对 NO_x 的选择性还原非常有效，但是对 NH_3 的氧化也非常有效。因此，贵金属催化剂不久便被金属氧化物催化剂所取代，目前主要应用于低温 SCR 及天然气燃烧后脱除尾气中 NO_x 的场合。

5. 钙钛矿复合氧化物催化剂

研究最多的此类氧化物属 ABO_3 型（A 代表稀土元素，B 代表过渡金属元素）。以 CO 为还原剂，钙钛矿氧化物可催化还原 NO。其突出的优点是热稳定性好且在反应温度下容易脱附氧。由此可以将稳定性差而活性高的贵金属与稳定性好的钙钛矿氧化物结合起来，制备优良的新催化剂。此类催化剂有望取代贵金属用于汽车尾气净化器以降低成本。但同样存在 H_2O 和 SO_2 中毒的问题。对于固定源 NO_x 的治理，目前也不具有应用价值。

表 5 - 4 为商业工业催化剂的主要性能比较。

表 5 - 4 商业工业催化剂的主要性能比较

催化剂	离子交换的分子筛物	贵金属	负载型金属氧化
催化活性	中一高	高	中一高
选择性	高	低	高
活性温度	中	高	较高
活性温度窗口	中	狭窄	中
H_2O 对活性的抑制	很强	弱	中
SO_2 对活性的抑制	中	弱	中

三、SCR 系统的工艺流程

SCR 系统包括完成五个基本步骤：氨的接收和储存；氨的蒸发以及与空气的混合；在适当的位置喷射氨/空气的混合气；氨/空气与烟气混合；反应物扩散进催化剂，还原 NO_x。

SCR 系统的基本步骤对于所有的布置都相似，只是系统设计和设备规格有时候不同。电厂以及大型工业锅炉所应用的不同 SCR 系统布置包括高粉尘布置、低粉尘布置和尾部布置。燃气轮机的 SCR 结构取决于燃气轮机循环的类型（联合循环或简单循环）。下面讨论应用在锅炉和燃气轮机上不同的 SCR 布置方式。

1. 高粉尘布置

图 5 - 11 所示为应用于燃煤锅炉的高粉尘布置 SCR 系统。SCR 反应器位于省煤器的下游，空气预热器和除尘装置的上游。在机组满负荷时，这个位置的烟气温度通常处于 NO_x

还原反应的最佳温度窗口。但在机组启停或低负荷运行时，需采用旁路以提高省煤器后的烟气温度，使其达到规定的温度。这种布置进入 SCR 反应器的烟气飞灰含量高，而且催化剂还必须适应烟气中有害物质的影响。

通常，燃煤锅炉 SCR 反应器采用垂直方式布置，烟气向下流过催化剂。反应器通常布置有多层催化剂（一般为 2 或 3 层）。在每层催化剂上方安装有吹灰器，除去催化剂表面的颗粒物。对于采用蜂窝状催化剂的设计，通常催化剂孔的节距为 7～9mm（燃气锅炉为 3 或 4mm），这样使得飞灰颗粒更容易穿过催化剂孔而不发生沉积，同时便于吹灰器的清洁。为了获得均匀的气流并脱除颗粒物，高粉尘 SCR 设计通常在反应器前的管道里装有转向叶片和整流网格。

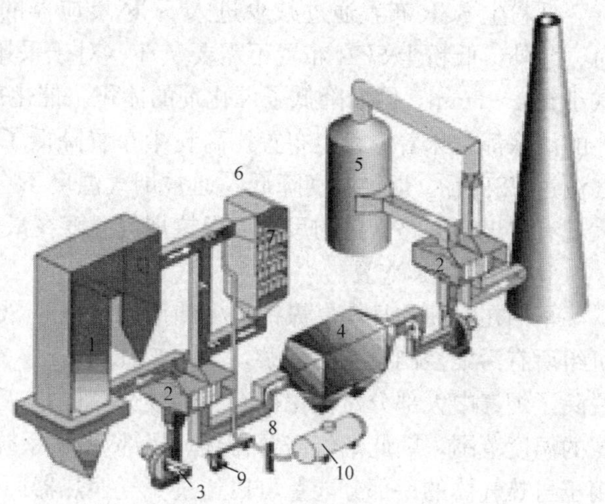

图 5-11　SCR 高粉尘布置

1—锅炉；2—热交换器；3—空气；4—静电除尘器；5—SO_2 洗涤塔；6—SCR 反应器；7—催化剂；8—喷雾器；9—氨/空气混合器；10—氨储罐

SCR 反应器底部的灰斗收集从烟气流分离出来的灰和颗粒物。为了定期除去积聚的灰，灰斗的出口连接电厂的飞灰处理系统。烟气通过灰斗顶部的开口流出反应器，直接进入空气预热器的入口。一些设计通过保持足够高的烟气流速而使飞灰悬浮在烟气中，这样可以去除灰斗。

燃用天然气和蒸馏油的锅炉产生的烟气相对而言所含的灰尘和 SO_2 较少。所以这些锅炉的 SCR 系统将反应器布置在空气预热器的上游，即高粉尘 SCR 布置。

2. 低粉尘 SCR 布置

在空气预热器上游布置有静电除尘器（ESP）的燃煤机组通常采用低粉尘 SCR 布置。图 5-12 所示为将 SCR 反应器布置在 ESP 下游的低粉尘布置。在这个位置，烟气含尘量相对较少，因为 ESP 可以脱除烟气中的飞灰，这些灰中含有砷、碱金属以及其他对催化剂性能和寿命有不利影响的成分。

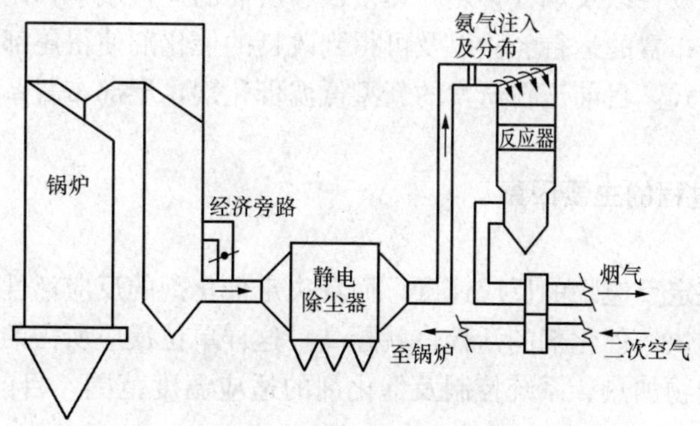

图 5-12　SCR 低粉尘布置

低粉尘SCR布置通过减少进入SCR反应器的飞灰以及催化剂毒素来延长催化剂的寿命。此外，低粉尘SCR布置不需要灰斗。对于采用蜂窝状催化剂的设计，催化剂节距可以减小到4～7mm，因而降低了催化剂的体积。催化剂寿命的延长、催化剂体积的减小以及灰斗的消除都意味着低粉尘布置比高粉尘布置降低了成本。低粉尘SCR仅有的缺点就是当烟气流过ESP后，烟气温度降低。通常烟气温度不会降低到需要再热的程度。但是，需要增大现有省煤器旁路管道的尺寸以保持烟气温度在最佳温度窗口。

3. 尾部SCR布置

早期在欧洲和日本燃煤锅炉上使用的是尾部SCR布置。这种布置将SCR反应器布置在机组所有污染控制设备的下游，如图5-13所示。在烟气进入SCR反应器前，污染控制设备脱除了烟气中大部分对催化剂有害的成分。但是，这个位置的烟气温度低于氨/NO_x反应所需的温度范围，因此烟气需要再热。尾部SCR系统采用换热器或者燃烧器燃烧的方法再热。用于再热气体的一部分能量可以通过气气换热器回收。

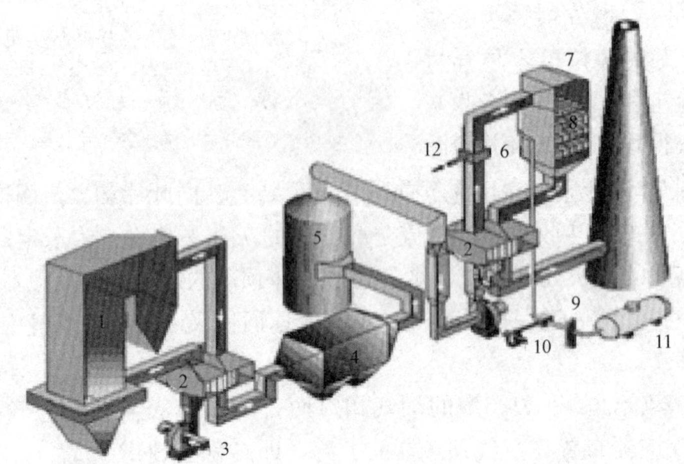

图5-13 SCR尾部布置

1—锅炉；2—热交换器；3—空气；4—静电除尘器；5—SO_2吸收塔；
6—加热器；7—SCR反应器；8—催化剂；9—喷雾器；
10—氨/空气混合器；11—氨储罐；12—燃料/蒸汽

由于额外添加了设备以及烟气再热和热量回收所需的运行成本，尾部布置在这三种布置中成本最高。高粉尘布置的运行经验以及可得到改良的催化剂使得尾部布置成为这三种选择中最没有吸引力的方式。目前正在研发的新型低温催化剂，尾部布置系统可能会在将来脱颖而出。

四、影响SCR过程的主要因素

（一）反应温度

反应温度不仅决定反应物的反应速度，而且决定催化剂的反应活性。一般来说，反应温度越高，反应速度越快，催化剂的活性也就越高，这样单位反应所需的反应空间小，反应器体积变小。综合反应物加热、系统控制及催化剂的适应温度范围，目前的SCR系统大多设定在320～420℃之间。

（二）烟气流型及与氨的湍流混合

烟气流型的优劣决定着催化剂的应用效果，合理的烟气流型不仅能有效地利用催化剂，而且能减少烟气的沿程阻力。在工程设计中必须重视烟气的流场，喷氨点应具有湍流条件，以实现与烟气的最佳混合，形成明确的均相流动区域。

（三）烟气在反应器内的空间速度

空间速度是 SCR 的一个关键设计参数，它是烟气（标准状态下的湿烟气）在催化剂容积内的停留时间尺度，在某种程度上决定反应物是否完全反应，同时也决定着反应器催化剂骨架的冲刷和烟气的沿程阻力。空间速度大，烟气在反应器内的停留时间短，则反应有可能不完全，这样氨的逃逸量就大；同时烟气对催化剂骨架的冲刷也大。对于固态排渣炉高灰段布置的 SCR 反应器，空间速度选择一般为 2500～3500/h。

（四）催化剂

催化剂是 SCR 系统中最关键的部分，其类型、结构和表面积都对脱除 NO_x 效果有很大影响，而且 SCR 系统的运行成本在很大程度上取决于催化剂的寿命，其使用寿命又取决于催化剂活性的衰减速度。下面介绍催化剂钝化以及比表面积减少的基本机理。

燃料在燃烧过程中释放出来的特定组分（CaO、MgO、K、Na、As、Cl、F）可以使催化剂中毒。这些成分通过扩散入催化剂的活性点并不可逆转地占据着活性点位而使催化剂失活。催化剂中毒是催化剂钝化的主要原因。

1. 碱金属（K、Na）

碱金属与催化剂表面接触，会使催化剂活性降低。碱金属在催化剂上沉积导致催化剂表面酸性大大降低，主要影响强酸性点，而且高浓度的 K 和 Na 会将强酸性点的酸性完全消除。催化剂碱金属中毒如图 5-14 所示。相同摩尔浓度的 K 与 Na 相比，中和效果更强。K 优先配位到 V_2O_5 也可能是 WO_3 上的 OH 根上，催化剂活性随着酸性点的数量减少以及酸性的降低而降低。

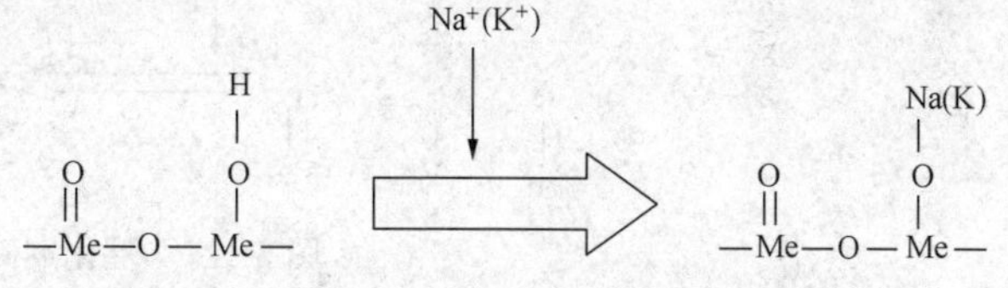

图 5-14　催化剂碱金属中毒

大多数情况下，避免水蒸气的凝结，可排除这类情况的发生。对于燃煤锅炉，发生碱金属中毒的情况比较少，因为煤灰中多数的碱金属是不溶的；对于燃油锅炉，中毒的危险较大，主要由于水溶性碱金属含量较高。如果锅炉燃用生物质燃料，中毒现象会变得严重，这是因为这些燃料中水溶性的 K 含量较高。

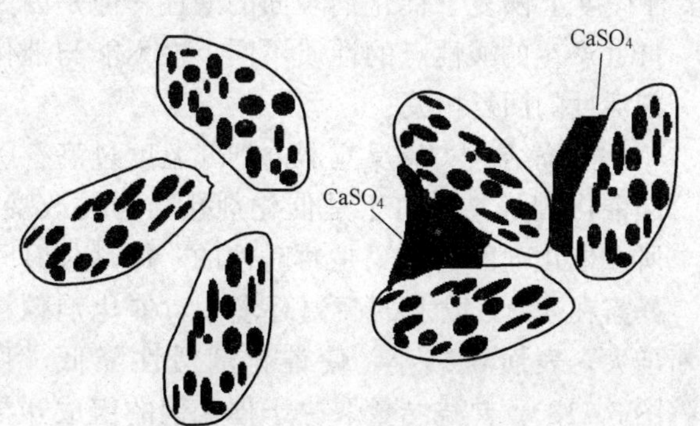

图 5-15　CaO 降低催化剂活性的机制

2. 碱土金属

飞灰中游离的 CaO 与吸附在催化剂上的 SO_3 反应生成 $CaSO_4$，会将催化剂表面遮蔽，减弱了 NH_3 结合到催化剂活性点的能力，如图 5-15 所示。

3. 砷

砷（As）来源于煤，在烟气中以挥发性 As_2O_3 的形式存在，同时也会吸附在飞灰颗粒上（假定以氧化物的形式），如图 5-16 所示。催化剂发生 As 中毒，特别是在液态排渣炉和飞灰再循环的过程中，后者还会导致循环过程中砷的富集。有学者认为，以氧化物为形式的砷，它的中毒影响归结于它的碱性。As_2O_3 导致 OH 根被新物种 As—OH（分布于表面的砷酸盐物种）所取代。催化剂砷中毒后，氨不会吸附到中毒的催化剂活性点，从而导致催化剂活性的降低，如图 5-17 所示。

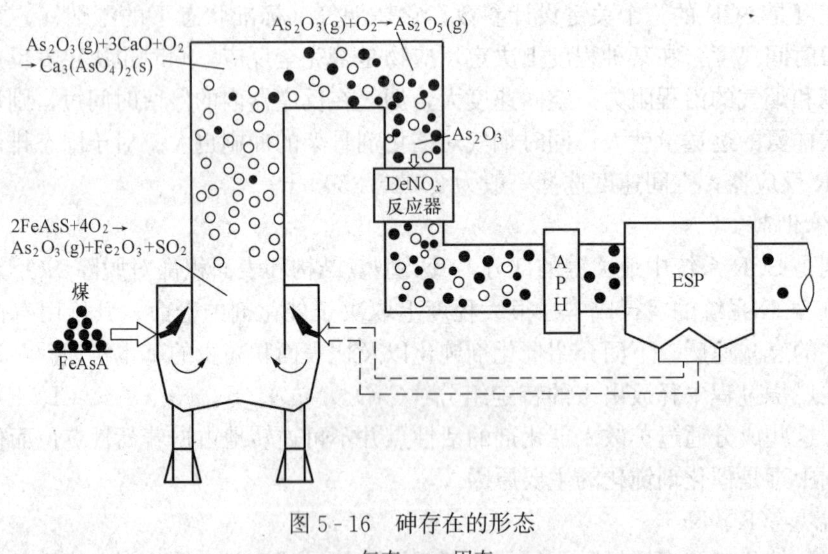

图 5-16　砷存在的形态

○—气态；●—固态

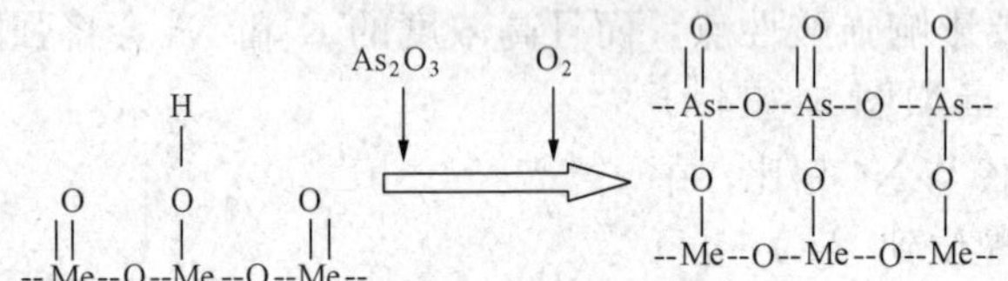

图 5-17　催化剂砷中毒

4. 卤素氢化物

HCl 使催化剂失活的原因是 HCl 与 SCR 催化剂接触引起催化剂上氧化钒的损失（形成挥发性的氯化钒），以及与氨反应生成氨化合物 NH_4Cl。但是，碱金属氯化物的形成降低了 Na 的负载量，促进了 SCR 反应。HCl 在某种程度上恢复了催化剂表面的酸性，但是因为 HCl 产生的酸性点的性质不同，这不能与催化剂活性的回复相关联。

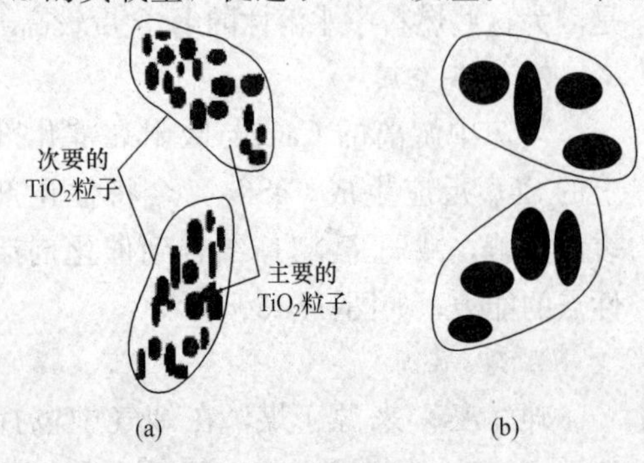

图 5-18　催化剂热烧结原理

（a）新鲜催化剂；（b）热烧结催化剂

热烧结。SCR 反应器内烟气温度过高会引起催化剂烧结，由于是催化剂孔结构的改变，所以催化剂的失活只是暂时性的。但是长时间暴露在 450℃ 以上的高温环境中，催化剂颗粒增大，表面积减小，使催化剂活性降低（见图 5-18）。热烧结量取决于催化剂的组成和结构。最新的催化剂材料对热烧结不那么敏感，从而提高了催化剂的运行寿命。

堵塞/沾污。飞灰中的硫铵盐、飞灰和其他颗粒物使催化剂堵塞和沾污。颗粒物沉积在催化剂的表面和活性点上，导致 NO_x 还原可得到的活性点数量减少，通过催化剂的烟气压降增加。图 5-19 所示为新催化剂与催化剂堵塞的对比照片。催化剂堵塞是很多电厂实际运行中最常遇到的问题，无论是板状催化剂还是蜂窝催化剂都会发生堵塞问题。

(a)

(b)

图 5-19　新催化剂与催化剂堵塞的对比照片
(a) 新催化剂；(b) 催化剂堵塞的形貌

腐蚀。颗粒物冲刷和高的气体流速会侵蚀催化剂材料。催化剂前沿硬化或者增加催化剂结构强度能够增加催化剂的抗腐蚀性，但是通过硬化来增加催化剂强度会减少催化剂活性点的数量。

老化。催化剂老化是经过一段时间后发生在催化剂孔上的物理和化学性质的改变。

催化剂配方。每一种催化剂配方都有不同的物理和化学特性。拥有以下特性的催化剂配方会减轻催化剂的钝化：单位体积的活性较大、热抵抗力较强、物理和化学抗毒性好、热运行范围广泛、结构强度大等。

五、研究开发现状及前景

使用催化剂催化还原 NO_x 是 20 世纪 50 年代美国人首先提出来的，到 1972 年在日本正式研究和开发，于 1978 年实现工业化，由于此法效率高，去除 NO_x 的能力可达 90%以上，是目前最好的可以广泛用于固定源 NO_x 治理的技术。这一技术在世界上已有实际应用的例子。美国联邦政府/学术界和工业界也正对 NO_x 的选择催化还原技术的研究开发和推广增加资金投入和研究力度。

目前，国内外的主要研究方向包括：

（1）催化剂研究。催化剂配方研究，开发适合于各种还原剂（NH_3、CO、H_2、烃类）的催化剂；对催化剂中毒、钝化、寿命等的研究。

（2）催化反应的机理和动力学研究。

（3）反应物和生成物的吸附和脱附研究。

（4）工业应用研究。

以上研究均以催化剂的研究为基础，催化剂的组成、结构、活性等方面的研究一直是 SCR 方法研究的重点。

SCR 技术的关键问题是选择优良的催化剂。根据使用催化剂种类的催化反应温度工艺分成高温、中温和低温三种。一般中温 300～400℃，高温大于 400℃，低温小于 300℃。根据选择的催化剂种类，反应温度可以选择在 250～420℃之间，甚至可以低到 80～150℃。前者就是目前应用的常规 SCR 技术，后者则为目前正在研究的低温 SCR 技术。目前广泛应用的 SCR 系统，大多是用以 V_2O_5 为活性成分的氧化钛基催化剂。TiO_2 具有较高的活性和抗 SO_2 性能，V_2O_5 具有较高的脱硝效率，同时也促进了 SO_2 进一步氧化为 SO_3。这种催化剂的价格较贵，接近 10 000 美元/m^3，一台 100MW 的燃煤锅炉需要 320m^3 的催化剂，再加上 SCR 系统投资运行费用很高。因此，开发低温 SCR 技术，将有可能使整体 SCR 费用降低。

国际上对低温 SCR 技术的研究兴起于 20 世纪 90 年代，研究目标主要集中在以下两个方面：①低温 SCR 催化剂的固有特性、活性及选择性；②烟气成分和温度环境对形成硫酸氨、硝酸氨、氧化亚氮等的影响。总体来讲，这项技术目前仍处于研究开发阶段。我国目前加紧这方面的研究，对于跟踪世界先进水平，使我国的研究处于该项技术的前沿及解决与我国能源利用密切相关的环境保护问题，都具有十分重要的现实意义。

第六节 氮氧化物控制的新进展及应用情况

一、过氧化氢脱硝技术

（一）H_2O_2 脱硝机理

H_2O_2 具有较强的氧化能力，其氧化电极电位较高，为 1.77V。H_2O_2 结构式为 H-O-O-H。HO-OH 化学键断裂需要的能量为 142kJ/mol，HOO-H 键断裂需要的能量较高，为 1086.8J/mol。H_2O_2 在热能或者辐射能的作用下，不同的化学键断裂可以形成不同的自由基参与反应。根据 H_2O_2、NO_x 等物质的亨利定律常数可知，其在水中的溶解度顺序为 $HNO_3>H_2O_2>HNO_2>N_2O_4>N_2O_3>NO_2>NO$。NO 难溶于水，不易被脱除，可以通过加入氧化剂将其氧化成溶解性较高的 NO_2，然后通过洗涤等方式脱除。H_2O_2 氧化 NO 主要有以下两种方式：

1. 常温下 H_2O_2 与 NO 氧化反应

尽管 H_2O_2 亨利定律常数较低，但是 H_2O_2 也能够释放出来与 NO_x 发生反应，反应式为

$$NO(g)+H_2O_2(g)\longrightarrow NO_2(g)+H_2O(g) \tag{5-23}$$

不过，在常温条件下该反应比较缓慢，H_2O_2 与 NO_2 反应较为迅速，反应式为

$$2NO_2(g)+H_2O_2(g)\longrightarrow 2HNO_3(g) \tag{5-24}$$

2. 自由基与 NO 氧化反应

在不同的高温条件下，H_2O_2 可以分解为 4 种：OH＋OH，HO_2＋H，H_2O+O_2，H_2O+O_2 或 H_2O+HO_2。利用 H_2O_2 的氧化性，主要就是创造反应条件使得 H_2O_2 分解为·OH。

H_2O_2 与烟气中的 NO 反应主要反应式有

$$H_2O_2\longrightarrow 2\cdot OH \tag{5-25}$$

$$H_2O_2+2\cdot OH\longrightarrow HO_2\cdot+H_2O \tag{5-26}$$

$$NO+HO_2\cdot\longrightarrow NO_2+\cdot OH \tag{5-27}$$

$$NO_2+\cdot OH\longrightarrow HNO_3 \tag{5-28}$$

$$NO+\cdot OH\longrightarrow HNO_2 \tag{5-29}$$

当反应温度高于 400℃时，反应动力学和平衡有利于产物 NO_2 和 HNO_3 的生成。在低

温条件下，NO转化率可能会降低。

H_2O_2 作为引发剂，在紫外光（UV）的照射下也可以被激活、分解，形成氧化能力更强的羟基·OH，与烟气中的 NO_x 发生反应：

$$H_2O_2 + UV\ (200\sim280nm) \longrightarrow 2 \cdot OH \qquad (5-30)$$

（二）H_2O_2 脱硝技术路线

通过对 H_2O_2 脱硝机理的研究，实现 H_2O_2 脱硝的技术路线主要有烟道喷入 H_2O_2 脱硝、UV/H_2O_2 脱硝、吸收塔 H_2O_2 洗涤脱硝三种方式。

1. 烟道喷入 H_2O_2 脱硝工艺流程

向高温烟道中喷入 H_2O_2，利用烟道高温条件，使得 H_2O_2 激发产生·OH和HO·等强氧化性基团，与烟气中的 NO_x 进行反应。该方法利用了烟道的高温条件（>400℃）。在 H_2O_2 喷入烟道与NO反应工艺设计中，喷嘴的位置和类型是能否充分利用 H_2O_2 的关键。喷嘴位置不同，烟气流速和温度分布不同，导致NO转化效率不同。雾化喷嘴功能：H_2O_2 喷入烟道之前需在喷嘴中保持冷却，防止其在高温下分解；选择合适的喷嘴位置，这样才能满足反应所需要的温度；当 H_2O_2 喷入热烟道时，喷入的 H_2O_2 粒径要满足要求，这样可使得 H_2O_2 蒸汽与烟气混合均匀，保证反应的充分性。在众多的影响因素中，H_2O_2/NO摩尔比、温度和 SO_2 存在与否等参数是影响脱除效果的关键因素。

H_2O_2/NO摩尔比的比值对脱硝效率起着至关重要的作用，增大 H_2O_2/NO摩尔比，有助于提高NO的转化率，但同时也增加了投资费用和运行成本。通过Chemkin-Ⅱ模拟软件对497～517℃条件下 H_2O_2 氧化NO的动力学模型的研究，验证了在500℃优化温度条件下，当 H_2O_2/NO摩尔比为1时，NO的转化率达90%。温度对提高NO氧化率起着重要影响。Zamansky等在研究 H_2O_2 处理空气污染物过程中同样也发现，在477～547℃的温度范围内，NO脱除效率最高。Kasper等考察NO与反应温度之间的关系，发现最佳的反应温度在500℃左右，此时的NO氧化效率超过90%。由于·OH的氧化能力强于 HO_2，因此 SO_2 存在不影响NO的氧化，在某种程度上 SO_2 的存在还会提高NO的转化率。

2. UV/H_2O_2 脱硝

为了降低反应温度，通过UV激发 H_2O_2 产生自由基与 NO_x 进行反应。H_2O_2 激发产生·OH，另外一种方法就是紫外光照射。这样，自由基在低温下产生，同样氧化反应可以在较低的温度下进行。研究表明：UV能量被 H_2O_2 吸收，使其活化与NO发生反应，并不是直接作用于NO。影响NO转化率的因素主要有温度、H_2O_2/NO_x 摩尔比和UV光源强度。其中，温度的影响比较明显，温度越高，NO的转化率就越高；H_2O_2/NO_x 摩尔比就越高，NO的转化率就越高；UV光源越强，NO的转化率就越高。

3. 吸收塔 H_2O_2 洗涤脱硝

2005年，美国航空局暨太空总署和火凤公司共同研制了一个新的氧化系统（多项废气污染物的控制系统，简称MPCS），即在不需要催化剂和加热条件下，喷入的 H_2O_2，在气态阶段可将NO 100%氧化成 NO_2，然后再经过循环喷射稳定化处理形成硝酸。

原烟气通过引风机进入冷却塔或者热交换器以降低烟气温度。如果采用冷却塔，还可以达到除尘的目的，冲洗水和灰尘流至沉淀池，可重复使用；冷却的烟气进入 SO_2 洗涤塔。SO_2 在洗涤塔中称为低质的硫酸，大部分金属和矿物氧化物也会溶解在洗涤液中被排除。在脱硫洗涤塔中，由于NO难溶于水，不会被脱除，因此，吸收塔中仅形成硫酸。脱硫后烟气

经除雾器后进入 NO_x 氧化室。由于 SO_2 已经被脱除，NO 在氧化室内接近 100%被氧化成 NO_2。这一步最大的突破是在气态、低温（43℃）条件下氧化 NO。然后，烟气进入 NO_x 洗涤塔，形成低质的硝酸，同时部分重金属和矿物质也会被脱除。处理后的烟气流经除雾器，加热到一定温度以后经烟囱排放。MPCS 对燃煤烟气中 SO_2 和 NO_x 分开进行处理，分别形成了硫酸和硝酸，可以满足生产不同肥料的需求，提高工艺的经济性。

二、脱硫脱硝一体化技术

烟气脱硫、脱硝是世界各国控制大气污染的主要措施。当前已经运行的烟气脱硫系统以湿式石灰石-石膏法为主，烟气脱硝系统以选择性催化还原法（SCR）为主，脱硫系统和脱硝系统分别设立与运行。这种模式带来的问题是初期投资大、占地面积大、运行管理复杂且费用高，同时脱硫脱硝技术较传统的脱硫和选择性催化还原脱硝组合工艺费用低，因此越来越受人们的重视。近年来工业发达的国家相继开展了该项技术的研究开发，有些甚至进行了一定的工业应用。

（一）固相吸收/再生烟气脱硫脱硝技术

1. 活性炭加氨吸附工艺

气体吸附工艺能够有效脱除一般方法难以分离的低质量浓度有害物质，具有净化率高、可回收有用组分（如元素硫、硫酸）、设备简单的优点。活性炭加氨吸附法是指在活性炭吸附脱硫系统中加入氨，实现同时脱除 NO_x。烟气中没有氧和水蒸气存在时、活性炭吸附 SO_2 仅为物理吸附，吸附量小，当有氧和水蒸气时，由于活性炭表面的催化作用，使吸附的 SO_2 被氧化为 SO_3，SO_3 和水蒸气反应生成硫酸，使其吸附量增加，这时吸附器内发生如下反应：

$$SO_2 + H_2O + \frac{1}{2}O_2 \longrightarrow H_2SO_4^* \text{（* 表示吸附状态）} \quad (5-31)$$

$$H_2SO_4^* + NH_3 \longrightarrow NH_4HSO_4 \quad (5-32)$$

$$NO + NH_3 + \frac{1}{4}O_2 \longrightarrow N_2 + \frac{3}{2}H_2O \quad (5-33)$$

2. NOXSO 工艺

NOXSO 工艺是一种干式、可再生系统，它可同时脱除锅炉烟气中的 SO_2 和 NO_x。经过除尘后的烟气进入流化床吸收塔，在此 SO_2 和 NO_x 同时被吸收剂吸收，用过的吸附剂被送到其后的加热器，温度 600℃左右，使得 NO_x 被释放并部分分解，溢出的 NO_x 循环送回锅炉燃烧室中，与烟气中还原气体的自由基反应生成 N_2，形成一个化学平衡，抑制 NO_x 的生成。同时用 H_2 或 CH_4 将吸收剂还原（610℃）除硫，然后吸收剂经冷却后进入吸收塔循环使用。此技术 SO_2 的去除率可达 97%以上，NO_x 的去除率可达 70%以上。

其基本反应机理可用方程式表示：

$$Na_2O + SO_2 \longrightarrow Na_2SO_3 \quad (5-34)$$

$$Na_2SO_3 + \frac{1}{2}O_2 \longrightarrow Na_2SO_4 \quad (5-35)$$

$$Na_2O + SO_2 + NO + O_2 \longrightarrow Na_2SO_4 + NO_2 \quad (5-36)$$

$$Na_2O + 3NO_2 \longrightarrow 2NaNO_3 + NO \quad (5-37)$$

$$2Na_2SO_3 + SO_2 \longrightarrow Na_2SO_4 + 2NO_2 \quad (5-38)$$

将吸附了 SO_2 和 NO_x 的吸附剂加热至 600℃，NO_x 解吸过程：

$$2NaNO_3 \longrightarrow Na_2O + NO_2 + NO + O_2 \quad (5-39)$$

$$NaNO_3 \longrightarrow Na_2O + 2NO_2 + \frac{1}{2}O_2 \quad (5-40)$$

试验表明，其生产出的硫具有商业等级的副产品，不存在副产物的二次污染和处置问题，同时无废水排放。

3. CuO 法

氧化铜法吸收还原过程一般采用负载型的 CuO 作为吸收剂，常见的有 CuO/Al_2O_3 和 CuO/SiO_2。通常 CuO 质量分数为 4%～6%，在 300～450℃范围内，与烟气中的 SO_2 发生反应形成 $CuSO_4$。同时，向烟气中鼓入适量的氨气，在残留 CuO 和硫酸盐生成物的催化下，氨与氮氧化物发生反应，氮氧化物转化成无害氮气后排向大气。吸收饱和的 $CuSO_4$ 经过再生可重新利用，再生过程一般用 H_2 或 CH_4 气体对 $CuSO_4$ 进行还原，释放的 SO_2 可制酸也可通过克劳德法转化为单质硫，还原得到的金属铜或 CuS，再用氧气或空气氧化，生产 CuO 重新用于吸收还原过程。其工艺流程如图 5-20 所示。

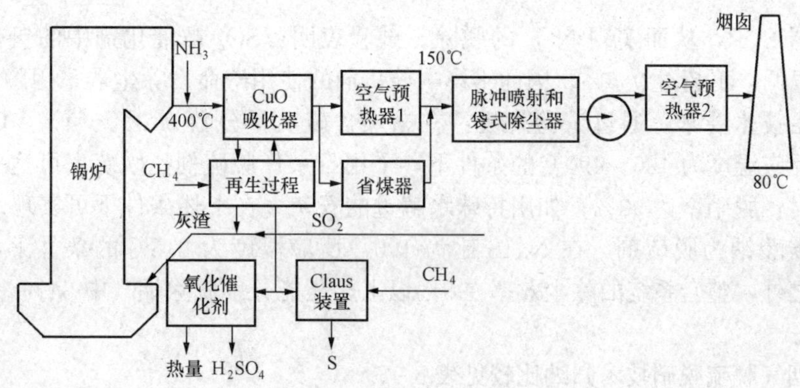

图 5-20　氧化铜法工艺流程

CuO/Al_2O_3 法的优点是可同时脱硫脱硝，不产生固态或液态二次污染；可产出硫或硫酸副产品；脱硫后烟气无需再热；脱硫剂可再生循环利用；可降低锅炉排烟温度等。

（二）气/固催化脱硫脱硝技术

1. SNOX 工艺

SNOX 工艺就是利用两种催化剂，将 SCR（选择性催化还原）反应与 SO_2 的催化反应结合起来达到同时脱硫脱硝的技术，其典型的工艺流程如图 5-21 所示。

离开空气预热器的烟气通过换热器将温度升高到 370℃以上，与氨气和空气混合进入 SCR 反应器，在催化剂作用下 NO_x 被氨气还原成 N_2 和水，然后烟气离开 SCR 反应器进入 SO_2 转换器，在此将 SO_2 催化氧化为 SO_3，然后与进入 SCR 反应器之前的烟气换热冷却，经过 WSA（硫酸湿气）冷凝器水合为硫酸而被捕集。

2. SNRB 工艺

SNRB 工艺是一种同时脱硫脱硝除尘的干法工艺，其特点是利用高温布袋除尘器达到同时脱硫脱硝和除尘的目的。

在布袋除尘器前布置钙基或钠基吸收剂喷射区，以此来脱除烟气中的 SO_2。同时在该喷射区的后方布置氨气喷射区，然后一起进入高温布袋除尘器中。其特点是布袋内部设有选择

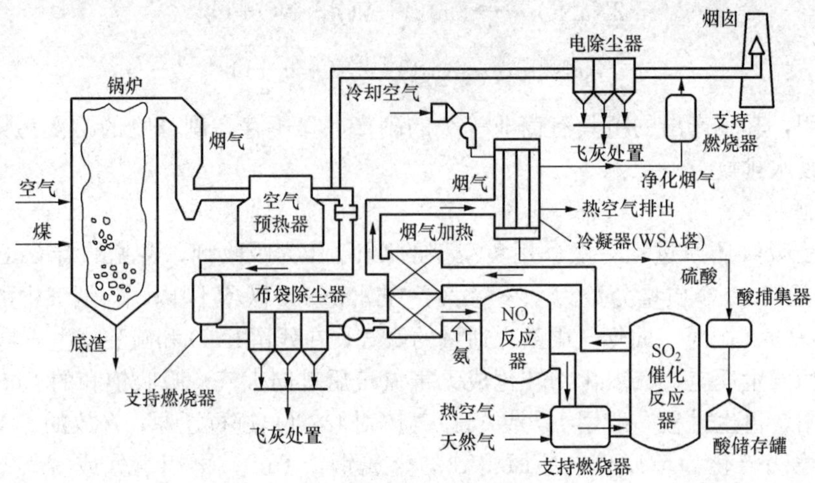

图 5-21　SNO_x 工艺流程

性催化还原器 SCR，从而实现 NO_x 的脱除。试验表明：SO_2 被催化剂中的钒催化氧化成 SO_3 的比例很低，不超过 0.5%，因此不影响催化剂的使用寿命。除尘器采用陶瓷或玻璃纤维滤料能满足技术要求。通过试验发现：在燃煤含硫质量分数为 3%～4%，Ca/S 为 2.0（摩尔比），反应温度为 426～490℃的条件下，采用石灰作脱硫剂，脱硫率可达 80%，在氨硝比为 0.9 时，脱硝率达 90%；如用特殊水解过的石灰，在上述条件下可实现 90%的脱硫率；如果以碳酸钠为脱硫剂，在 Na/S 比为 1.0，反应温度为 218℃的条件下，脱硫率达 80%。除此之外，整套系统的除尘效率在 9%以上，还能分别脱除烟气中 84%～95%的 HF 和 HCl 气体。

将上述烟气脱硫脱硝技术归纳比较见表 5-5。

表 5-5　燃煤锅炉同时脱硫脱硝技术

工艺技术	代表技术	技术原理	技术特点
固相吸收/再生烟气脱硫脱硝技术	活性炭吸附工艺	在氧和水蒸气存在时，通过活性炭表面的催化作用，使吸附的 SO_2 被氧化为 SO_3，再反应为硫酸，使其吸附量增加，NO_x 则与喷入氨作业催化转化 N_2	具有较高联合脱硫、脱硝、除尘效率；可同时脱除碳氢化合物，金属及其他有毒物质；无废水处理装置；可产生具有经济效益的副产品
	NO_xSO 工艺	除尘后烟气进入流化床吸收塔，SO_2 和 NO_x 同时被吸收剂吸收，用过的吸收剂经加热，NO_x 被释放并部分分解，溢出的 NO_x 被送回锅炉燃烧室中与烟气中还原气体的自由基反应生成 N_2；同时用 H_2 或 CH_4 将吸收剂还原除硫，吸收剂经冷却后进入吸收塔循环使用	脱硫效率可达 97%以上、脱硝效率可达 70%以上；生产出的硫具有商业等级的副产品；不存在副产品的二次污染和处理问题；无废水排放
	CuO 法	采用负载型的 CuO 作为吸收剂，常见的有 CuO/Al_2O_3 和 CuO/SiO_2，通常 CuO 质量分数 4%～6%，在 300～450℃范围内，与烟气中 SO_2 发生反应形成 $CuSO_4$，同时鼓入适量氨气，在残留 CuO 和硫酸盐的催化下，NO_x 转化为 N_2，$CuSO_4$ 一般用 H_2 或 CH_4 气体还原，释放的 SO_2 可制酸或转化为单质硫，还原得到铜或 CuS，再用 O_2 或空气氧化为 CuO 再次利用	不产生固态或者液态的二次污染，可产出硫或者硫酸副产品；脱落后烟气无需再热；脱硫剂可再生循环利用；可减低锅炉排烟温度

续表

工艺技术	代表技术	技术原理	技术特点
气/固催化脱硫脱硝技术	SNO_x 工艺	利用两种催化剂，将SCR反应与 SO_2 催化反应结合起来，烟气在一定温度下与氨气、空气混合进入SCR反应器，在催化剂作用下 NO_x 被还原为 N_2，烟气随后进入 SO_2 转换器并被转化为 SO_3，再经WSA（硫酸湿气）冷凝器水合为硫酸而被捕集	脱硫脱硝效率高；副产品 H_2SO_4 质量分数可高达93%；技术运行和维护费用低，可靠性高，缺点为能耗大，投资高
	SNRB 工艺	在省煤器后喷入钙基吸收剂脱除 SO_2，在袋式除尘器的滤袋中悬浮有SCR催化剂并在气体进袋式除尘器后喷入 NH_3 以脱除 NO_x	实现了脱硫脱硝除尘一体化，综合经济效益比分别进行各污染物脱除要好的多，但其烟气温度高，需特殊材质，增加了费用

（三）活性炭吸附法联合脱硫脱硝技术

1. 活性炭吸附法脱硫原理

活性炭具有较大的表面积、良好的孔结构、丰富的表面基团、高效的原位脱氧能力，同时有负载性能，所以既可作载体得到高分散的催化体系，又可作还原剂参与反应提供一个还原环境，降低反应温度。烟气中的 SO_2、O_2 和水在活性半焦的催化吸附，发生如下反应：

$$SO_2+O_2+H_2O \longrightarrow H_2SO_4$$

活性炭吸附 SO_2、O_2 和水生成硫酸并吸附在活性焦的表面，吸附达到饱和状态的活性焦进入再生塔进行热再生，使得硫酸分解成 SO_2 气体，然后通过其他工艺回收 SO_2 使其资源化。该技术脱硫效率大于95%，同时具有良好脱硝、脱重金属以及除尘效果（除尘效率大于70%）。

2. 活性炭吸附法脱硝原理

吸附法是利用吸附剂对 NO_x 的吸附量随温度或压力的变化而变化的原理，通过周期性地改变反应器内的温度和压力，来控制 NO_x 的吸附，以达到将 NO_x 从汽源中分离出来的目的。如果在活性炭脱硫系统中加入氨，即可同时脱除 NO_x，反应方程式如下：

$$4NO+4NH_3+O_2 \longrightarrow 4N_2+6H_2O \tag{5-41}$$

与此同时，在吸收塔内还存在以下的副反应：

$$NH_3+H_2SO_4 \longrightarrow NH_4HSO_4 \tag{5-42}$$

$$2NH_3+H_2SO_4 \longrightarrow (NH_4)_2HSO_4 \tag{5-43}$$

SO_2 脱除反应一般优先于 NO_x 的脱除反应，烟气中 SO_2 浓度较高时，活性焦内进行的是 SO_2 脱除反应；当 SO_2 浓度较低时，NO_x 脱除反应占主导地位。

（四）低温等离子体-催化协同空气净化技术

低温等离子体-催化技术是将催化剂引入等离子体系统，主要通过以下两种方式来实现：①催化剂置于放电区域内部（III—plasma catalysis，IPC）；②催化剂置于放电区域后部（post plasma catalysis，PPC）（见图5-22）。在这两种方式中，催化剂物质均通过以下三种形式负载于反应器内（见图5-23）：①涂覆于反应器壁或电极上；②填充床；③催化剂膜层。

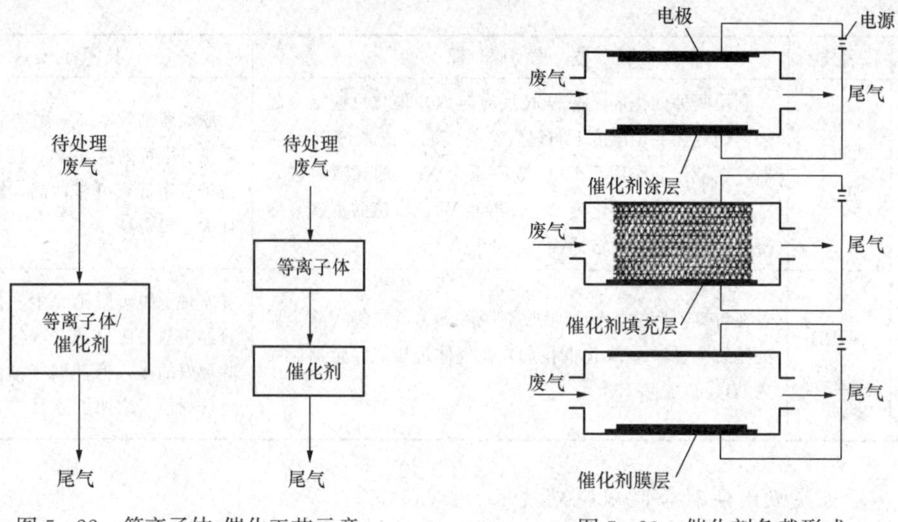

图 5-22 等离子体-催化工艺示意

图 5-23 催化剂负载形式

低温等离子体和催化协同作用处理废气的原理如下：等离子体中包含的离子、高能电子、激发态原子、分子及自由基都是高活性物质，它们可以加速通常条件下难以进行或速率很慢的降解反应，提高污染物的降解效果。同时，由于活性离子和自由基气体放电时，一些高能激发粒子向下跃迁产生紫外光，当光子或电子的能量大于半导体禁带宽度时，会激发半导体催化剂内的电子，使电子从价带跃迁至导带，形成具有很强活性的电子空穴对，并诱导一系列氧化还原反应的进行。光生空穴具有很强的捕获电子能力，可在催化剂表面形成羟基自由基，从而进一步氧化污染物。此外，催化剂可以选择性地与等离子体产生的中间副产物反应，得到理想的降解物质（如 CO_2 和 H_2O）。因此，低温等离子体与催化剂协同作用时比单一使用催化剂或等离子体具有更好的脱除效果，可以更加有效地减少副产物的产生，提高 CO_2 的选择性，进一步降低反应能耗。

目前，等离子体-催化技术很少有工程应用实例，大部分仍处在实验室探索研究阶段。研究结果初步表明，催化剂的引入可使等离子体技术操作条件更加温和、能耗进一步降低.而且可以有效地抑制中间副产物的产生。低温等离子体-催化技术在空气污染治理方面所具有的良好性能，明显优于单一的等离子体或催化氧化技术，其净化效果大于两者净化效果的叠加，这是传统技术所无法比拟的。目前国内外低温等离子体-催化的研究主要集中在等离子体与催化剂物化性质相互影响以及等离子体驱动光催化作用机理等方面。

第六章　二氧化碳的控制理论及技术

众所周知，温室效应将会导致全球气温升高，冰川融化，海平面上升，降雨增多等等，这一切将对人类的生产和生活带来巨大的影响，温室效应已经成为目前人类所面临的最大环境问题。在产生温室效应的所有气体中（CO_2、CH_4、N_2O、HFCs、PFCs、SF_6），CO_2 对温室效应的贡献最大，约占55%。因此，控制 CO_2 排放是减缓温室效应的关键。本章主要介绍 CO_2 分离理论和技术、CO_2 减排理论和技术、CO_2 的捕集封存及利用。

第一节　CO_2 分离理论和技术

一、吸收分离法

吸收法按照吸收分离原理的不同，可分化学吸收法和物理吸收法。

化学吸收法是通过 CO_2 与溶剂发生化学反应来实现 CO_2 的分离并借助其逆反应进行溶剂再生，通常采用热碳酸钾或者醇胺类水溶液作为吸收剂，具有较高的 CO_2 吸收速率，回收的 CO_2 纯度可达99.99%。

物理吸收法中溶剂对 CO_2 的吸收是按照物理溶解的方法进行的，CO_2 在溶剂中的溶解服从亨利定律，因此本法适用于较高 CO_2 浓度的烟气，而化学吸收法适合 CO_2 浓度较低的混合气体处理。

对于 CO_2 分离与回收技术中，以化学溶剂吸收法研究的最多，也被认为最经济可行。CO_2 的化学处理技术包含 CO_2 及其他物质间（如各级醇胺、氨水或氨气、氢氧化钠等）一种或更多的可逆反应已达成分离效果。一般常用于化学吸收法的溶剂为醇胺及氨气（或氨水），其中胺类主要有一级醇胺（如 MEA）、二级醇胺（如 DEA、DIPA）及三级醇胺（如 MDEA）。除了以醇胺当作 CO_2 吸收剂之外，也有以氢氧化钠、氢氧化钙、氢氧化镁、热碳酸钾溶液（BV 法）等碱剂作为烟道气中 CO_2 的吸收。

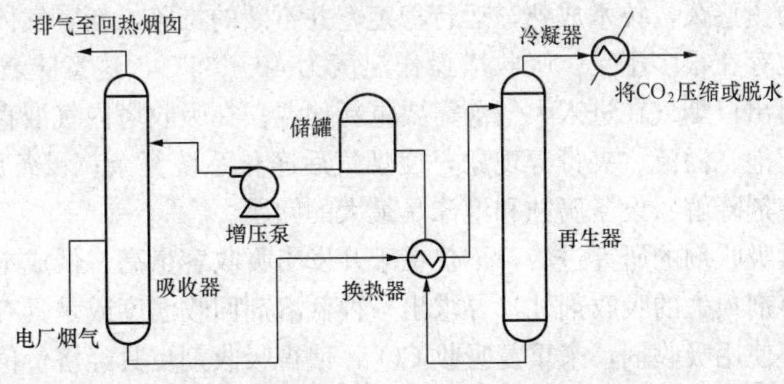

图 6-1　CO_2 化学吸收法工艺流程图

图 6-1 所示为美国 DOW 化学公司 20 世纪 80 年代开发的适合于电厂烟道气脱除 CO_2 的典型工艺流程。待处理的烟气经冷却、除水后进入胺吸收塔，塔内装有填料，MEA 溶液

和烟气逆流通过吸收塔，在此过程中MEA溶液吸收烟气中的CO_2，出去CO_2后的烟气经水洗（回收胺）后排入大气。吸收了CO_2的富液进入热交换器预热后进入再生塔，再生塔循环利用。塔顶出口CO_2经压缩、脱水后通过管道输送处理。

美国在1978～1992年间先后投入6套90-1000t/d（伯兹瓦纳一套）回收装置，其中以燃天然气的350MW机组和燃煤的320MW机组最为成功，均采用化学吸收法在常压下分离CO_2，吸收剂为MEA。美加州的Trana电厂用该工艺每天回收860t CO_2用作化工原料。俄克拉荷马州的300MW Shady Point电厂每天可回收200t CO_2用于饮料工业。美国有4个工厂成功的从烟气中分离CO_2用于驱油。加拿大也在积极完善MEA法，目前处于中间工厂试验阶段，主要研究如何降低胺的损失，减少能耗。

意大利学者1999年做了320MW电厂脱碳的模型，发现用30%MEA脱CO_2并液化，在目前的化工技术水平上不可行，由于巨大的投资，发电成本增加了1倍多。澳大利亚学者认为降低脱碳成本的希望在于烟气脱CO_2的大型化。

1995年美国能源部化石燃料办公室的专家提出用氨水喷淋烟气吸收CO_2并生产碳酸氢氨的“双赢建议”，结果表明，用28%的氨水可以吸收98%的CO_2而用10%的氨水可以达到吸收80%CO_2的效果。中科院沈阳研究所的研究证明，在常温常压下通过回收烟气中的CO_2生产长效碳酸氢氨在技术上是可行的。此法比MEA法能源代价少16%。

日本关西电力公司在Nanko电厂成功建设化学吸收法CO_2捕集示范工程，并在马来西亚的一家尿素生产厂家成功建设160t/天的CO_2捕集装置，关西电力公司与三菱重工联合研发出KS-1吸收剂和KP-1填料，明显增加CO_2捕集率，降低系统能耗。最近几年，用氨水洗涤烟道气脱除CO_2的技术得到了世界范围的关注。美国Powerspan公司开发了ECO_2捕集工艺，可用氨水捕集电厂烟气中的CO_2。BP替代能源公司与Powerspan公司正在开发和验证Powerspa公司基于氨水的CO_2捕集技术，下一步将把该技术商业化应用于燃煤电厂。

沟流、夹带、腐蚀、泡沫和溶解也是化学吸收法运行中遇到的难题。对于燃煤锅炉而言，烟尘也是形成泡沫的原因之一，因此必须先除去烟尘。另外，烟气中的SO_2和NO_x与胺易生产热稳定性盐类，导致吸收剂不能再生，溶剂降解，因此必须在脱除CO_2之前除去50%～90%的SO_2。

化学吸收法历史悠久，技术成熟，运行稳定，并不断的推陈出新，气体回收率和纯度达99%以上，但是也存在很多不足：吸收塔操作温度为40～65℃，这意味着烟气进入吸收塔前必须降温，同时出口烟气在进入大气前需要重新加温；在吸收塔内气液直接接触，不可避免会产生乳化、起泡、溢流、夹带等现象，使烟气后净化系统复杂；设备庞大，操作复杂，不易维修保养。溶剂降解、设备腐蚀和泡沫是最大的问题。

关于未来化学吸收剂的研究进展，不仅在于开发出吸收容量高、低成本、吸收率佳、抗腐蚀性且不易有溶剂损失的吸收剂外，寻求出一种低溶剂回收温度或是具有经济价值的添加剂，以及再生循环使用吸收剂，来重复吸收CO_2，使得吸收剂更具经济价值，也是未来研究发展的方向之一。

二、吸附分离法

吸附法可分为变压吸附法（PSA）和变温吸附法（TSA）及变温变压吸附法（PTSA）。PSA法是基于固态吸附剂对原料气体中CO_2有选择性吸附作用，在高压时吸附，低压解吸的方法，该技术于1962年实现工业规模的制氢，目前工业上较多采用变压吸附法。TSA法是通过改变吸附剂的温度来进行吸附和解吸的。吸附法常用的吸附剂有沸石、活性炭、分子筛、氧化铝凝胶等。

吸附法是将含有二氧化碳的烟道气通过吸收塔，利用与吸附剂接触的方式达到去除二氧化碳的目的。因没有溶液参与，化学吸附法也称为干法，是以固体材料吸附或化学反应来脱除及回收烟道气中的CO_2组分的。若考虑设备费、电费及蒸汽等支出费用，吸附法较适用于中小规模的二氧化碳吸收。

常见的吸收剂有沸石、活性炭及分子筛等，其中以分子筛吸附最具有代表性。用分子筛作为吸附剂除可进行油田气脱水外，同样也可进行烟道气中酸性气体的脱除。但用普通分子筛容易被酸性气体侵蚀，出现破裂和结块现象，使再生过程无法进行。故目前多采用抗酸性分子筛Aw-500型、Aw-300型、Zeolon-500和Zeolon-300型等。用这类分子筛，可以将烟道气中的微量硫化物一并脱除。

而吸附剂的再生方式可分为加热再生吸附法和压力再生吸附法。通常前者适用于低浓度范围，后者适用于高浓度范围。在选择吸附剂时，原则上以有最大二氧化碳吸附力的吸附剂作为参考量，因此吸附剂的开发为目前努力的方向。近年来，日本钢厂正研发回收含低浓度二氧化碳的转炉气，以供应锅炉产生蒸汽发电，如此可使废气中二氧化碳的浓度由15%提高至33%左右，再以PSA方法回收二氧化碳，可使回收率提升。

东京电力公司1991年建成一个处理量1000m^3/h（标准状态下）的PTSA试验工厂，1994年连续运行2000h，CO_2吸收效果很好，流程如图6-2所示。

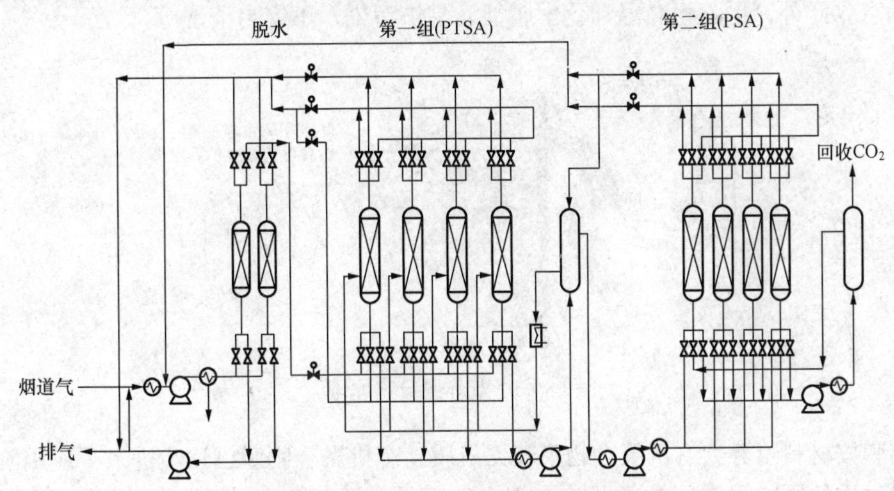

图6-2　PTSA法脱除烟气中的CO_2

系统分PTSA和PSA两级，第一级烟气在常压下被吸附，然后通过加热和降压解吸，比单纯的降压节能11%，解吸压力范围0.005～0.015MPa（0.05～0.15atm），试验条件下能耗为560kW·h/t（辅助设备效率太低）。据资料估计，在应用时，能耗可以降低50%甚至更低，脱除效率90%，CO_2的纯度达99%。CO_2浓度从10%升到15%可再降低能耗25%。日本东京电力会同三菱重工在横须贺火电厂进行了采用PTSA法与化学吸收法分离回收CO_2的试验，每小时处理烟气1000m^3（标准状态下），CO_2回收率为90%，CO_2纯度为99%。

2000 年，以色列 Solmees 公司研究成功利用已获专利的多孔性固体吸附剂从化石燃料发电厂烟道气中吸附 CO_2 的化学温度吸附法（CTSA）。英国伯明翰大学和皇家科学大学正在研究一种以水滑石为吸附介质的 CO_2 回收法，此吸附剂能从 208～302℃温度的烟道气中回收 CO_2，其吸附能力高于 0.8mol/kg，脱除 CO_2 的效率可达 97%。日本东芝公司研究开发中心研制成与 450～700℃高温 CO_2 接触时通过化学反应吸收 CO_2 的陶瓷，为以往吸附剂吸附 CO_2 能力的 10 倍。

吸附法原料适应性广，无设备腐蚀和环境污染，工艺过程简单，低能耗，压力适应范围广，但是其缺点为解吸吸附频繁，自动化程度要求高，需要大量的吸附剂，更适合于 CO_2 浓度为 20%～80%工业气。烟道气含 CO_2 量较低，需要大量的能量去压缩 80%无用组分来满足吸附压力而且需预处理烟气中的 H_2O 和颗粒物，以免吸附剂表面力减弱。

三、膜分离法

膜分离法又分为气体分离膜法和气体吸收膜法两类。

1. 气体分离膜法

气体分离膜技术依靠待分离混合气体与薄膜材料之间的化学或物理反应，使得一种组分快速溶解并穿过该薄膜，从而将混合气体分成穿透气流和剩余气流两部分。气体分离薄膜的分离能力取决于薄膜材料的选择性和两个过程参数：穿透气流对总气流的流孽比和压力比。目前常见的气体膜分离机理有两种：其一，气体通过多孔膜的微孔扩散机理；其二，气体通过非多孔膜的溶解-扩散机理，其分离原理如图 6-3 所示。研究发现，大多数聚合物均存在渗透性和选择性相反的关系，即渗透性高的，选择性则低；反之，选择性高的，渗透性则不能令人满意。此外，也不耐高温和化学腐蚀，易被污染，不容易清洗等。

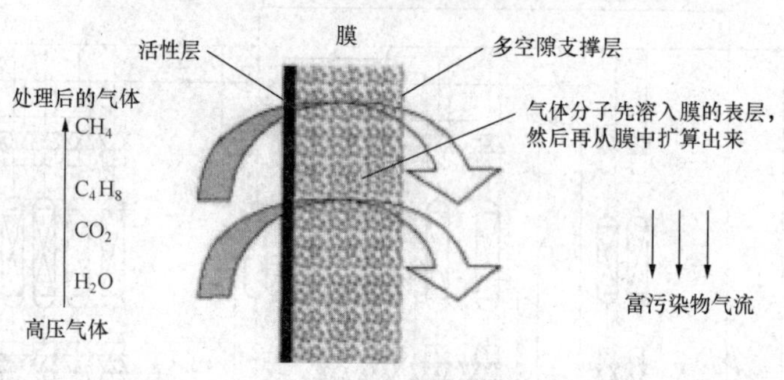

图 6-3 气体膜分离原理

分离膜按材料可分为有机聚合物膜和无机膜。有机聚合物膜已逐步进入了应用阶段，但受其自身材质的影响限制了这类膜在高温、高腐蚀性环境中的应用，在使用过程中容易老化，不大适合于矿物燃料产生的 CO_2 气体脱除。无机膜用于 CO_2 气体分离时分离系数低；采用单级膜分离时，仅仅能部分的分离和浓缩 CO_2，实际应用时，要采取多级循环分离，这样使得无机膜的利用价值大打折扣。Pope 二级分离方法如图 6-4 所示，该方法能回收 80% 的 CO_2，如果企图回收 90% 的 CO_2，膜投资费用将增加两倍，总能耗占燃煤能量的 50%～75%。

1979 年，美国 Monsanto 公司首次推出膜分离器，用于从合成氮厂弛放气中回收氢气，并一举获得成功。美国 Envirogerics System 公司 1983 年开发出一种名为“Gasqo”的膜分

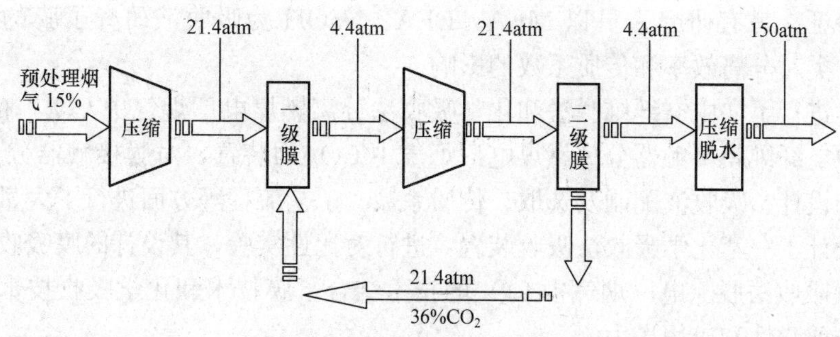

图 6-4 二级膜分离装置流程图

离装置，是采用醋酸纤维素不对称膜的螺旋卷式膜组件，从天然气中分离回收 CO_2，该膜装置使用 3 年无明显损坏。到 1990 年，全世界有 1000 多套的氢气膜分离装置投入运行。1988 年 air-product 公司为英国建立了一套从加氢裂化尾气中分离氢的膜分离装置，处理能力 64 900m^3/h（标准状态下），回收率 90%，浓度 95%以上。

Monsanto、Dow、Grace 等都对用膜分离法处理 EOR（强化采油）伴生气这一领域给予了极大的关注。据报道，在 Sun 油田 Dow 成功的采用膜法回收浓缩 EOR 伴生气中的 CO_2。设计时估计膜组件的使用寿命为 2～3 年，现已运行了 5 年之久，膜组件性能依然良好。英国 LosAlamos 国家实验室正在开发一种耐 370℃高温膜，该膜与金属载体结合，耐高压和化学品，前景看好。

大连化物所在合成氨驰放气和净化合成气方面推广膜分离器近百套。气体膜分离技术非常适用于天然气的处理，在美国，天然气井口有很多的膜分离装置，用来处理天然气。在注 CO_2 的三次采油中，用膜分离法回收 CO_2，可以大大降低投资成本。目前膜分离法已经成功应用于炼油尾气、合成氨驰放气氢回收、H_2/CO 合成气比例调节从 EOR 伴生气和生物气中回收 CO_2 等领域。

2. 气体吸收膜法

气体吸收膜技术与气体膜分离技术相比。在薄膜的另一侧有化学吸收液存在，气体和吸收液不直接接触，分别在膜两侧流动，膜本身对气体没有选择性，只起隔离气体和吸收液的作用（聚丙烯膜孔径在 0.2μm 左右，N_2、O_2、CO_2 分子直径小于 3.7×10^{-3} μm）；通过吸收液的选择性吸收达到气体分离的目的。它结合了气体分离膜和化学吸收法的优点，是一种很有前途的气体分离法。

近几年国际上对膜吸收法脱除电厂烟气中 CO_2 的研究非常活跃，目前处于基础研究阶段，基本处于寻找合适的吸收液、建立数值模型计算传质系数、设计合理的气液流动形式阶段，很少看到工业应用的报道。荷兰 TNO 在膜器件设计和吸收液配制方面处于国际领先地位，并取得了一系列以氨基酸盐为基本成分命名为 CORAL 的专利。荷兰 P. S. Kumar 博士以牛黄酸钾和氨基乙酸钾为主进行了一系列如吸收液黏度、气体溶解度和扩散系数等基础研究。加拿大学者以 NaOH 和 DEA 为吸收液，对气液有效接触面积，气液相传质系数和体积传质系数进行了分析。新加坡学者以 AMP、DEA、MDEA 为吸收液，研究了膜内径、膜长度、吸收液等对传质的影响，并建立数值模型描述了吸收剂和 CO_2 在吸收边界层的浓度分布情况。

国内研究人员以醇胺水溶液为吸收液，讨论了气液流速对总传质系数的影响，并建立数值模型加以验证。另有研究人员以 MEA、DEA、NaOH 为吸收液研究了膜的透气性、流程、吸收剂种类对分离效率和传质系数的影响。

浙江大学进行了“中空纤维膜法和化学吸收法分离燃煤电厂烟气中 CO_2”的试验研究，设计了一套中空纤维膜接触器分离燃煤电厂烟气中 CO_2 的装置，对膜接触器分离 CO_2 的特性和膜器件的设计、吸收液配制及选取、传质系数、工艺流程等方面进行了大量研究，在此基础上，又设计了一套化学吸收法吸收装置，进行对比性实验，其设计的膜吸收法流程如图 6-5 所示。膜吸收法脱除电厂烟气中 CO_2 的技术结合了膜技术和化学吸收技术的优点，具有很高的科技前瞻性和应用潜力。

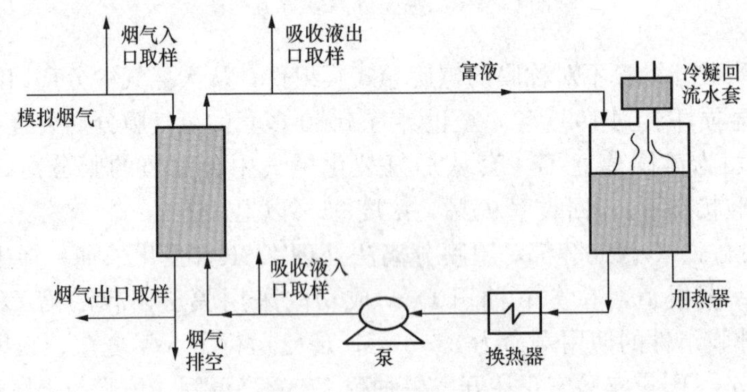

图 6-5　膜吸收法流程图

浙江大学科研人员还提出了利用分离回收来的 CO_2 生产生物质的构想，这样可以用生物质替代大量矿物燃料的使用，极大地减少了 SO_2、NO_x 和 CO_2 的排放，缓解了对环境的压力。

四、低温蒸馏法

低温蒸馏法是通过低温冷凝分离 CO_2 的物理过程，一般是将烟气经过多次压缩和冷却后，引起相变从而分离烟气中的 CO_2。主要用于从油田伴生气中分离提纯 CO_2，然后将其重新注入油井循环使用。比较典型的工艺是四塔的瑞安/赫尔姆斯流程。目前，对于烟道气低温蒸馏法脱除 CO_2 还处于理论研究阶段。据荷兰研究机构计算，常规燃煤电厂未采用脱 CO_2 的燃煤电厂发电效率是 38%，采用低温蒸馏脱除 85%的 CO_2 后，效率为 26%；美国 Davy Mckee 公司设计了 N_2/CO_2 低温蒸馏分离法，除尘后的烟气脱水并压缩到 30atm，压缩烟气在热交换器中和出口气与蒸发的 CO_2 进行热交换后被冷却，约有一半 CO_2 被液化后分离，气体送到下一个吸收塔中被溶液吸收，吸收塔底部的溶液送到再生塔再生，并循环利用，90%以上的被回收，纯度达 97%，该法的能量消耗为燃煤能量的 55%～95%。

蒸馏法对于高浓度（体积百分含量为 60%）CO_2 的回收较为经济，适用于油田现场。从 CO_2 回收塔塔底得到的液体 CO_2，经泵加压后，再注入油井，提高原油产量，可节省大量能耗，而且能副产燃料气，供油田需要。但该法设备庞大、能耗较高、分离效果较差，一般很少使用。

五、石灰石法脱除燃煤烟气中的 CO_2

众所周知，石灰石已被广泛应用于燃煤电厂烟气脱硫，研究表明，以石灰石为吸收剂采用碳化/锻烧的方式也可脱除烟气中的 CO_2。1999 年，Shimizu 首次提出完整的 CO_2 脱除循环过程。加拿大学者研究了以 CaO 为主要成分的吸收剂在流化床内通过碳化/煅烧来脱除 CO_2 的可行性。实验流程如图 6 - 6 所示。

如果本法可以实现，大量低价煤可以获得高效低 CO_2 排放应用。CaO 在燃烧室中吸收 CO_2 反应机理如下：

$$CaO+CO_2 \longrightarrow CaCO_3$$

$CaCO_3$ 在煅烧炉里高温煅烧后再生为 CaO，循环利用。煅烧室内放出的烟气近乎纯 CO_2，易于回收处理，而且烟气中的硫化物也会得到脱除，本法非常适合流化床。

六、以煤制氢为核心的近零排放技术

在此技术中，煤与氢在高温、高压下反应生成甲烷，然后在 CaO 存在的情况下，甲烷与 H_2O 进行重整反应，生成氢气和 $CaCO_3$，其中一部分氢气在系统内循环，另一部分被用作燃料电池的燃料产生电力；$CaCO_3$ 在高温下煅烧产生高纯度的 CO_2，CaO 则被循环利用，煤在该过程中的生成物只是高纯度的 H_2 和 CO_2。该技术为煤的高效洁净利用提供了极大的发展空间，为减少煤利用过程中温室气体 CO_2 的排放提供了一个崭新的途径，技术流程如图 6 - 7 所示。

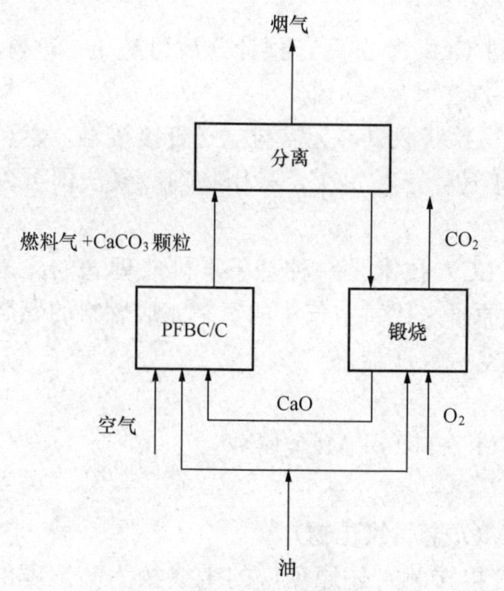

图 6 - 6　石灰石法脱除 CO_2

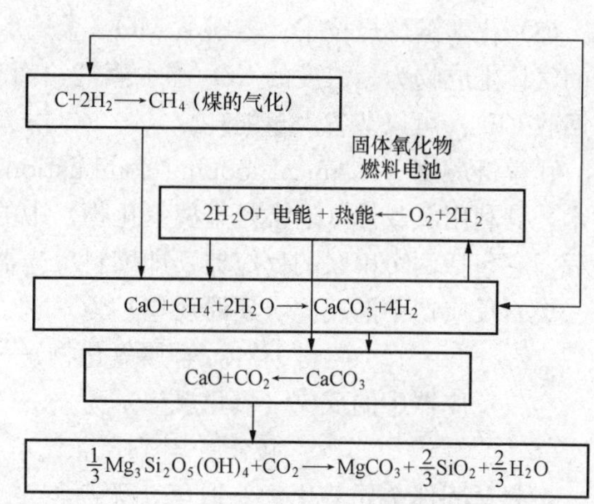

图 6 - 7　以煤直接制氢为核心的近零排放煤炭发电技术系统工艺流程

该技术中，能量与物质在系统中充分循环。一方面，能够充分利用系统自身的能量维持各过程的进行，从而减小了系统的能量损失，提高效率；另一方面，烟气循环使大量污染物在系统内循环，从而减小了污染物的排放量。由于没有空气参与燃烧，避免了颗粒物和其他污染物的释放。

七、生物性回收二氧化碳技术

微生物二氧化碳回收固定技术主要可分为两类：①利用微生物固定二氧化碳，利用微细藻类及光合成菌类固定二氧化碳；②利用球石藻等固定二氧化碳。

对于利用微生物固定二氧化碳方式而言，所使用的微生物包括有微细藻类光合成细菌，与植物比较，微生物具有更高效率固定二氧化碳的能力。其过程中会产生大量藻类与菌体，可制备成养殖生物饲料或抽取高附加值的产品。因此，微生物相当具有可行性，但仍面临二氧化碳消耗率不高的限制。而需广大的培植面积来配合。

第二节 CO_2 减排理论和技术

一、电力生产中 CO_2 的减排

电力生产中排放 CO_2 占人类总排放量的 30%。大型化工与石化联合企业均有电厂，其特点是单点固定排放源，我国煤电占 80%（世界平均煤电为 40%），常规电厂效率仅为 32%～35%。为了大规模减排 CO_2，可采用燃煤预处理、增大机组容量、开发先进的燃烧循环、以 LNG（液化天然气）代煤发电、采用大型高参数汽轮机和燃气轮机、将热力学循环与电化学联合、多联产系统和回收 CO_2 新技术等，使电厂效率大为提高，达到大规模减排 CO_2 目的，其发展方向如下：

（1）亚临界发电系统。发电效率 η=38%。

（2）超临界发电系统。η=40%～42%。

（3）超超临界发电系统（USC）。η=50%～55%。

（4）整体煤气化联合循环系统。η=42%，减排 CO_2 为 25%，预计今后可达 η=50%，CO_2 减排 50%。若采用天然气进行燃气轮机循环，η=52%～58%。

（5）化学链燃烧技术。燃料从 MO（金属氧化物）获取氧，无需与空气直接接触，燃料侧的气体生成物为高浓度的 CO_2 和水蒸气，而且也不会产生 NO_x，采用物理冷凝法即可分离回收 CO_2，可以节省大量能耗。

化学链燃烧（chemical looping combustion，CLC）技术是一种基于零排放理念的先进技术，其利用氧载体（通常是金属氧化物）中的氧原子来代替空气中的氧来完成燃料的燃烧过程。它包括两个串联的反应器，即燃料反应器和空气反应器。

燃料反应器中的反应（还原反应）为

$$燃料+MO(金属氧化物)\longrightarrow CO_2+H_2O+M(金属)$$

空气反应器中的反应（氧化反应）为

$$M(金属)+O_2(空气)\longrightarrow MO(金属氧化物)$$

燃料从固体金属氧化物获取氧，无需与空气直接接触。还原反应的生成物为高浓度的 CO_2、水蒸气和固体金属 M。氧化反应是前一个反应中生成的固体金属与空气中的氧反应，重新生成固体金属氧化物 MO。金属氧化物 MO 与金属 M 在两个反应之间循环使用，起到传递氧的作用。目前主要的氧载体是金属氧化物，包括 Fe、Cu、Ni、Mn、Co 等的氧化物。空气反应器中产生的废气是无害的，其大部分为 N_2。整个过程中不会产生 NO_x，采用物理冷凝法即可分离回收 CO_2，从而以较低的能耗实现 CO_2 的高浓度富集。

（6）整体煤气化。燃料电池联合循环（IGMCFC）系统。MCFC 不用贵金属，可用 CO 为燃料，η 比 IGCC 高，可达 45%～53%，预计 2015 年 η 可达 60%。若用天然气重整（SRM）与 MCFC 联合，η=60%～70%，接近 CO_2 零排放目标。能源技术最古老的梦想之一就是用煤直接发电而不经过燃烧过程，直接碳燃料电池（DCFC）就是实现这个梦想的装置。用煤制成 DCFC 碳电极，碳直接转化为 CO_2 而无需进行重整。阳极单产物仅为 CO_2，有利于分离。其优点是碳的体积能量密度很高，达 20.0kW·h/L，超过 H_2、CH_4、Li、

Mg、汽油、柴油，其次是没有熵变，转化效率达 80%以上，这是世界上最有希望的能源技术之一。

（7）多联产系统。多联产是能源领域降低能耗、物耗和减排 CO_2 的重要方向。有燃 CH_4 的冷热电联产，生物质冷热电联产，燃煤冷热电联产，化工产品与冷热电联产。如甲醇、合成气、热电联产，可使能耗下降 22.6%，CO_2 排放量也下降 22.6%。

目前各种发电方式的碳排放率［g/(kW·h)］为：煤发电为 275，油发电为 204，天然气发电为 181，太阳能热发电为 92，太阳能光伏发电为 55，波浪发电为 41，海洋温差发电为 36，潮流发电为 35，风力发电为 20，地热发电为 11，核能发电为 8，水力发电为 6。这些数据是以各种发电方式所用的原料和燃料的开采和运输、发电设备的制造、电源网架的建设、电源的运行发电以及维护保养和废弃物排放与处理所有循环中消费的能源，按照各种发电方式在寿命期间的发电量计算得出的。由此可见，发展水电、核电和其他新能源将有助于大大减排 CO_2。

二、流动源 CO_2 的减排

交通运输使用化石燃料排放的 CO_2 约占 CO_2 总排放量的 30%。我国民用汽车保有量已超过 4300 万辆。预计 2020 年将达到 1.3 亿辆，年需油 5 亿 t，再加上农用车、火车、轮船、飞机用油，届时将达 7 亿 t，由于车辆与耗油数量成倍的增长，CO_2 也会成倍增加，现在 CO_2 的排放量将十分惊人，且流动源 CO_2 难以回收利用。减排方法如下：

（1）车辆轻型化、小型化，以塑代钢，可减少油耗。

（2）改进和设计新型发动机，提高能效。

（3）以柴油车取代汽油车。柴油车比同类汽车经济性高 20%，能源强度低 10%，可减排 CO_2 约 10%。欧盟已计划将轿车 CO_2 平均排放量由 187g/km（1995 年）降至 140g/km（2008 年），约下降 25%，2012 年降至 120g/km。

（4）开发和推广低油耗的混合动力车（HV）。它由驱动车轮电机、电池，以汽油、轻油、LPG（液化石油气）、CNG（压缩天然气）为燃料的发动机、燃料电池或燃气轮机等动力装置组成动力源。1996 年丰田公司推出 3.75L/100km 的 Prius 汽油-电力混合动力车，2002 年改进后达 3.23L/100km；1998 年大众公司推出 3.0L/100km；1999 年本田公司推出 2.86L/100km 概念车；最先进的是乙醇燃料电池与太阳能电池混合动力车，油耗为 0.78L/100km。

（5）改变燃料结构，多用高 H/C 燃料，更多地利用生物质能。

1）使用高 H/C 清洁燃料，如 LPG、CNG 等。目前我国有 200 多家甲醇企业，78%以煤为原料。规划中甲醇大项目有 88 个，总产能为 48 503t/a，到 2010 年产能将达 6000 万 t/a。虽然甲醇燃烧热只有汽油的 46%，但理论混合热值为 2650kJ/kg，为汽油的 95%。开发甲醇汽油除具有效益高、废气中有害物质大幅下降、辛烷值高、含碳量低、抗静电好、可减少对石油依赖等特点，它还是符合中国国情的新型燃料。

2）以氢为燃料，而氢是从非化石燃料中获得。如核电、水电、太阳能电用于电解水制氢，其利用方式有烧氢内燃机、氢-油、氢-甲烷混合燃料内燃机；燃料电池，它的高转换效率比内燃机高 2～3 倍，可减排 75%的 CO_2。

3）生物质能。生物质能来源广、资源巨大、可再生，最重要的是使用中几乎没有 SO_2 产生，产生的 CO_2 与植物生长过程所需要的 CO_2 在数量上保持平衡，统称为 CO_2 中性燃料。

今后的发展方向是改变原料结构，发展不与粮争地争水的高产、高糖作物。甜高粱光合速率快、含糖量高，每公顷可产 6t 乙醇，它抗旱、耐涝、耐盐碱，对土地适应性强，在 pH5.10～8.15 之间均可生长，目前已在新疆大面积种植。木薯和转基因玉米产量高、抗病能力强、成本低，均可作原料。最有前途的方法是用各种富含纤维素秸秆，通过预处理和酶转化最终生产出 EtOH，但目前成本太高，预计 10 年内可实现工业化。若破解白蚂蚁体内将纤维素转化为碳水化物酶的 DNA 结构，并合成它则可方便地将纤维素转化成乙醇。

美国、法国、日本的生物柴油的研发生产较为先进，自动化程度高，我国正在逐步推广。我国生物柴油存在两大问题：一是原料来源问题，我国传统油脂人均消费量仅为全世界平均的 43%，不到国际标准的 33%，每年需大量进口，因此不可能利用常规油脂作原料。而且加工 1t 生物柴油成本中 75%为原料成本，利润低。二是自动化程度低，“三废”严重，甘油有效回收等还存在很多问题，必须开辟新的原料来源，如产油藻类、产油菌类、螺旋藻等。

三、低碳汽油技术

一种新型 GX 低碳汽油已由中国环保新能源研究院与环球瞭望（北京）石化产品有限公司联合成功研发，它可使二氧化碳排放降低 5%～8%，一氧化碳降低 30%以上，氮氧化合物符合国家规定、硫排放同等条件减少 20%，节省燃油 3.2%以上，动力提高 5%以上。这种 GX 低碳汽油已经在山东、北京、河北和内蒙古等地试验推广，数据显示，使用新型 GX 低碳汽油每年可减少 CO_2 排放 3000 万 t，将对我国节能减排发挥重要作用。

在对 40 多万辆车次、上千万千米的测试中，新型 GX 低碳汽油主要性能指标均优于现有京标（京标油，指符合北京在 2008 年开始实行的汽车尾气排放符合欧Ⅳ燃油标准的燃油）、国标和乙醇汽油、甲醇汽油的使用效果。

环境保护部机动车排污监控中心对使用新型 GX 低碳汽油车的排放物和京标油排放物、节油率和动力的比较检测显示，新型 GX 低碳汽油 CO_2 排放可降低 5%～8%，CO 降低 30%以上，氮氧化合物符合国家规定、硫排放同等条件减少 20%。与京标汽油对比，按每吨汽油产生 3.14t CO_2 计算，低碳汽油排放量为 2.9t，比京标油降低 7%。据统计，每年全国消耗汽油约产生 CO_2 约 22 600 万 t。若使用低碳汽油，则可以减少 3034 万 t CO_2 排放。

四、富氧燃烧技术

燃烧是由于燃料中可燃分子与氧分子之间发生高能碰撞而引起的，所以氧的供给情况决定了燃烧过程完成得是否充分。用比通常空气（含氧 21%）含氧浓度高的富氧空气进行燃烧，称为富氧燃烧（oxygen enriched combustion，OEC）。它是一项高效节能的燃烧技术，在玻璃工业、冶金工业及热能工程领域均有应用。

富氧燃烧技术组织燃料在 O_2 和 CO_2 混合气体中燃烧，烟气经过干燥脱水后 CO_2 浓度高达 95%，压缩后即可进行下一步处理，同时还具备相当低的 NO_x 排放和较高的脱硫效率功能，是一种能够综合控制燃煤污染排放的新一代燃烧技术。

富氧燃烧技术是针对燃煤电厂特点所发展的一种既能直接获得高浓度 CO_2，又能综合控制燃煤污染排放的新一代 CO_2 减排技术。富氧燃烧技术也称为 O_2/CO_2 燃烧技术，或空气分离/烟气再循环技术。该法用空气分离获得的 O_2 和一部分锅炉烟气循环气构成的混合气体代替空气作为化石燃料燃烧时的氧化剂，来保持炉膛中的温度低于可承受点，以提高燃烧

烟气中 CO_2 浓度。此燃烧反应发生在 O_2/CO_2 混合气的环境中，其主要步骤为空气压缩分离燃烧、电力产生烟气压缩和脱水，如图 6-8 所示。

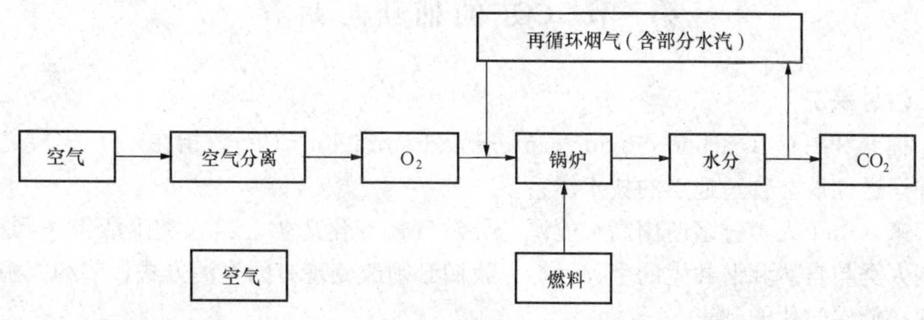

图 6-8　富氧燃烧技术流程图

富氧燃烧与用普通空气燃烧相比有以下几个优点。

1. 充分燃烧，合理燃烧

常规的燃烧过程都存在着不足之处，局部缺氧。产生不完全燃烧，火焰温度偏低也会产生不完全燃烧，可燃物质变成烟尘排掉，浪费能源，造成大气污染。富氧燃烧针对缺氧区，局部增氧，使燃烧充分，火焰温度提高，辐射强度大幅提升，从而使热能的利用率大幅提升。例如：①锅炉前后拱是缺氧区，前后拱上部是锅炉水管吸热区，富氧喷嘴在缺氧区注入富氧，不仅可以充分燃烧，同时可以拉高火焰，提高火焰的温度，在吸热区再次形成高温，增强热辐射。②在隧道窑炉中富氧喷射在喷油枪的下方，在中下部缺氧区形成高温层，有利于被加热的产品获得热能，可燃物质被充分燃烧。总之，可以根据不同窑炉的燃烧要求，优选到最佳方案。

2. 氧浓度提高，火焰温度上升，热效率大幅度提高

富氧可以使火焰温度提高，燃烧反应过程稳定。火焰温度与节能效率密切相关，火焰温度提高，促进整个燃烧体（炉膛）温度上升。受热物质主要靠热辐射获得热能，辐射强度与温度的四次方成正比，炉膛温度上升虽不大，但热辐射强度大幅提升，受热物质更容易获得热量，传热效率大幅提高。

3. 降低燃料的着火温度和减少燃尽时间

燃料的着火温度随燃烧条件变化而变化。燃料的着火温度不是一个常数，如 CO 在空气中为 609℃，在纯氧中仅 388℃，所以用富氧助燃能提高火焰强度、增加释放热量等。可见，加入氧气将有助于降低燃料的燃点温度。比如：城市生活垃圾的燃点很高，普通空气助燃下不易燃烧。日本三菱公司将富氧燃烧技术应用于垃圾焚烧炉中，收到了可观的经济和环保效益。

4. 降低过量空气系数，减少燃烧后的烟气量

用富氧代替空气助燃，可适当降低过量空气系数，减少排烟体积。用锅炉反平衡效率法计算锅炉效率时，会发现锅炉的排烟损失占锅炉热损失的很大比例，特别是在普通空气助燃的情况下，占助燃空气近 4/5 体积的氮气并没参加燃烧反应，并且在燃烧过程中被同时加热，带走大量的热量。若使用氧浓度为 21%的常规空气，按理论空气量燃烧的烟气量作为 1 计算时，随着含氧量的增加，烟气量有减少的倾向。使用含氧量为 27%的富氧空气燃烧与氧浓度为 21%的空气燃烧比较，过量空气系数 $\alpha=1$ 时，则烟气体积减少 20%，排烟热损失

也相应减少而节能。

第三节 CO_2 的捕获与封存

一、CCS 概况

CO_2 捕获和封存（carbon dioxide capture and storage，CCS），指在 CO_2 排放之前将其捕获，并运送储放在合适地点的技术体系。

近年来，由于人类过多使用高碳能源，导致气候变化恶劣，给人类生活带来严重灾害。为了实现人类与自然和谐共生的生存目标，我们必须改变现有的生活方式，节约能源，保护生态，迎接低碳时代的到来。

CO_2 的减排理论和技术，以及 CO_2 的控制理论和技术的发展，越来越受到世界各国的关注，它涉及工业、交通、建筑、农业和管理等各个领域，在哥本哈根气候会议上，我国提出清晰量化指标，承诺到 2020 年单位国内生产总值二氧化碳排放比 2005 年下降 40%～45%，这远远超出了“巴厘路线图”对发展中国家的要求。我国目前处于碳排放高速增长阶段，二氧化碳减排形势严峻，任务艰巨。

目前 CCS 技术被看作是解决全球气候变暖问题的最具发展前景的解决方案之一，不仅能有效减少碳排放，还可能更持久地更清洁地利用我国丰富的煤炭资源。但它作为一种新的技术仍有许多技术难点、风险评估、政策问题等需要进一步的研究。CCS 是一项巨大的工程，需要各个相关领域予以技术和经济上的支持，从实现我国经济社会的可持续发展角度看，需要在积极跟踪国外技术和活动的同时，加强国内的研发，不断通过技术创新，提出适合中国现阶段国情的 CO_2 捕集技术。

CCS 减排技术实施的潜力取决于相对其他减排措施的成本。提高能源利用率实现 CO_2 减排存在技术上的极限，并将额外付出一定的经济成本，减排措施在设备制造、安装、运行过程中存在能源消耗，风能、太阳能、生物质能、低碳能源等减排措施的减排效果并不如预期的有效，而 CCS 具有减少整体减排成本以及增加实现温室气体减排灵活性的潜力，同时允许化石能源的继续使用，其优点显著，CCS 在减排技术体系中的作用在 21 世纪内将会大幅度上升。但 CCS 的广泛应用取决于技术成熟性、成本核算、技术普及和转让、法律法规、环境评估和公众反应等诸多因素。

目前已商业化的 CCS 项目有 3 个，第一个是挪威国营石油和天然气公司 Statoil 的 Sleipner 深部盐水含水层封存项目，该项目将采集到的 CO_2 注入海底以下约 800m 深处的含盐水岩层中，1996 年 10 月启动，日注入量大约为 2700t，由于当时挪威已开始征收碳素税，而该公司在北海的天然气田生产的天然气中含有 9%的 CO_2，为免交碳素税，该公司选择了含水层封存，这是世界上第一次商业规模的含水层封存工程，近 6 年的工程实践表明，封存成本与碳素税额基本持平，证明了含水层封存的经济性；第二个是美国北达科他州气化公司 Weyburn CO_2 强化采油项目，该公司生产甲烷的副产品是 CO_2，通过管道运输用于在加拿大 Weyburn 油田注入地层帮助开采石油，从 2000 年项目启用至今，没有任何迹象表明有 CO_2 渗漏到地表或近地表环境；第三个是阿尔及利亚 In Salah 天然气项目，In Salah 的 Krechba 气田有一些气藏所生产的天然气伴生大量的 CO_2（最多 10%），CO_2 通过 3 个深井被注入 1800m 以下的砂岩储层中。日本的研究基本与欧洲及北美国家同步，受挪威 Sleipner

工程成功的鼓舞，日本新能源技术综合开发机构启动了“CO_2 含水层封存技术研究开发计划”（2000～2005 年），到 2005 年项目结束时，在新泻县长岗市向 1200m 深的地下注入 2 万 t CO_2，用地震波层析技术对注入地中的 CO_2 进行了监测，证实了 CO_2 被封闭在地层中。更有意义的是，即使在 2004 年 10 月 23 日的新泻地震（里氏 6.8 级，震源距封存场地只有 13km）中，也未发现泄漏迹象。目前各国正在开展的大型 CCS 研发项目见表 6-1。

表 6-1　各国进行的大型 CCS 研发项目

项目名称	国家	项目规模	开始时间	封存方式
Sleipner	挪威	商业	1996	含水层
Weyburn	加拿大	商业	2000	CO_2 驱油
Minami-Nagoaka	日本	示范试验	2002	含水层
Yubari	日本	示范试验	2004	CO_2 驱煤层气
In Salah	阿尔及利亚	商业	2004	枯竭天然气田
Frio	美国	先导试验	2004	咸水含水层
K12B	荷兰	先导试验	2004	CO_2 增强气体开采
Fenn Big Valley	加拿大	先导试验	1998	CO_2 驱煤层气
Recopol	波兰	先导试验	2003	CO_2 驱煤层气
Qinshui Basin	中国	先导试验	2003	CO_2 驱煤层气
Salt Creek	美国	商业	2004	CO_2 驱油
Snohvit	挪威	商业	2006	咸水含水层
Gorgon	澳大利亚	商业	2009	咸水含水层
Ketzin	德国	示范试验	2006	咸水含水层
Otway	澳大利亚	示范试验	2005	咸水含水层和枯竭天然气田
Teapot Dome	美国	示范试验	2006	咸水含水层和 CO_2 驱油
CSEMP	加拿大	示范试验	2005	CO_2 驱煤层气
Pembina	加拿大	示范试验	2005	CO_2 驱油

随着 CCS 技术的研究、发展以及规模效应，CCS 未来的成本将会显著降低。如新颖的 CO_2 捕获技术具有更低的 CO_2 捕获成本，新建排放源与封存场地地理匹配良好将显著降低 CO_2 运输成本，煤气化、燃烧前捕获、废弃气体联合地质封存等新技术可显著提高 CCS 系统的经济性和环境效益。综上所述，CCS 技术将对 CO_2 减排贡献巨大，并将对 CO_2 减排产生深远影响。

二、CO_2 捕获

CO_2 捕获只适合大型静止的 CO_2 排放“点源”，包括大型化石燃料或生物能源设施、天然气生产、合成燃料工厂以及基于化石燃料的制氢工厂等，这些大型排放源约占全球化石燃料 CO_2 排放量的 60%。在生产过程中，CO_2 首先必须与燃烧或加工产生的其他气体分离，然后通过压缩和净化使之易于运输和封存。目前的捕获系统有三种。

1. 燃烧后捕获系统

从烟道气体中分离 CO_2，这些系统通常使用液态溶剂进行捕获，例如现代粉煤电厂或天然气复合循环（NGCC）电厂所使用的液态溶剂单乙醇胺（MEA）。

2. 燃烧前捕获系统

用蒸汽和空气或氧气处理初级燃料，产生的CO在二级反应器里与蒸汽继续发生反应，产生氢与CO_2，后者经分离后进入封存。这套系统在肥料制造业和大规模制氢生产业中已得到广泛应用。虽然工业过程相对更精细和成本较高，但产生的燃气流中，CO_2浓度和压力较高也使得CO_2分离更加容易。

3. 氧燃料燃烧捕获系统

燃料燃烧使用氧气，因此烟道气主要由水蒸气和CO_2构成，再通过冷却和压缩过程除去水蒸气。这种技术几乎可以捕获燃烧过程产生的全部CO_2，因而分离也更加容易，但由于需要配置额外的气体处理系统以产生氧气和清除硫、氮氧化物等污染物，因此成本增高很多。

燃烧前和燃烧后系统已经应用于一些工业中，商业化历史已有数十年。目前发电厂所使用的燃烧后系统和燃烧前系统可以捕获所产生的CO_2的85%～95%，但成本增加10%～40%。氧燃料燃烧系统目前尚处于示范阶段。目前研究的重点在于提高捕获系统的效率并降低成本。

三、CO_2运输

1. 管道运输

典型的做法是将CO_2施加8MPa以上的压力进行压缩，变成液态，避免二相流和提升CO_2的密度，通过管道进行安全输送。对于大约1000km距离内大量输送CO_2，该方法是首选途径，并且已是一项成熟的市场技术。在美国，每年由超过2500km的管道运输超过40Mt的CO_2。管道输送过程中，由上游端的压缩机提供驱动力，部分还配置中途压缩站。

2. 船舶及罐车运输

类似于液化石油气的运输，由于CO_2的工业需求有限，因此输送的成本较高。对于每年在几百万吨以下的CO_2输送或是更远距离的海外运输，使用轮船较为合适。

四、CO_2的封存

“十二五”规划明确提出“发展循环经济，推广低碳技术，积极应对气候变化。”这意味着，在“十二五”期间，低碳技术将成为政府的支持重点。碳捕捉和存储技术是需要发展的关键技术之一，它可以帮助我们在未来数十年大幅度削减能源领域的二氧化碳排放。建立和完善碳捕捉和存储技术发展协作网络，有助于加强各机构的合作，让科学家、能源企业和民众了解相关技术的发展情况，而技术知识的分享对加快欧洲乃至世界的清洁能源技术发展十分重要。

哥本哈根大会后，世界各主要国家都提出了减排计划，虽然根据目前的京都议定书达成的协议，碳捕获与封存储项目尚不属于清洁发展机制（CDM）或联合履行机制（JI）项目的减排的工具。但是世界各国都在加紧进行着对碳捕获与封存技术的研究。国际能源署在一份报告中提出，到2020年前全球需要建设100个CCS电厂。

英国对碳捕获与封存技术设立了法律保障。2010年4月，英国批准了《2010能源法》。这部法律规定英国将对对能源消耗的企业和个人征税，以筹集资金启动商业规模的碳捕获与封存示范项目。此举将有利于建立一批环保型的新燃煤发电厂，比如意昂公司（E. ON）在肯特郡金斯顿建设的电站。

在美国，碳捕获与封存项目也在如火如荼地进行中。2009年，美国从《经济恢复和再投资法案》（ARRA）中拨款24亿美元，资助扩大和加快二氧化碳捕获与封存技术商业性技术开发。这笔资助资金是奥巴马政府为减少气候变化的主要温室气体（二氧化碳）排放量和增加新就业机会计划的一部分。处于试验阶段的西弗吉尼亚 Mountaineer 燃煤电厂从去年开始进行小规模的碳捕获。

在我国，中石油、华能集团、神华集团等大型企业在碳捕获与封存工程项目建设上也进行了探索和尝试。2010年6月，神华集团碳捕获与封存工业化示范项目在鄂尔多斯高原开工，这是全国第一个，也是全球第一个把二氧化碳封存在咸水层的CCS项目。

将分离回收的CO_2通过各种封存方法达到减排目的。目前，以CO_2为原料生产的化学品、塑料和肥料等仅利用极少量的CO_2（质量百分含量小于1%）。所以，封存是解决CO_2减排的重要途径。

1. 生态封存

陆地上的森林、植被、土地微生物、草原、农作物、苔原和沼泽湿地、海洋藻类每年吸收515 G～713G t CO_2。可通过大规模植树造林，增加绿化面积，并适当调整种植结构，种植含油量高、含淀粉高的作物，这是理想的封存方法。该方法优点是成本低、不用耗能，而且生产出无净排放CO_2可再生能源。可实现碳资源的循环利用，达到CO_2减排和提供能源的目的，是一举两得的良策。

2. 深海封存

海洋储存基本构想是将集中排放源（化石燃料电厂、水泥厂等）分离得到的CO_2液化处理后，送到指定海域利用管道技术注入到一定深度的海洋中，利用海水封存CO_2。海洋处理CO_2的潜力是非常巨大，但由于海洋生态系统的复杂性和测试方法的局限性，人们无法准确估测大规模的CO_2注入对海洋生态系统的影响，在一些关键性问题上科学家们还没有取得一致的看法。

深海中CO_2含量低于0.1kg/m^3，远未达到溶解度40kg/m^{3}的饱和值。所以，海洋是巨大的CO_2吸收库，可容纳40 000G t的CO_2。在500m的深海，在10℃和5MPa下，CO_2呈液态。在3000m深海，CO_2密度比水大，而沉入海底。目前在技术上还无法将CO_2送入3000m的深海。目前的研究重点是将CO_2注入海水，再送到400m深海处，它会沉入海底，生成$CO_2 \cdot 6H_2O$、$CO_2 \cdot 8H_2O$笼状物，在海底形成永久性CO_2湖。该法有巨大潜力，也是较价廉的封存方法之一，但要继续对海水可能酸化对海洋生态造成的影响加以研究。

3. 地质封存

比较理想的地质封存环境是无商业开采价值的深部煤层（并促进煤层天然气回收）、油田（并促进石油回收率）、枯竭天然气田、深部咸水含水地层。封存深度一般要在800m以下，该深度的温压条件可使CO_2处于高密度的液态或超临界状态。其他可能的地质构造或结构还包括玄武岩、石油或天然气储岩、盐穴和废弃矿井，但目前尚未开展过充分的研究以全面评估不同地质封存体的封存潜力。

地质封存是CO_2封存最为经济可行并且环境上可接受的方案，可以采用石油和天然气工业已在使用的钻井技术，将压缩的CO_2注入地表以下的合适储体岩层中。各种物理、化学的俘获机理将阻止CO_2向地面移动：首先，储层构造上覆的页岩、泥岩、石灰岩等致密盖层岩石起到了CO_2向上迁移的物理隔离作用。其次，地质岩层中的毛细管力可将CO_2物理捕获在储层的孔隙中，毛细管力倾向于阻止 CO_2 进入页岩，只要排斥力大于 CO_2 的超孔隙压力，CO_2 就不能渗入页层，这是地质封存中最重要的水力学机理。三是化学捕获的机制，CO_2 与现场流体及储层体会发生化学反应，CO_2 可在储层中的地下水中溶解（在深部地层条件下质量溶解度为 4%左右），并随其缓慢流动，深部地层水的流速一般在 10cm/a 以下，极其缓慢，在 1000 年后，这部分 CO_2 移动不到 100m，而沉积盆地延绵数十到上千 km，充满 CO_2 的水密度增大而沉落在储层构造底部，另外，溶解的 CO_2 与储层体中的岩石矿物会发生反应而生成某些粘土矿物和碳酸盐，从而被长期固定在地层中；如果储层为煤或有机物丰富的页岩时，CO_2 将置换围岩中的甲烷类有机气体，这样 CO_2 的被捕获状态将更加稳定，利用这一原理，CO_2 可用于石油、煤层气企业强化驱替增采过程。

全球各地适合 CO_2 封存的地质体非常丰富，据估计，供封存目前排放水平的 CO_2 达数百至数千年之久的空间是存在的，表 6 - 2 为全球 CO_2 封存的技术容量预测，中国的盆地级 CO_2 地质封存容量见表 6 - 3。

表 6 - 2 CO_2 封存的技术容量预测全球 （Gt CO_2）

封存场地类型	最低评估潜力	最高评估潜力
石油和天然气田	675	900
不可开采煤层（ECBM）	3～15	200
深部咸水含水层	1000	不确定，可能达到 10^4

资料来源：IPCC Special Report on Carbon dioxide Cap ture and Storage。

表 6 - 3 中国主要陆上及海上盆地的地质封存量 （MT CO_2）

	溶解封存量	探明的油田封存量 OGIP	探明的气田的封存量 OGIP	无法开采的煤层的封存量
陆上	2 380 000	4600	4280	12 000
总量	3 160 000	4800	5180	12 800

将 CO_2 回注入采空的油气田、煤层和地下盐水层。估计全球衰竭的油气田封存容量达 9230 亿 t，相当于全球化石燃料发电厂 125 年排放的 CO_2 量，这一方案也可使美国石油探明储量 214 亿桶提高到 892 亿桶。

西方石油公司和 BP 公司计划将 Carson 炼厂产生的 CO_2 注入油田，年注入 400 亿 t CO_2，定于 2011 年投厂。地下盐水层也可用于 CO_2 封存，据估计，美国以这种方式可封存 5000 亿 t CO_2。

地质封存也存在一些问题：①封存难度大，若封存 10 亿 t CO_2（占全球年排放 CO_2 的 3.5%），就需每天运 480 万 m^3 的气体，相当于全球每天运油量的 1/3；②CO_2 有可能渗入地下淡水，并使之酸化，导致重金属溶入；③影响地表土壤的组成；④由于 CO_2 回收分离回注将使电厂效率下降，用电成本上升；⑤有可能存在泄露等问题。地质减排在我国还未得到充分重视，研究很少。我国有 500 多个报废煤矿井，可储存 CO_2 潜力很大。2003 年，中国与加拿大合作开发煤气层和 CO_2 地质封存的技术。

4. 生物封存

CO_2 的生物储存主要指陆地和海洋生态环境中的植物、自养微生物等通过光合或化能作用来吸收和固定大气中游离的 CO_2，并在一定条件下实现向有机碳的转化，从而达到储存

CO_2 的目的。微生物在储存 CO_2 的同时，可获得许多高营养、高附加值的产品，在环境、资源及能源等方面将发挥极其重要的作用。利用生物法储存 CO_2 具有非常广阔的应用前景，但是在微生物储存 CO_2 机理方面，尚需做大量的研究工作。

5. 矿物封存

采用碱基硅酸盐矿与 CO_2 反应，生成稳定的碳酸盐量，可实现永久封存。Seifritz 和 Lackner 提出的这一方法，反应式为

$$Mg_3Si_2O_5(OH)_4+3CO_2 \longrightarrow 3MgCO_3+2SiO_2+2H_2O+192kJ/mol$$

增加 CO_2 压力，减少固体颗粒直径，加入一定量碳酸氢盐可提高碳酸化率。

6. CO_2 置换天然气水合物

Ebinuma 提出 CO_2 置换天然气水合物技术，反应式为

$$CO_2+CH_4 \cdot nH_2O \longrightarrow CH_4+CO_2 \cdot nH_2O \quad (n \geqslant 5.75)$$

CO_2 比 CH_4 对 H_2O 有更大亲和力，反应向右进行，这样既封存了 CO_2 又开发了天然气能源，具有经济与环保的双重价值。

第四节　CO_2 的利用

利用 CO_2 作为新的碳源开发绿色合成工艺已引起普遍关注。综合利用 CO_2 并使之转化为附加值较高的产品，不仅为化学工业提供了廉价易得的原料，开辟了一条极为重要的非石油原料路线，而且在减轻全球温室效应方面也具有重要的生态与社会意义。

一、常规应用

（1）用氨水吸收 CO_2 制碳铵，甲醇厂和氨厂脱碳气与氨合成尿素。

（2）纯碱吸收 CO_2 制碳酸氢钠，用 $Mg(OH)_2$ 吸收制轻质碳酸镁。

（3）CO_2 与苯酚制水杨酸，用 CO_2 与醋酸或碱制铅白颜料。

（4）用 NaOH 吸收 CO_2 制纯碱。

（5）焦化酚钠与 CO_2 制苯酚。

（6）气体 CO_2 用于气肥、杀菌气、食品储运与加工、发泡剂、碳酸饮料、气体保护焊、烟丝膨胀、灭火剂、空调制冷剂、干冰冷喷清洗、原子能反应堆冷却剂、干冰人工降雨、混凝土生产和提高石油采收率、低温热源发电工作介质、水处理等方面。

碳酸饮料生产 CO_2：可用作汽水、啤酒、可乐、碳酸饮料等充气添加剂。目前，我国碳酸饮料的人均年消费量到 5kg，与发达国家和地区相比（如西欧为 110kg，美国为 150kg）有较大的差距，发展潜力较大。

烟丝膨松剂液体 CO_2：用于烟丝膨化处理，可使每箱香烟节约 5%～6%的烟丝，并提高烟丝的质量。我国每年生产香烟 2000 万箱左右，如 10%用 CO_2 膨化处理，则年 CO_2 耗量达 60 万 t，如全部使用 CO_2 膨化处理，则年 CO_2 耗量达 600 万 t，应用前景十分广阔。

焊接保护气 CO_2：保护焊是一种高效率、低污染、低成本、省时省力的焊接方法，已经在集装箱、船舶、汽车以及金属结构的焊接中得到应用。我国 CO_2 气体保护焊接仅占全部焊接的 5%，发达国家 67%，全球平均 23%，发展前景十分乐观。

强化石油开采（EOR）：通过向油藏注入 CO_2 来提高油田采收率，从世界范围内来看相对比较成熟，且在近年来发展较为迅速。以美国为例，2004 年美国国内有 71 个 CO_2EOR 项

目运行，采用CO_2 EOR技术每日生产原油206 000桶，占全部原油产量的约4%。我国在利用EOR技术上也有很大潜力。据测算，我国低渗油藏中约有32亿吨适合用于CO_2 EOR，占全部低渗油藏的50.6%。

强化煤层气开采（ECBM）：向不宜开采的深煤层中注入CO_2，利用CO_2在煤体表面的被吸附能力是CH_4的2倍的特点来驱替吸附在煤层中的煤层气，可以同时达到提高煤层气的采收率和埋存CO_2的目的。

2008年我国CO_2产量约为271.2万t；华东地区是最大CO_2生产地，产量为177.1万吨；全国CO_2消费以工业级CO_2为主，而工业级中又以焊接领域所占比例为最大，达133.3万吨，占工业级总量的86%，占CO_2总消费量的50%。我国CO_2的资源化利用有很好的发展前景。

二、CO_2在化工中的应用

CO_2早期主要用来合成尿素、碳酸氢铵等化学肥料，以及用来生产纯碱、小苏打等基础化工原料。现在，CO_2被广泛应用于化工、机械、食品、农业、医药、烟草等行业。利用现代科学技术，可以将其转化为有机燃料、化工原料、中间体或有机化工产品。

1. 合成气生产中将CO_2转化为CO

将CO_2作为辅助碳源，与煤、焦炭、天然气或油共同作原料，利用造气工艺实现CO_2向CO的部分转化。以焦炭制水煤气——PSA工艺为例。该工艺在放空时浪费能源，污染环境，在水蒸气气化和PSA后续加压时能耗高。若采用CO_2和O_2为气化剂，用焦炭部分氧化还原法可制得69%高浓度CO，并实现CO_2向CO的转化。经MDEA脱碳，催化脱CO_2后可获得纯度96%以上CO，回收的CO_2又可返回气化炉再利用。该工艺除减排CO_2外，还具有节省蒸汽、气化效率高、焦炭消耗低的特点。在天然气转化工艺中也可补入CO_2，调节合成气氢碳比，在消耗CO_2的同时，更多产生CO。

2. 煤粉纯CO_2气化与电解水制H_2合成甲醇

煤气化中H_2/CO摩尔比为0.42，为达到合成CH_3OH当量比，需加入大量H_2，或将CO转化为H_2，因而要排放大量CO_2，生产1t CH_3OH要排放1.5266t CO_2。若采用电解制氢来补充H_2不足，则可接近CO_2零排放，每产500万t CH_3OH可减少765万t CO_2。

3. 天然气一步制氢

传统甲烷水蒸气重整（SMR）是制氢的主流方法，含有多步反应。该反应先在500～850℃、2MPa下进行蒸汽重整，经高温变换、低温变换最后用胺吸收法或PSA技术脱CO_2。该法能耗高，部分氢放空造成损失。一步法将重整催化剂与CO_2吸收剂放在同一反应器中，使重整、变换、脱CO_2分离同时进行。CO平衡转化率达99.5%，可获质量分数高于95%的H_2，其优点是不需变换设备和变换催化剂，吸收剂可再生，并副产电力。因而该方法既节能又节省投资，脱除的CO_2可供利用或封存。

4. 煤一步制氢

用煤的蒸气气化可产生高纯H_2。气化的产物H_2和CO可通过CO氧化为CO_2，然后通过CaO吸收除去，并使水蒸气变换反应向右进行，该反应提高了H_2的产率和纯度。此外，用固态氧传递剂（Fe_2O_3）可增强氧化作用，还原的传递剂用空气和反应热再生。已研究通过固定床和流态化床中的氧化，可获得H_2纯度可达90%（摩尔分数）。

5. 轻烃非催化转化合成气制甲醇

我国焦炭年消耗量为3亿～4亿t，副产焦炉气1276亿m^3/a。除回炉作燃料消耗其中的50%外，尚余638亿m^3/a。其中一些规模不大的企业均把炼焦煤气直接燃烧排放，这样既浪费资源又污染环境，采用非催化转化可将其转化为CH_3OH，预计用该方法每年可生产4000万t CH_3OH。另外，我国煤矿的开采量约20亿t，煤层气探明储量为30万亿m^3，绝大多数煤田在采煤时尚未回收利用煤层气，导致频发矿难，造成生命财产的重大损失。若回收利用煤气层，可制取CH_3OH达千万吨。生产出的CH_3OH又是清洁燃料，可作运输燃料，可以减少石油进口，并能达到减排CO_2目的。

6. CH_4转化为CH_3OH作运输燃料的系统

该系统由以下几部分组成：①CH_4转化为合成气后经催化合成CH_3OH；②CH_4直接转化为CH_3OH；③从燃煤电厂回收CO_2，再与CH_4热解炉产生的H_2合成CH_3OH的Carnol系统；④CH_3OH直接作为燃机燃料或通过燃料电池以驱动车辆。（CH_4直接驱动汽车不在讨论范围内）。

该系统有以下优点：①CH_3OH是清洁燃料、污染物排放少；②由于CH_3OH在燃料电池和内燃机内热效率高，因而排放的CO_2大为减少，仅按Carnol子系统估算，碳元素用了两次，可减少CO_2排放达45%；③可利用现有加油站供给CH_3OH；④保留了耗费巨资兴建的燃煤电厂；⑤减少对石油的依赖；⑥热解炉中的副产物碳可作土地改良剂和其他材料。

为了建立高效的CH_4转化为CH_3OH作运输燃料的系统，必须解决一些关键技术，目前该研究已取得重大进展。

7. 合成有机物

（1）CO_2加氢合成CH_3OH，在甲烷气化细菌下将CO_2转化为CH_3OH。CO_2与H_2在[$Rh_{10}Se$]/TiO_2催化剂作用下合成乙醇。

（2）CO_2合成碳酸二甲酯、碳酸亚烃酯、氨基甲酸酯、环状碳酸酯、甲酸甲酯。

（3）CO_2与CH_4合成HCOOH，CO_2与乙烯合成丙酸，CO_2与丙烯合成甲基丙烯酸，CO_2和C_2H_4合成丙烯酸。

（4）CO_2加氢合成二甲醚。

（5）CO_2与H_2、NH_3合成胺类。

（6）用CO_2作氧化剂，CH_4氧化偶联制乙烯；乙烷氧化脱氢制乙烯；丙烷氧化脱氢制丙烯；丁烷氧化脱氢制丁烯；苯氧化脱氢制苯乙烯；异丙苯氧化脱氢制α-甲基苯乙烯。CO_2加氢直接合成乙烯、丙烯，比通过CH_3OH间接合成更经济。

（7）CO_2与环氧化物共聚生成可降解塑料，也可合成聚脲、液晶聚合物、聚酮等，也用于聚合物合成与加工的绿色介质。

三、CO_2新型开发应用

日本东京工业大学一研究小组于2008年研制出一种新型复合光催化剂，可利用太阳光将CO_2高效转化为一氧化碳。在北美，目前有不少公司都在探索开发藻类生物反应器系统，这种系统可以与煤、天然气发电厂或大型工业设施相结合。开发的思路是将这些大型工业设施排放的CO_2气体引导至一个人工的“藻类农场”，农场里的藻类植物靠吸取CO_2生存，待其成熟后用作工业原料，可生产生物柴油、酒精、动物饲料以及塑料等。

在国内，类似的CO_2资源化技术也在研发中。同济大学的碳资源循环技术研究所于

2008年6月初宣布已拥有十余项水热反应的研究成果。该所的研究人员在不锈钢或铸铁制成的水热反应罐里，利用亚临界、甚至超临界水与各种废弃物发生化学反应。根据反应内容和反应条件不同，几秒到几小时之内，水热反应即可完成。在最近的几次实验中，当反应环境达到200～300℃、5～8MPa时，CO_2 在30min～2h内可转变成甲醇、甲烷或甲酸，转化率高达70％～80％。目前，该所人员正在寻找合适的催化剂，尝试把 CO_2 水热转化的温度降低，让反应更快，这意味着将来这一技术成本将更低。今后，钢厂、电厂等 CO_2 排放大户的烟囱，一旦与水热反应装置连接，不但可大幅减排，还能生产车用燃料、化工原料等高附加值产品。现在，该研究所提出了更加大胆的设想，就是把最终产品从短链有机物变成长链，直接用 CO_2 生产石油。

2008年7月1日，中海石油化学股份有限公司与中科院长春应用化学研究所利用 CO_2 可降解材料成功研制成环保塑料袋。这种塑料袋用后在堆肥条件下可完全生物降解，不会对环境造成任何影响。该技术在国内乃至国际尚属首次。

总之，把废弃的 CO_2 转化为对人类有益的物质，实现 CO_2 的资源化，对未来能源结构和化工原料来源具有深远的影响，具有巨大的社会和经济效益。

第七章 煤中微量污染物的控制理论及技术

煤中有害微量元素是指含量小于1.0%的有毒元素、致癌元素、腐蚀性元素、放射性元素以及其他对环境潜在有害的元素的总称。煤中Cl、F、Hg、As等有害元素在燃烧过程中向大气的排放以及产生的固体残渣造成的环境污染及As、F、Cr等有害元素在局部地区的病害已经十分严重并引起有关部门的重视。本章主要介绍由燃煤产生的Cl、F、Hg、As四种微量元素的控制理论和技术。

第一节 煤中氯污染物的控制理论和技术

一、氯的理化性质

氯属于卤族元素，是化学性质非常活泼的非金属元素。可与金属形成易溶的离子型化合物。它的离子半径（0.181nm）与OH离子的半径相近，常相互替代。氯在自然界分布较广，大部分以氯离子或络阴离子的形式存在，它可以形成氯的独立矿物，或以类质同象分散于硅酸盐、磷酸盐等造岩矿物中。自然界已知含氯的矿物有128种，其中卤化物占一半，其次是硅酸盐，此外还有磷酸盐和砷酸盐。

二、氯的危害

煤中氯在燃烧过程中腐蚀设备以及高氯煤在燃烧过程中还在设备中产生沉淀物。煤的燃烧是氯的最大人为源，如欧洲排放的HCl有75%来源于煤燃烧。水中含有0.1～0.2mg/L的氯就会引起鳟鱼的死亡。因此研究煤中氯对于煤利用和环境保护都有重要的意义。关于煤中氯的浓度对于环境及燃煤设备影响的临界值，目前国内外还没有严格的标准，一般认为煤中氯的含量在0.15%以下是安全的，超过0.3%就是有害的；小于0.3%的氯不会在燃煤设备中产生沉淀物。0.3%可能是个临界值。

三、氯在煤中的含量分布

世界主要产煤国的煤中氯含量相差较大，美国煤中氯的质量分数多在0.01%～0.90%之间，英国一般为0.01%～0.80%，印度尼西亚为0.32%～0.55%；我国煤中氯含量一般较低，通常都在0.01%～0.20%之间。表7-1所示为各国煤中氯的含量。

表7-1 各国煤中氯的含量

国家	地区	Cl（%）
英国	南威尔士	0.02～0.13
	苏格兰	0.03～0.96
	约克郡	0.1～0.75
	中东地区	0.1～1.20
美国	阿拉巴马州	<0.01～0.04
	伊利诺斯州	0.01～0.54

续表

国　家	地　区	Cl（%）
美国	印地安那州	<0.01～0.17
	宾夕法尼亚州	0.01～0.25
	田纳西州	0.01～0.19
	西弗吉尼亚	<0.01～0.29
澳大利亚		0.01～0.10
印度		0.32～0.55
加拿大		<0.01～0.05
南极洲		<0.01～0.03
波兰		<0.03～0.19
南非		<0.01～0.03
德国		0.14～0.25
中国	山西	0.014～0.190
	太原	0.01～0.13
	华南	0.006～0.084

我国煤含量的分布情况大致为氯含量较高的煤样主要来自河南、山西、四川和辽宁等地，而山西煤层氯含量偏高的原因是山西的煤层属于华北石炭二叠纪，华北气候干旱导致了煤中氯的富集，而华南气候潮湿导致了煤中氯的淋出。除了气候的影响以外，岩浆热液等也会影响附近煤矿的氯含量。煤中氯可能来源于碱性、偏碱性岩浆晚期热液，四川煤层氯含量偏高可能与当地存在陆地盐有一定关系。浙江大学热能所对我国41种煤样进行氯分析的结果表明，我国煤中氯含量普遍较低，平均为0.02%，绝大部分在0.05%以下，少部分在0.05%～0.15%之间，高氯煤几乎没有。

四、煤中氯的赋存形态

国外学者研究表明，煤中氯83%以无机氯化物形式存在，17%是按离子交换机理以离子（Cl^-）形式存在，基本没有以共价键形式存在于煤中的氯，氯在煤中的赋存形式有三种：①氯以Cl^-阴离子形态与金属阳离子形成化合物，如氯化钠、氯化钾等；②以游离的Cl^-离子形式存在于矿物颗粒之间的水溶液之中及煤层孔隙水溶液之中；③氯离子半径与羟基（OH^-）离子半径（0.114mm）相近，它们可以取代羟基，存在于羟基化合物的晶格中。前两种形态的氯属于离子交换态，氯主要存在于孔隙水及显微组分吸附的氯化物中。

五、煤中氯的热解迁移

煤中氯主要以氯化钠、氯化钾等无机氯化物形式存在于孔隙水及显微组分吸附的氯化物中。氯化钠、氯化钾沸点高，性质稳定，在常压热解过程中，900℃以前与煤气中的氢气等活性组分不反应（见表7-2），因此煤中以氯化钠、氯化钾等无机氯化物形式存在的氯，在中、低温热解过程中基本不迁移。表7-3显示，900℃以前氯化钠、氯化钾、氯化钙与硫化氢不反应，氯不会迁移。因为煤中以无机物形式存在的氯主要是氯化钠和氯化钾，所以可以认为以无机物形式存在的氯在中、低温热解过程中绝大部分不迁移。以游离的Cl^-形式存在于矿物粒间的水溶液中及煤层间隙水溶液中的氯在热解过程中会被煤气携带得以迁移，但不属于理论上能够预测的范围。

表 7-2　氯化物沸点

化合物	NaCl	KCl	$CaCl_2$	$MgCl_2$	$MnCl_2$	$FeCl_3$	$ZnCl_2$	$GeCl_2$	$MoCl_2$	$NbCl_4$
沸点（℃）	1465	1500	1600	1412	1190	315	732	84	268	247.5

表 7-3　煤中氯可能的反应

序号	煤中氯可能的反应方程式	反应温度（℃）
1	$CaCl_2$（s）$+H_2S$（g）$\longrightarrow$CaS（s）+2HCI（g）	1069
2	2NaCl（s）$+H_2S$（g）$\longrightarrow Na_2S$（s）+2HCI（g）	2458
3	2KCI（s）$+H_2S$（g）$\longrightarrow K_2S$（s）+2HCI（g）	2429
4	$CaCO_3$（s）+2HCI（g）$\longrightarrow CaCl_2$（s）$+H_2O$（g）$+CO_2$（g）	常温

以有机物形式存在的氯可以分为存在于酚轻基化合物晶格中的氯和苯环支链上轻基化合物晶格中的氯。在低变质程度煤中，有大量存在于酚轻基化合物晶格中的氯和苯环支链上轻基化合物晶格中的氯，这些氯中前者较容易与煤气中的氢气反应，也容易发生缩聚反应放出氯化氢，因而容易迁移，后者较难迁移；在高变质程度煤中，煤大分子主要含有甲基以及环已烷和环戊烷，因此以有机物形式存在的氯主要是甲基氯和少量存在于酚轻基化合物晶格中的氯，后者与挥发分中的氢气反应温度相对较高，热解过程中不易迁移。

六、HCl 的脱除技术

对 HCl 的防治研究起源已久，但净化问题和排放标准都主要是针对化工行业来制定的。自 20 世纪 80 年代以来，国外对燃煤锅炉和垃圾焚烧炉中产生的 HCl 废气净化已做了许多研究工作，并有了很多具体的应用技术。下面将这些方法一一介绍。

1. 抑制燃烧时 HCl 的生成量（炉内处理）

国外的学者研究发现，在 850～1050℃的炉温范围内，向炉内喷入磨碎的氢氧化钙、氢氧化镁、醋酸钙、醋酸镁、醋酸镁钙、甲酸钙、丙酸钙和苯甲酸钙粉等吸收剂时，可以减少 HCl 的生成量，HCl 的脱除率为 3%～98%。同时也有文献报道可以向炉内喷氨达到减少 HCl 的目的。

2. 采用 HCl 烟气处理装置（炉后处理）

（1）干式系统。烟气和吸收剂在吸收塔内反应脱除 HCl。吸收剂采用石灰乳，也可用碱液或氨水等。国内研究人员研究了改性消石灰吸收剂的吸收能力。实验发现：碱性物质 NaOH 和 Na_2CO_3 对 $Ca(OH)_2$ 吸收 HCl 的反应具有改良作用。

（2）半干式系统。石灰浆在喷雾吸收反应塔内被雾化，雾滴与热烟气相接触，经过复杂的传质传热反应过程，HCl 被脱除，脱除率较干式系统高，但成本也相应上升。

（3）湿式系统。烟气先经过喷雾干燥塔初洗，通过除尘器后再进入湿法洗涤吸收塔洗涤，去除 HCl 的反应同半干式系统。该系统 HCl 的脱除率最高，但成本也最高。

3. 选择性催化脱除法

选择性催化脱硝法（SCR）除了脱硝功能外，对 PCDD/Fs（二噁英）和 HCl 也具有很高的脱除率。选择性催化脱销法在日本和欧洲国家的垃圾焚烧电厂大多加装了 SCR-$DeNO_x$ 装置。著名的奥地利斯皮提拉垃圾焚烧发电厂在加装了 SCR-$DeNO_x$ 装置后，PCDD/Fs 的脱除率大于95%，HCl脱除率大于98%，SO_2脱除率大于95%。

由于我国绝大多数煤种含氯量不是很高，对脱氯要求较低，炉后脱除较好地满足了将氯化氢降到排放标准以下的要求，炉后脱除发展很快，技术日渐成熟。但是，由于炉后脱除只涉及烟气尾气的处理，对锅炉受热面的腐蚀问题无能为力。有文献说我国目前有40多个大型电厂的发电锅炉存在着较严重的高温腐蚀问题，宜采取炉内加脱硫脱氯添加剂作为经济有效的方法来缓解高温腐蚀问题。另外，由于剧毒有机氯化物PCDD/Fs等的生成大都发生在燃烧器的后燃区（烟气温度为200～400℃），炉内脱氯可以有效地遏制氯源以及垃圾有机成分生成PCDD/Fs前驱物的高温气相反应。其实，由于脱硫脱氯经常综合考虑，而炉内燃烧固硫由于成本低、流程简单、容易推广，已成为最常用的脱硫手段。因此，考虑炉内燃烧脱氯更有现实意义。

至于炉内添加剂的选择，常见的化学脱氯剂为碱性金属成分，其中最常用的是钙基和钠基脱氯剂，有研究表明镁基吸收剂的效率很低。而炉内燃烧脱氯，由于对脱氯剂的需求量大，考虑经济性和现实情况，钙基脱氯剂是较为常见的选择。

钙基物质可以同时降低HCl和SO_2的浓度，在$Ca(OH)_2$、$CaCO_3$、CaO三种脱硫剂中，$Ca(OH)_2$的效率最高。而且钙基物质并不能完全吸收HCl，因为钙基物质向$CaCl_2$的转化不仅取决于颗粒大小和HCl浓度，且与湿度有关，是一级反应。因此最好选择小颗粒、气孔均匀分布的吸收剂。

然而，当CO_2的含量达到10%时，钙基吸收剂的吸收率下降，此时钠基吸收剂如Na_2CO_3则表现出良好的吸收性能，且最佳温度区间为400～500℃。采用天然小苏打（$NaHCO_3$）和碳酸钠钙矿（$Na_2CO_3 \cdot 2CaCO_3$）制成的商用脱氯剂，具有很高的孔隙率和比表面积，其中有90%的Na_2CO_3可以转化为NaCl，因此钠基脱氯剂将是一种很有前景的脱氯剂。

4. *石灰石脱除烟气中的HCl*

在流化床中脱除HCl的基本反应机理如下：

$$CaCl_2\ (s) + H_2O\ (g) = CaO\ (s) + 2HCl\ (g)$$

脱除HCl的化学反应主要是气固之间的非均相反应。当Ca/Cl摩尔比增加时，化学反应向生成$CaCl_2$方向进行，所以HCl去除率增加。但是由于生成的$CaCl_2$体积大于CaO，所以CaO内的孔隙很容易被$CaCl_2$填满，从而阻止反应进一步进行。并且由于反应为可逆反应，当烟气中含有50%的水蒸气时，使得生成的氯化钙又与水蒸气反应生成CaO和HCl，这两种因素的最终结果导致反应在较高钙氯比下，氯化氢脱除率不高。

第二节 煤中氟污染物的控制理论和技术

一、氟的理化性质

氟（F）元素位于元素周期表的右上角，同属第7族主族元素，被称为卤素。氟的离子半径都很小，为0.123nm，它的价电子层均含有7个电子，倾向获得1个电子形成稳定的负一价离子。因此，氟的化学活性很强，通常不以单质形式存在于自然界。氟的氧化性也很强，易同其他化合物发生反应，如氢氟酸同玻璃会发生反应，使玻璃表面失去光泽。氟以化合物的形态广泛存在于自然界中，按照地球化学理论，地球上熔融态的岩浆经过分异作用，大致形成了元素的层圈分布，氟等挥发性元素则富集于气相之中，聚集和迁移与地质构造运动密切相关，构造裂隙的形成及应力的重新分布，为其提供了迁移的通道和动力。氟在迁移中浸入岩石，与围岩发生蚀变交代作用，形成交代蚀变矿物，如萤石等，或外逸进入水圈、大气圈，参与表生地球化学过程。因此氟的迁移与富集是内生和表生地质作用的结果。

二、氟的危害

氟是人体组成微量元素之一，正常人体平均含氟量为0.007%，体内含氟过多或过少都会引起病变，如骨质疏松、骨膜增生等，其临床症状为躯干、骨干、骨节疼痛、四肢麻木、肢体畸形等。气态氟化物对人、动植物的危害，除了直接的刺激、伤害以外，还有累积毒害作用。急性的、高浓度含氟气体对人体的呼吸系统有刺激、损伤作用，严重时甚至可以导致呕吐、腹绞痛、中枢神经系统中毒及窒息感。慢性中毒症状表现为龋齿、口腔、鼻出血，还可见持久性的消化道疾患及呼吸道疾患等。

含氟气体对动植物的危害也是严重的。有记载，浓度为0.025mg/L的HF，作用6h后可致豚鼠死亡；浓度高于1.5mg/L的HF作用5min，可致部分家兔及豚鼠死亡。植物在含氟气体的环境中生长，即使氟浓度很低，由于氟化物对植物有累积毒害，当叶片中氟含量累积到−200～+50mg/L时，一般植物就会坏死。

饮用水中含1mg/L的氟，可以防治龋齿的发生，但超过1.5mg/L时，则损伤牙齿，产生氟斑牙并使牙齿变脆等。研究表明，HF对人体的毒性是SO_2的20～100倍，与SO_2相比，大气氟化物仅相当于SO_2有害浓度的1%时，就可使植物受到伤害。研究还表明，当大气中同时存在SO_2和氟化物时，二者的协同作用对植物的危害远远大于二者单独作用的叠加。由于燃煤大气污染物同时含有SO_2和氟化物，因此对植物的危害更加严重。由于植物具有强烈吸收和累积大气中HF的作用，不仅植物本身严重受害，而且通过食物链毒害人类和动物，破坏钙磷的正常代谢，抑制酶的活性，影响神经系统，产生低钙症、氟斑牙、氟骨症及氟中毒。

三、煤中氟的赋存形态

多数学者认为氟在煤中大多以无机化合态形式存在，主要赋存于黏土矿物质中，认为煤中氟既可以独立矿物形式存在，也可以类质同象形式存在于其他矿物中，也有少量氟以游离态存在于外在水分和内在水分中。煤中也存在部分以有机态存在的氟，在矿物含量较少的煤中，以有机态存在的氟的含量往往占有很大的比重。煤中氟的赋存形态因成煤地质环境和煤的变质程度差异很大。一般认为氟磷灰石类矿物质可能是大多数煤中氟的主要赋存形式。氟磷灰石类矿物质的化学通式为$Ca_{10}(OH)_{2-X}F_X(PO_4)_6$，$0\leqslant X\leqslant 2$。

四、煤中氟的热解迁移

煤中氟磷灰石类矿物质可以简化为氟化钙来研究。氟化钙与硫化氢反应生成硫化钙和氟化氢的反应温度为1341℃，温和热解条件下不反应。无机氟化物可以认为在中、低温热解过程中不迁移，以有机物形式存在的氟相对容易析出。在所有氟的有机物中以直接连在苯环上的氟最难迁移，如果存在连接在苯环上的氟，那么以氟苯与氢气的反应为例，其反应温度为929.7℃，可以认为900℃之前不迁移。因此在常压热解条件下煤中氟的析出主要是与煤大分子中苯环支链相连的氟。

煤中矿物质也会阻碍氟的迁移，方解石与氟化氢在常温下就发生反应，其反应方程式和反应温度见表7-4。

表 7-4 氟化氢与方解石的反应温度

序号	反应方程式	反应温度（℃）
1	CaF_2 (s) $+H_2S$ (g) $\longrightarrow CaS$ (s) $+2HF$ (g)	1341
2	C_6H_5F (l) $+H_2$ (g) $\longrightarrow C_6H_6$ (l) $+HF$ (g)	929.7
3	$CaCO_3$ (s) $+2HF$ (g) $\longrightarrow CaF_2$ (s) $+H_2O$ (g) $+CO_2$ (g)	常温

五、煤中氟的脱除技术

脱氟技术可分为原煤脱除、燃烧固定和烟气脱除。原煤脱除是指通过选煤降低煤中氟的含量；燃烧固定则是指预先在煤中掺入固定剂或向燃烧室中喷射固定剂，实现在燃烧过程中脱除；烟气脱除是指在除尘器前烟道中利用碱液淋洗或喷射碱性固定剂等脱除。在燃煤氟污染治理方面，国内外主要采用烟气除氟技术，它包括烟气干法、湿法除氟技术。

干法吸附是固体吸附剂如各种氟化物、氧化物、氢氧化物、碳酸盐、氯化物及硫化物将HF和SiF_4气体吸附下来生成氟氢化物$MeF_m \cdot nHF$或其他表面化合物。它主要应用在电解铝工业的烟气治理，在磷肥工业中很少应用。

湿法吸收除氟可分为酸法和碱法两大类。

酸法是指以水为吸收剂，生成氢氟酸溶液，这是目前磷肥工业生产最常用的一种方法，它不仅经济，而且得到的吸收液便于再加工。用石灰乳作吸收剂，以氟化钙的形式净化氟，其优点是可以减少氟对设备的腐蚀，吸收剂廉价易得。

用碱作吸收剂，通常由烧碱或纯碱的水溶液或者氨水溶液作吸收剂。它不仅可以减少氟对设备的腐蚀，而且可将氟加工成所需的产品。用液体吸收法来净化含氟废气，不仅可以达到净化的目的，同时还可以达到回收制取所需要的副产品，如氟硅酸、冰晶石、氟硅酸钠及氟硅脉等。氟硅脉是氟硅酸和尿素的化合物，是防治小麦防锈病的较好的农药。

（一）干式吸附法

干式吸附法采用氧化铝作吸附剂，它净化效率高，可以回收氟，且所用的氧化铝吸附剂是铝电解生产的原料，不必专门制备和处理吸附剂，由于是干法吸附，不存在废水二次污染和设备腐蚀问题。其吸附原理是：利用白色粉末状的工业氧化铝，颗粒细，比表面积大，并且具有极性，而易于吸附分子小、电负性大的HF和气体分子，因而使HF和气体分子从烟气中得到分离。

干法吸附净化方法有输送床吸附法和沸腾床吸附法等。

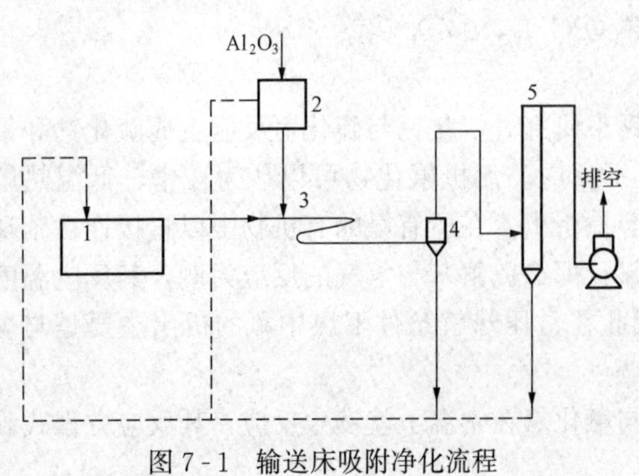

图 7-1 输送床吸附净化流程

输送床吸附法即管道吸附法，其流程如图 7-1 所示。来自 1 中的含 HF 烟气，通过管道进入输送床 3 与搅拌器 2 均匀加入的氧化铝粉末相混合，在管道中的高速气流带动下，氧化铝高度分散与 HF 充分接触，在很短的时间内完成吸附过程。吸附后的含氟氧化铝在旋风分离器 4 中分离出来，分离中进一步完成吸附过程，经袋式过滤器 5 分离干净，分离出来的含氟氧化铝可以循环吸附。

影响吸附效率的因素有：①固气比影响吸附效率。烟气中 HF 浓度越高则要求固气比越大，一般氟浓度为 50mg/m^3 时，要求固气比为 70～80g/m^3。②输送床速度影响吸附效率。吸附效率随管内气流速度的增大而提高，当流速达 16m/s 时，再提高流速，吸附效率提高很少，一般控制管内烟气流速为 15～18m/s。③吸附时间和输送床长度影响吸附效率。为保证烟气和吸附剂有一定的接触时间，一般输送床长度为 10m 以上，以保证吸附效率，并且保证吸附剂和烟气的接触时间为 1s 内。

输送床吸附法流程简单，运行可靠，便于管理，净化效率可达 95%～98%，系统总压降为 2.5～3kPa。

沸腾床吸一附法，其流程如图 7-2 所示，铝电解槽来的含氟烟气由沸腾床底部进气分配室进入沸腾床，气体以一定的速度通过床面上的氧化铝层，氧化铝形成流态化的沸腾层，并与烟气中的 HF 混合、接触与扩散完成吸附过程，气体携带的氧化铝被沸腾床上部装设的袋式过滤器过滤下来，烟气由排风机排出。床上的氧化铝由床的一端加入，由另一端排出，它可以循环吸附，又可送到铝电解槽。

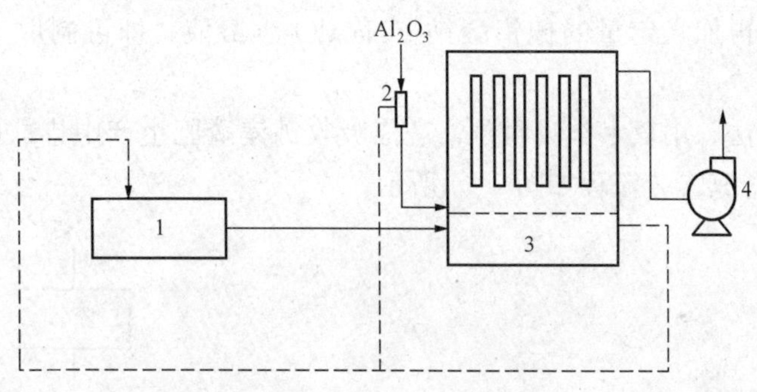

图 7-2 沸腾床吸附净化流程

1—铝电解槽；2—Al_2O_3 加料器；3—沸腾床；4—排风机

沸腾床内氧化铝的厚度一般为 3～4cm。一可以减少阻力，二可以防治用量过多，烟气流速为 0.28m/s 左右。

沸腾床吸附净化效率高达 89%，压降约为 1.3kPa，设备紧凑，但安装调试及维修管理比较复杂。

（二）液体吸附法

液体吸收法分水吸收法、碱液吸收法和氨吸收法。

1. 水吸收法

水吸收法是以水作为吸收剂，吸收净化含氟废气的气态氟化物。主要基于 HF，SiF_4 都极易溶于水，HF 溶于水生成氢氟酸，SiF_4 溶于水生成氟硅酸。温度越低，HF 的溶解度就越大，如果温度在 19.84℃以下时，用水吸收 HF，可以获得较高的吸收率。SiF_4 是极易溶于水的，温度越低，SiF_4 的溶解度就越大。用水吸收含氟气体时，能够获得较高的净化效果。

由于含氟废气中一般都含有 SO_2、SO_3、H_2S 等酸性气体，它们被水吸收后生成 H_2SO_4、H_3PO_4 等，对设备都有严重的腐蚀作用。因此，对于含氟废气的吸收设备都采用聚氯乙烯、玻璃钢、橡胶等。

在磷肥生产和电解铝工业中，含氟废气量大而浓度低，为了满足尾气中氟的排放标准，必须除去废气中的粉尘和湿法除氟后带来的雾沫，因此，含氟废气的净化处理通常由除尘、氟的吸收和除雾沫等组成。

用水吸收法吸收 HF 和 SiF_4 气体得到的氢氟酸和氟硅酸溶液，可用来制取冰晶石、氟硅脉、氟硅酸钠等产品，若不加以回收利用，由于溶液含有大量的氟且呈酸性，不宜排入下水道。一般在另一槽中用石灰石中和或用电石渣中和处理，使氟离子生成氟化钙沉淀，过滤后排除或者滤液循环使用。

2. 碱液吸收法

碱液吸收法即采用碱性溶液（NaOH、Na_2CO_3、NH_3 或石灰乳）来吸收含氟废气，从而达到净化的目的。它可净化铝厂含 HF 的烟气，也可净化磷肥厂含 SiF_4 废气，并可副产冰晶石等氟化盐。

(1) Na_2CO_3 法。用浓度为 20～30g/L Na_2CO_3 水溶液，吸收电解铝厂含有 HF 的烟气，烟气中的 HF 气体与碱液发生反应生成 NaF。在循环吸收过程中，当吸收液中 NaF 达到一定浓度时，再加入定量的偏铝酸钠（$NaAlO_2$）溶液，即可制取冰晶石，如图 7-3 所示。

(2) NH_3 吸收法。用氨水作吸收剂，洗涤吸收钙镁磷肥生产中排放的含氟废气，生产 NH_4F 并析出硅胶，其工艺流程如图 7-4 所示。

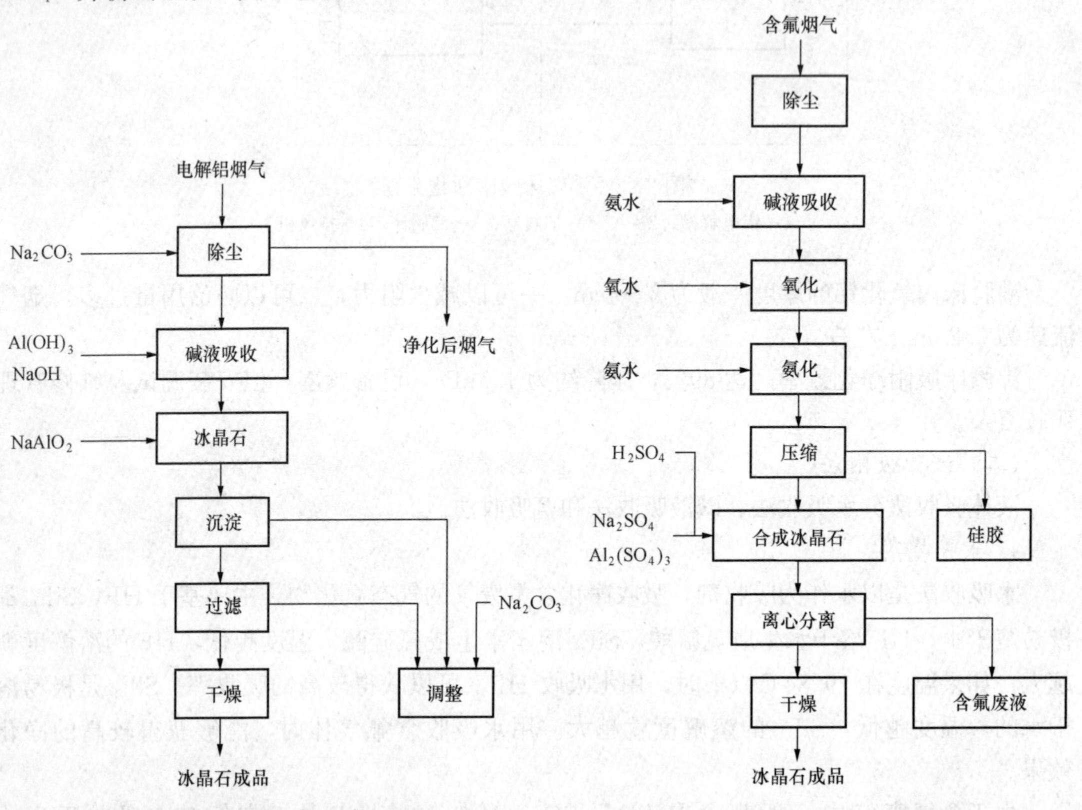

图 7-3 碳酸钠法工艺流程图　　图 7-4 氨吸收法工艺流程图

湿法除氟技术虽然可取得一定效果，但存在两方面问题：一是采用碱液湿法除氟时，烟气中的 HF 会转化为氢氟酸废液排入环境，对水源或土壤造成二次污染，必须采用再次除氟措施；二是烟气湿法除氟所需的设备庞大，受场地制约，且投资昂贵，日常运行费用高，难以在我国普遍推广应用。

（三）燃烧固氟技术

对于燃烧固氟技术，国内外的报道极少。在煤燃烧的高温条件下，为使燃煤析出的气态 HF，转入固相，要求反应生成的固态金属氟化物具有较强的高温稳定性，在化学上，碱土金属氟化物恰好具备这一特点。因此，在燃煤过程中添加碱土金属的氧化物作为吸附剂，可实现将气态 HF 转入高温稳定性强的固相金属氟化物中，从而达到抑制与固定气态 HF 的目的。在自然界中，钙与氟是一对拮抗体，钙对氟的迁移起着障碍与固定作用。同固硫技术一样，石灰石廉价易得，在高温下锻烧生成 CaO，因此可以作为碱金属吸收剂。碱性吸收剂燃烧固氟的工艺原理：预先在煤中掺入固氟剂或向燃烧室中喷射固氟剂，实现在燃烧过程中脱除 HF。

第三节　煤中汞污染物的控制理论和技术

一、汞的理化性质

汞（Hg）俗称水银，其分子量为 200.59，在各种金属中，汞的熔点是最低的，只有 −38.87℃，沸点 356.7℃，密度 13.6g/cm^3，常温下为银白色发光易流动的液体，也是唯一在常温下呈液态并易流动的金属。汞在 0℃即可蒸发，气温越高，蒸发就越快越多，每增加 10℃，蒸发速度会增加 1.2～1.5 倍，空气流动时蒸发更多。汞不溶于水，可溶于硝酸，不溶于稀盐酸、溴化氢和冷硫酸，加热时与碳酸结合，可溶于类脂质中。汞的黏度小而流动性大，很易碎成小汞珠，使表面面积增加而大量蒸发，形成污染。然而，汞元素又是比较稳定的金属元素，在室温下不能被空气氧化，加热至沸腾才会慢慢与氧生成氧化汞。

汞在自然界中以金属汞、无机汞和有机汞的形式存在。无机汞有一价和二价化合物，有机汞包括甲基汞、二甲基汞、苯基汞和甲氧基乙基汞等。汞的甲基化是汞在自然界的主要转化形式。植物通过根系吸收金属汞或甲基汞。

二、汞的危害

人体吸收汞及其化合物一般是通过以下三种途径：消化道吸收、呼吸道吸收和皮肤吸收。消化道吸收主要发生在肠道，肠道对离子态及金属汞这样的无机汞或无机汞化合物，其吸收率是很低的，平均仅为 7%，但对于有机汞化合物，肠道对其的吸收率高达 90%以上。大气中的汞主要以金属汞，特别是汞蒸气经呼吸道进入人体。如果空气中汞含量很高，肺泡很容易将它们吸收进来，吸收量为 75%～80%。同时汞也可以通过皮肤被人体吸收，这是因为在金属元素中汞的脂溶性较高，可依附于皮肤上并积累。一旦汞及其化合物侵入人体，就会通过人体血液循环扩散到全身各器官。当然，与其他有毒元素一样，人体对汞也具有一定的解毒和排毒能力，血液和组织中蛋白质的硫基能与汞迅速结合，并逐渐将汞输送到人体具有解毒功能的肝脏和肾脏。但是，肝脏和肾脏在排汞的同时，汞也暂时在该器官处积累。随着汞不断进入人体，体内蓄积的汞含量也在不断升高。当汞在人体积累达到一定极限时，该种蛋白质会因与汞的结合而耗尽，从而引起肾脏损害，解汞毒的能力随之下降。

汞的毒性以有机汞化合物毒性最大，其中甲基汞的危害尤其甚。甲基汞的毒性多认为是甲基汞侵入机体，与硫基（-SH）结合而形成硫醇盐，使一系列含硫基（-SH）酶的活性受到抑制，这些酶包括氧化酶、细胞色素酶、琥珀酸氧化酶、琥珀酸脱氢酶、葡萄糖脱氢酶等，它们与甲基汞结合失去活性，从而破坏了细胞的基本功能和代谢，破坏了肝脏细胞的解毒作用，损害了肝脏合成蛋白质的功能和其他功能。另外，甲基汞能使细胞的通透性发生改变，因而破坏了细胞离子平衡，抑制营养物质进入细胞，并引起离子渗出细胞膜，导致细胞坏死，肾功能衰竭。同时，甲基汞还引起神经系统的损害，使末梢神经感觉神经元出现强烈的变性，而中枢神经中各处均可产生神经细胞变性、脱落，发生感觉障碍。

汞不利于植物的生长。汞若大量存在于植物生长的土壤中，会使植物汞中毒。通常有机汞和无机汞化合物以及汞蒸气，都会引起植物汞中毒。环境中随大气迁移的单质汞、喷施的含有机汞的农药、雨水和尘埃中含有的汞化合物都能被植物吸收，当吸收量过大时，植物的茎和叶就会遭受损害。如果植物频繁与含汞量很高的物体接触，汞就会通过植物的吸收停留在植物内，不仅不利于植物的生长，同时也埋下了对人体造成危害的隐患。

三、煤中汞的赋存形态

目前对汞在煤中的赋存状态认识程度较低。人们通常认为汞在煤中与硫有关，并被视为一种伴生元素，通常与硫形成硫化物，汞在煤中主要存在于黄铁矿中，特别是后生成因的黄铁矿中，黏土矿物对汞也有一定富集作用。同时，在有机煤岩组分中，汞主要分布于镜质组中。许多学者运用逐级化学提取法分析了煤中汞的赋存状态，大多数煤中，总有较高比例的汞以硫化物结合态存在。

四、煤中汞的热解迁移

煤中汞分为以无机物形式存在的汞和以有机物形式存在的汞，以无机物形式存在的汞迁移途径有两种，一种是与煤气中的氢气、氯化氢和硫化氢等反应来迁移；另一种是温度达到了无机物的分解温度或沸点。以有机物形式存在的汞迁移的途径只有一种，就是与煤气中的氢气、氯化氢和硫化氢等反应来迁移。

煤中汞主要以无机物形式存在，由表 7-5 和表 7-6 可知，氢气与汞化合物的反应温度低于汞化合物的沸点，在汞化合物的沸点之下挥发分中氢气、氯化氢和硫化氢少量生成，因此挥发分对以无机物形式存在的汞的迁移作用有限。所以，在常压热解过程中煤中汞的迁移主要是由于热解温度达到含汞无机物的沸点。从表 7-5 中汞及一些化合物的沸点可以清楚地看到，以无机物形式存在的汞其沸点大多在 500℃以下。个别如 HgF_2 的沸点很高，但由于煤中氟的含量微小，不会对汞的迁移造成影响。

表 7-5 汞及一些化合物的沸点

汞及其化合物	沸点（℃）	汞及其化合物	沸点（℃）
Hg	356.9	HgF_2	645（熔点）
HgO	500（熔点）	HgCl	384
$HgNO_3 \cdot H_2O$	100（熔点）	$HgCl_2$	302
HgS	446	$Hg(C_6H_5)_2$	204

表 7-6　含汞化合物与挥发分中氢的反应

序号	反应方程式	温度（℃）
1	$HgS(s)+H_2(g)\longrightarrow Hg(l)+H_2S(g)$	276.4
2	$HgSO_4(s)+H_2(g)\longrightarrow Hg(l)+H_2O(g)+SO_3(g)$	118.4
3	$Hg_2Cl_2(s)+H_2(g)\longrightarrow 2Hg(l)+2HCl(g)$	124

以有机物存在的汞的迁移只能通过含汞物质与挥发分中的氢气、氯化氢和硫化氢等反应来进行。含汞有机物比含汞无机物更容易与挥发分反应，所以，在低温阶段，含汞有机物含量高的煤与含汞有机物含量低的煤汞的迁移会有明显不同。

五、煤中汞的脱除技术

目前有发展前景的燃煤烟气汞排放控制技术有三种：吸附剂喷射、湿法洗涤和洗煤技术。吸附剂喷射法，主要是利用吸附剂（其中飞灰也有一定吸附汞的能力）吸附烟气中的 Hg^0 和 Hg^{2+}，使它们富集于吸附剂中成为颗粒汞，颗粒汞经除尘设备捕获，达到烟气脱汞的目的。该法已成功的用于垃圾电厂的汞污染物脱除。这种方法适用范围广，基本上对任何电厂都适用，而且可以达到较高的汞控制能力，目前主要面临的问题是控制成本、除尘设备的负荷能力以及吸附产物二次析出问题。湿法洗涤技术虽然利用湿法脱硫装置对 Hg^{2+} 的控制达到 80%～95%，但是对于不溶于水的 Hg^0 的脱除效率低。但目前汞的氧化技术还不完善，需要研究发展高效可靠的氧化技术将烟气中的 Hg^0 氧化为 Hg^{2+}，然后经湿法洗涤除汞，目前正在不断完善中。洗煤技术能够达到的汞脱除效率跟煤种关系较大，新的洗煤技术正在不断发展中，但残留于煤中的汞仍需要用其他方法去除，而且洗煤除汞成本高，因此洗煤技术不能作为单独的燃煤汞污染控制技术，需要同其他控制技术联合。面对美国 2005 年颁布的汞控制法案，目前吸附剂喷射法已经成为美国燃煤汞排放控制的主流技术，已经进入实际电厂燃煤汞排放控制示范阶段。

吸附剂喷射法同 ESP 等除尘设备联用虽然能达到有效控制烟气中汞排放的目的，但是这种方法只是将烟气中的汞转移至吸附剂中，吸附剂中的汞有可能再次释放进入大气形成二次汞污染。因此，有必要探索增强汞在吸附产物稳定的途径和方法，防止汞吸附产物二次污染问题的产生。

第四节　煤中砷污染物的控制理论和技术

一、砷的理化性质

砷（As）是灰色半金属，俗称砒。砷有黄、灰、黑褐三种同素异形体。其中灰色晶体具有金属性，脆而硬，具有金属般的光泽，传热导电性强，易被捣成粉末。密度 5.727g/cm^3，熔点 817℃（2.8MPa，即 28 个大气压）。加热到 613℃，便可不经液态，直接升华，成为蒸气，砷蒸气具有一股难闻的大蒜臭味。砷的化合价 3 和 5，游离的砷相当活泼。在空气中加热至约 200℃时，有萤光出现，加热至 400℃时，会有一种带蓝色的火焰燃烧，并形成白色的氧化砷烟。游离元素易与氟和氮化合，在加热情况也与大多数金属和非金属发生反应。不溶于水，溶于硝酸和王水，也能溶解于强碱，生成砷酸盐。

二、砷的危害

砷是一种有毒致癌元素，砷中毒可影响人的肠胃系统、循环系统、肝、肾、神经系统和心脏等多种脏器及皮肤。砷是煤中常见元素，虽然砷在人体中的代谢过程中的迁移非常缓慢，但是煤利用过程中砷对环境和人体健康的损害已有报道。在电厂燃煤时，大部分煤中砷挥发成气态，首先有机态砷和硫化态砷易转化为气态，而硅酸盐态主要保存在炉渣中。70%～90%的气态砷凝聚在飞灰，特别是细粒级飞灰中，被除尘器捕获而最细粒级飞灰逃逸到大气中。在煤的液化过程中，As 会使催化剂中毒，在燃煤锅炉排烟管道壁上，由于煤中 As 可形成 As_2O_3 的薄膜，会使钢管腐蚀。

三、煤中砷的赋存形态

煤中砷可分为无机态砷和有机态砷。无机态砷主要有两种形式：①水溶态和可交换砷（指吸附在矿物和煤有机质表面、裂隙或孔隙中的砷）；②矿物态的砷。矿物态的砷是指赋存在砷独立矿物（毒砂、雄黄、雌黄）中的砷、以类质同象形式赋存于黄铁矿等硫化物矿物、黏土矿物晶格中和碳酸盐矿物中的砷，以及以矿物包裹体形式存在于硫化物矿物中的砷。有机态砷是与煤大分子中的氧、硫等杂原子以化学键结合的砷。

一般而言，煤中无机态砷主要与含砷黄铁矿共生，其置信度为 8。但煤中黄铁矿是否含砷与黄铁矿形成时砷的来源及地质地球化学条件有关。除黄铁矿外，煤中黏土矿物和碳酸盐矿物也可以含砷，但砷主要富集于黄铁矿和方解石中。由于有机态砷的赋存状态的多元性和复杂性，按目前的技术水平还难以准确表征其化学结构，其赋存状态还有待进一步研究。煤中砷多数以硫化砷或硫砷铁矿（$FeS_2 \cdot FeAs_2$）等形式存在，小部分以有机形态存在。

四、煤中砷的热解迁移

煤中砷的主要赋存形式是硫砷铁矿（$FeS_2 \cdot FeAs_2$）、雌黄（As_2S_3）、雄黄（As_2S_2）及毒砂（FeAsS）等，但硫砷铁矿（$FeAs_2$）、雄黄（As_2S_2）及毒砂（FeAsS）没有热力学数据，迁移温度很难计算。As_2S_3 与煤气组分的反应方程式见表 7-7。As_2S_3 与氢气的反应温度是 282℃，其沸点是 723℃，因此处于煤中挥发分析出通道内的 As_2S_3 很容易与氢气反应，但 As_2S_3 常与黄铁矿共生。在高硫煤中，黄铁矿常以块状存在，黄铁矿内部的 As_2S_3 接触不到氢气不会起反应，煤中黄铁矿分解恰巧主要在 500～600℃之间，因此黄铁矿的分解温度也是高硫煤中砷迁移的主要影响因素之一，剩余的 As_2S_3 直到热解温度达到其挥发温度 723℃才会挥发到煤气中与氢气反应生成 AsH_3。其他砷的硫化物还有雄黄（As_2S_2），其沸点为 565℃。

表 7-7　　煤常压热解条件下含砷矿物的反应

序号	可能的反应方程式	温度（℃）
1	$As_2S_3\,(s) + 6H_2\,(g) \longrightarrow 2AsH_3\,(g) + 3H_2S\,(g)$	282
2	$As_2S_3\,(s) + 3H_2\,(g) \longrightarrow As_2\,(g) + 3H_2S\,(g)$	551
3	$2As_2S_3\,(s) + 6H_2\,(g) \longrightarrow As_4\,(g) + 6H_2S\,(g)$	551
4	$As_2\,(g) + 3H_2\,(g) \longrightarrow 2AsH_3\,(g)$	170
5	$As_4\,(g) + 6H_2\,(g) \longrightarrow 4AsH_3\,(g)$	170

有机砷是指与煤大分子中的氧、硫等杂原子以化学键结合的砷。随着氧、硫在热解条件下的迁移，有机物中的砷也会与氢气反应以 AsH_3 的形式迁移。

五、煤中砷的脱除技术

由于砷具有挥发性和富集于细小颗粒的性质，导致常规除尘设备对砷的去除效率很低。目前，还没有成熟的燃煤砷污染排放的专门控制技术，对于燃煤砷污染的控制措施主要包括洗煤脱砷、燃烧中固砷以及发展动力配煤技术三方面。

1. 燃烧前洗煤除砷

通过对原煤洗选，可以降低煤中含砷质量分数。砷脱洗率主要与砷赋存状态密切相关，但也受煤级、粒度以及洗选工艺控制。研究表明，常规的洗煤可使原煤中的含砷质量百分数降低 50%～75%。尽管洗煤对砷去除有一定效果，但会产生大量洗选废水，造成二次污染。

2. 燃烧中除砷

在煤燃烧过程中通过加入药剂固定砷，是砷污染控制的有效途径之一。目前还没有专门的固砷剂用于燃煤过程中砷的去除，国内外学者对此研究的大多是固硫剂 CaO 对砷的去除效果。燃煤过程中砷的挥发与煤中含钙质量浓度相关，当煤中含钙质量浓度较高时，砷的挥发率将会大大降低。有学者研究表面，对于高钙煤，煤中大量 CaO 的存在限制了煤中砷的排放，流化床煤燃烧烟气中含砷质量分数仅占 75%，采用固定床燃烧时，CaO 对煤中砷的挥发性抑制率在 3.05%～37.35%，平均为 15.31%；而流化床燃烧时，细粒飞灰中含砷质量分数明显降低。也有研究表明，Ca 和 Fe 对砷的固定具有相似的效果，并且认为提高温度有利于砷的去除，去除效率则会因为硫的存在而降低。

3. 动力配煤技术

所谓动力配煤技术就是将不同类别、不同品质的煤经过筛选、破碎和按比例混合等过程，从而改变动力煤的化学组成、物理特性和燃烧特性，使之达到煤质互补、优化产品结构、适应用户燃煤设备对煤质的要求，达到提高燃煤效率和减少污染物排放的技术。有研究表明，高砷煤种可通过动力配煤来抑制煤中砷的排放水平，但是如何找到最佳的动力配煤比例以兼顾燃烧效率和污染排放控制还需进一步解决。

燃煤是大气中砷污染的主要来源之一。由于我国燃煤中砷赋存形式多样、含量分布很不均匀，以及砷在燃煤过程中富集于细小飞灰不易捕集，造成燃煤砷污染排放控制的复杂化。目前，我国还没有开发出控制燃煤砷排放的专门技术，现有除尘、脱硫设备等常规污染控制设备对砷的去除率很低。为了降低燃煤砷污染对人体和环境造成的危害，必须采取措施限制高砷煤的开发与使用，同时应积极开发经济有效的洗煤技术、固砷剂、寻找合理的动力配煤比例，以及开发新型高效的多种污染物联合控制技术等。

煤中微量污染物除了上面介绍的氯、氟、汞和砷之外还有铅、硒和锡等污染物，但目前国内外对这些污染物的研究甚少，在此不作介绍。

参 考 文 献

[1] 蒋展鹏．环境工程学．2 版．北京：高等教育出版社，2005.

[2] 李广超，傅梅绮．大气污染控制技术．北京：化学工业出版社，2004.

[3] 季学李，羌宁．空气污染控制工程．北京：化学工业出版社，2005.

[4] 杨飏．氮氧化物减排技术与烟气脱硝工程．北京：冶金工业出版社，2007.

[5] 杨飏．二氧化硫减排技术与烟气脱硫工程．北京：冶金工业出版社，2003.

[6] 里赫捷尔．发电厂和工业企业排烟与大气保护．北京：电力工业出版社，1980.

[7] 王志轩，朱法华，刘思湄，等．火电二氧化硫环境影响与控制对策．北京：中国环境科学出版社，2002.

[8] 原永涛．火力发电厂气力除灰技术及其应用．北京：中国电力出版社，2002.

[9] 岑可法．燃烧与污染控制．北京：机械工业出版社，2004.

[10] 钟秦．燃煤烟气脱硫脱销技术及工程实例．北京：化学工业出版社，2004.

[11] 王向荣. 煤中氯的赋存形态及控制方法．太原理工大学，2000.

[12] 徐旭，蒋旭光，何杰，等．煤中氯的赋存形态与释放特性的研究进展．煤炭转化，2001，24（2）：1-5.

[13] 范肖南．煤中氯分布的相关分析．煤质技术与科学管理，1997（2）：28-30.

[14] 鲁百合．我国煤层中氟和氯的赋存特征．煤田地质与勘探煤炭，1996，24（1）：9-12.

[15] 武芳冰，齐庆杰，刘建忠，等．循环流化床锅炉燃烧固氟技术的应用研究．煤炭转化，2009，32（2）.

[16] 杨华玉．煤中微量元素（汞、砷、氟和氯）在煤炭加工利用中运移规律的研究．中国科学院上海冶金研究所，2000.

[17] 李耀拉．煤焦化痕量元素的迁移与热力学形态的模拟研究．武汉科技大学，2009.

[18] 马晶晶．煤焦化过程有害微量元素的迁移规律研究．武汉科技大学，2008.

[19] 麻银娟．煤中挥发性微量元素 Hg、As、Pb 燃烧固化的热力学模拟与实验研究．河南理工大学，2011.

[20] 余深．煤中汞、氯、氟释放和形态转化规律的研究. 华中科技大学，2009.

[21] 张宇宏．煤中硫、氟、氯、汞、砷常压热解迁移特征的研究．煤炭科学研究总院，2004.

[22] 杨华玉．煤中微量元素（汞、砷、氟和氯）在煤炭加工利用中运移规律的研究．煤炭科学研究总院，2001.

[23] 赵峰华．煤中有害微量元素分布赋存机制及燃煤产物淋滤实验研究．煤炭科学研究总院，1997.

[24] 白向飞．中国煤中微量元素分布赋存特征及其迁移规律试验研究．煤炭科学研究总院，2003.

[25] 杨华．大型电站锅炉氮氧化物排放控制措施的技术经济比较．浙江大学，2007.

[26] 赵晓蕊．浅谈国内外脱硫除尘一体化技术概况. 硅谷，2011（2）.

[27] 张杨帆，李定龙，王晋．中小型燃煤锅炉烟气脱硫除尘一体化技术的研究与应用．工业安全与环保，2007，33（3）：31-32.

[28] 曾令可，牛艳鸽，刘涛，等．湿法烟气脱硫除尘一体化技术．中国陶瓷工业，2009，16（1）：1.

[29] 章勤华，王小东，万松．半干法烟气脱硫除尘一体化技术．工业锅炉，2004（6）：32-34.

[30] 施志鸣，赵金虎，施磊，等．半干法烟气脱硫除尘多级功能处理装置技术与应用．污染防治技术，2011，24（3）：36-38，48.